# 元素の名前辞典

## LEXICON NOMINUM ELEMENTORUM

STAT REPERTIO PRISTINA NOMINE,
NOMINA ELEMENTORUM TENEMUS.

### 江頭和宏

KAZUHIRO EGASHIRA

九州大学出版会

# はじめに

　2015年の大晦日，理化学研究所の研究チームに113番元素の名称提案権が与えられたというニュースが日本中を駆け巡りました。日本人による元素の発見が，初めて公的に認められたのです。発見者達は，日本語で「日本」を元素名に付けることを提案し，2016年11月28日 $_{113}$Nh ニホニウムという名称が正式に決定されました。

　元素は物質を構成するもっとも基礎的な成分であり，現在までに全部で118種類の存在が確認されています。これら元素は，化学のバイブルである周期表にまとめられています（実際に私達の身の周りに存在する元素は，このうちの80種余りです。その理由は，本書のなかでおいおい紹介していきます）。

　周期表というと，「HHeLiBeBCNOFNe」（水兵リーベ僕の船）という元素名の覚え方の語呂合わせを連想する方々もいらっしゃることでしょう。全118種類の元素のなかには普段見かけないものもたくさんありますが，どの元素にも，発見の歴史や名称の由来があります。そしてその元素名には，命名者（多くの場合，新元素の発見者）の強い思いが反映されているはずなのです。

　そうはいっても，元素名はなかなか覚えられないものです。このような専門用語を記憶に留めるコツを，文豪・森鷗外（1862–1922）が教えてくれています。彼の自伝的小説『ヰタ・セクスアリス』のなかで，主人公の哲学教師・金井 湛 は，自身の学生時代を振り返って，以下のように述べています。

　「寄宿舎では，その日の講義のうちにあった術語だけを，希臘拉甸（ギリシャラテン）の語原を調べて，赤インキでペエジの縁に注して置く。教場の外での為事は殆どそれきりである。人が術語が覚えにくくて困るというと，僕は可笑しくてたまらない。何故語原を調べずに，器械的に覚

えようとするのだと云いたくなる。」

　実際，元素名の多くは，「希臘拉旬の語原」に遡ることができます。本書では，金井先生の助言に従い，語源を調べて元素名を考えていきます。取り分け，命名者がなぜあえてその名前を付けたのかということに留意したいと思います。

　それでは，当の古典語（ギリシャ語・ラテン語など）を話していた人々は，名前の由来をどう考えていたのでしょうか。古代ギリシャの哲学者プラトン（前427–前347）は，『クラテュロス —— 名前の正しさについて —— 』という著作のなかで，ものの名前について検討しています（ちなみに，プラトン自身の名前の由来は，$_{78}$Pt 白金を参照）。その対話のなかで，命名者はものの特質を熟知したうえで命名するため，「名前を知る人は事物をも知る」ということがいわれています。要するに，「名は体を表す」ということです。このことは，英語で「語源学」を意味する etymology という単語自体にも反映されています。この語は，ギリシャ語の「本当の」ἔτυμος（etymos，エテュモス）と学問を表す -logy に由来し，「語の本当の意味に関する学問」が原義です。

　さらに『クラテュロス』のなかでプラトンは，名前の「元素」なるものを検討しています。原文で「元素」に相当する στοιχεῖον（ストイケイオン）は，現代ギリシャ語で「化学元素」を表す στοιχείο（スティヒヨ）の元となった単語です。本書では，元素の名前を遡って考え，いうならば「元素の名前の元素」を探ってみます。

　本書を読むうえで，何度も登場する重要な用語を説明しておきます。

## 1. インド・ヨーロッパ祖語

　東はインドから西はスペインやアイスランドまでの広大な地域で話される言語の大部分は，ある言語から枝分かれしてできたことが分かっています。この元となる，現在はすでに存在しない言語を，「インド・ヨーロッパ祖語」と呼びます。そして，インド・ヨーロッパ祖語から発展し

た言語の仲間は、「インド・ヨーロッパ語族」といいます。本書に登場する言語ですと、以下のように分類できます。

| ゲルマン語派 | 英語，ドイツ語，スウェーデン語，オランダ語，ゴート語（死語），古ノルド語（北欧の諸言語のもとになった言語） |
|---|---|
| イタリック語派 | ラテン語，フランス語，イタリア語，スペイン語（後三者のようにラテン語から派生した言語をロマンス諸語といいます） |
| ヘレニック語派 | ギリシャ語 |
| スラブ語派 | ロシア語，ポーランド語 |
| インド・イラン語派 | サンスクリット語，ペルシャ語 |
| ケルト語派 | スコットランド・ゲール語 |
| アルメニア語派 | アルメニア語 |

世界の人口の約半数は、インド・ヨーロッパ語族に属する言語の話者です。ヨーロッパで話されている言語のうち、インド・ヨーロッパ語族に属さない言語は、ハンガリー語、フィンランド語、エストニア語、バスク語などごくわずかです。インド・ヨーロッパ祖語の発見の経緯は、$_{40}$Zr ジルコニウムの節を参照してください。

　インド・ヨーロッパ祖語は死語であり、文字もなかったため、どんな言葉だったのかを直接知ることはできません。しかしながら、現存する言語をヒントにして、インド・ヨーロッパ祖語を復元することができます。これを「再建」といいます。再建された推定形は、語の前にアステリスク（*）を付けます。実際に再建されるのは、語尾がない「語根」（2. 語根・語幹を参照）の形です。

　インド・ヨーロッパ祖語の詳細な発音は不明ですが、基本的にはローマ字読みでよいと考えられています。母音には長い母音と短い母音とがあり、長い母音は上にバーを付けて表します。たとえば、a は「ア」、ā は「アー」に対応します。また、l̥ や n̥ のように下に ◦ が付いている文

字は，母音性を持った子音（ソナント）であることを表しています。英語の cycle の "l" や cotton の "n" のような音です。

本書に登場する全 118 元素のうち，ほぼ 2/3 の 78 元素の名称は，何らかの形でインド・ヨーロッパ祖語の語根に関連づけられることを以下に見ていきます。

ただし，本書のなかでたびたび引合いに出されるギリシャ神話の登場人物の名前や地名には，語源が分からないものが多いようです。イギリス出身の歴史学者マーティン・バナール（1937–）の主張によると，語源が不明な名称は，インド・ヨーロッパ語族とは異なるアフロ・アジア語族に属する言語に由来するものも多いのだそうです。本書には，以下のアフロ・アジア語族の言語が登場します。

| セム語派 | アラビア語，ヘブライ語，アッカド語（死語），フェニキア語（死語） |
| エジプト語派 | 古代エジプト語（死語） |

元素名の由来となった元の言語のうち，インド・ヨーロッパ語族にもアフロ・アジア語族にも属さないのは，$_{113}$Nh ニホニウムに採用された日本語（言語系統は不明）と，$_{117}$Ts テネシンに採用されたチェロキー語（アメリカ先住民の言語）くらいです。

## 2. 語根・語幹

本書のなかで語源としてたびたび登場するギリシャ語やラテン語は，単語の一部（基本的には語尾）を様々に変化させることで文法的な機能を示すという特徴を持った，屈折語に分類される言語です。このとき，その語の意味の中心部分を表す，変化しない部分を「語根」と呼びます。語根に文法機能を表す要素（語幹形成接尾辞）が付加されたものを「語幹」といい，語幹に語尾が付いて単語が出来上がります。たとえば，$_{14}$Si ケイ素の節で登場する，silex（シレクス）という単語（ラテン語で「火打石」）は，次のように格変化します。

|  | 単数 | 複数 |
|---|---|---|
| 主格（火打石が） | silex（シレクス） | silicēs（シリケース） |
| 属格（火打石の） | silicis（シリキス） | silicum（シリクム） |
| 与格（火打石に） | silicī（シリキー） | silicibus（シリキブス） |
| 対格（火打石を） | silicem（シリケム） | silicēs（シリケース） |
| 奪格（火打石から） | silice（シリケ） | silicibus（シリキブス） |
| 呼格（火打石よ） | silex（シレクス） | silicēs（シリケース） |

したがって，語幹は“silic-”であることが分かります。

　ギリシャ語やラテン語の辞書の見出しには，名詞は単数・主格形で掲載されています。ここで注意しなければならないのは，単数・主格形では語幹の一部が見えなくなってしまうことがあるということです。実際，単数・主格形（ならびに呼格形）の silex は，語の後半が“-ic-”ではなく“-ex”であり，語形が異なります（これは，語幹末の子音 c に，単数・主格形の典型的な語尾 -s が付いて，cs が x になったためです）。元素命名の際，単語は辞書の見出しの形ではなく，語幹の形で採用されることが多いので，注意を要します。

　インド・ヨーロッパ語族に属するギリシャ語やラテン語に対し，アフロ・アジア語族に属するアラビア語やヘブライ語は，また違ったタイプの語根を有します。多くの場合，「三語根」と呼ばれる三つの子音を核にして，単語を作っていくのです。たとえば，アラビア語の三語根 k-t-b は，「書く」ことに関連した概念を表します。それを核に，以下のような単語が派生します。

　　　**kataba**（カタバ）「彼は書いた」

　　　**ʼaktubu**（アクトゥブ）「私は書く」

　　　**kitābun**（キターブン）「本」

　　　**kātibun**（カーティブン）「作家」

　　　ma**ktaba**tun（マクタバトゥン）「図書館」

アラビア語とヘブライ語の三語根は，$_{11}$Na ナトリウム，$_{19}$K カリウム，

$_{64}$Gd ガドリニウム，$_{98}$Cf カリホルニウム，$_{118}$Og オガネソンの節で登場します。

## 3. 金属元素名の共通語尾

金属元素の名称には共通の語尾「-（イ）ウム」が付くものが多く，本書ではこれを「金属元素名の共通語尾」と呼ぶことにします。詳しくは金属元素名の共通語尾やポーランド語の元素名のコラムを参照してください。

金属元素名の共通語尾は繰り返し出てくることになるため，本書では，煩雑さを避けるためにも，命名に際しての共通語尾の付加については特に言及しません。たとえば，$_4$Be ベリリウムの名称は緑柱石（ベリル）に由来するとのみ記し，それに「-（イ）ウム」が付されて「ベリリウム」という名前になった，というところまでは記述しないものとします。

各元素が金属元素か否かを分かりやすくするため，それぞれの節に「金属」「非金属」「非金属（ハロゲン）」「非金属（希ガス）」の別を記しています（ハロゲンと希ガスについては，ハロゲン元素と希ガス元素のコラムを参照）。元素の性質としてよりも，元素名の語尾の参考としてご覧ください。なお，$_{100}$Fm フェルミウム以降の元素は，性質を調べられるほどのまとまった量が合成されていないため，「（未測定）」と記しています。

## 4. 元素命名権と IUPAC

近年の新元素発見の認定の流れは以下の通りです。新元素発見を主張する論文が発表されると，「国際純正・応用化学連合（IUPAC：International Union of Pure and Applied Chemistry）」と「国際純粋・応用物理学連合（IUPAP：International Union of Pure and Applied Physics）」が推薦する有識者による合同作業部会で審議が行なわれます。そこで発見が認められると，IUPAC が発見者またはグループを認定するとともに，新元素の名称提案権を与えます。しばしば「命名権」といわれます

が，厳密にはこれは正しくなく，IUPAC が 2002 年に出した勧告書には，"discoverers have the right to *suggest* a name" と書かれています（「提案する」suggest がイタリックで強調されているのは，原文のまま）。発見者（グループ）が提案した名称案を公表後，意見を 5 ヶ月間募集し，審査を経て正式な決定となります。もし発見者が 6 ヶ月以内に名称案を提出しなかったり，名称案を一本化できなかったりした場合には，IUPAC に主導権が移ります。

　伝統に従って，新元素の名前に付けることができるものも決められています。

- 神話の概念や人物（天体を含む）
- 鉱物や類似の物質
- 場所や地理的領域
- 元素の性質
- 科学者

近年はもっぱら地名と科学者名から名づけられています。

　また混乱を避けるため，これまでに使われたことがある名称や元素記号はもちろんのこと，一度元素名として検討されたものも使用することはできません。このような例として，元素名の変遷のコラムや $_{112}$Cn コペルニシウムの節も参照してください。


　本書では，いくつかの言語で元素名を記載しています。特に，多くの書籍で顧みられることがないスウェーデン語の元素名も掲載しています。これは，古くから知られていて発見者が判明しない元素（14 種類）および元素合成が国家的なプロジェクトとなった $_{93}$Np ネプツニウム以降の人工元素を除いた 78 種類の元素のうち，スウェーデン人が発見した元素数は 17 で，イギリス人の 22 元素に次いで 2 番目に多いためです（イギリスは二人で 12 元素を稼いでいます。$_{12}$Mg マグネシウムの節と希ガス元素のコラムを参照）。元素の発見史において，スウェーデンはもっと注目されてよいと思います（スウェーデン人の国民性のゆえか，元素発見を声高に主張しなかった科学者が多いのも一因かもしれません）。

原子番号 1 番の $_1$H 水素から読み始める必要はありません。気になる元素のところから読み始めてください。本書では，元素を相互に関連づけ，他の元素を参照できるようにしています。

# 目　次

# 凡　例

- 各言語での元素名では，言語名に以下の略称を用います。
  - 英語：英　　　　ドイツ語：独
  - フランス語：仏　スウェーデン語：瑞
  - ギリシャ語：希　ロシア語：露
  - ラテン語：羅

  なお，ドイツ語のみ元素名を大文字で始めていますが，これはドイツ語には名詞の頭文字を大文字で書く規則があるためです。

- 「語源を遡ると…」の欄は，元素記号の基となった元素名についてのものです。

- 英語以外の外国語の単語や人名にはカタカナで読みを表記しました。なるべく原音に近い表記を心がけましたが，慣用的な書き方に従ったものもあります。なお，古い言語のなかには正確な発音が分からないものも多く，古代エジプト語のように母音が表記されなかったために便宜的な発音方法を採る言語もあります。カタカナはあくまでも参考のためとお考えください。

- ギリシャ文字をラテン文字で表記するにあたり，古典ギリシャ語の単語（主に元素名の由来として登場）は古典時代の発音で，現代ギリシャ語の単語（主に元素名として登場）は現代の発音で記しました（古典ギリシャ語の時代にすでに知られていた元素の名前も，それ以外の元素名に揃えて，現代の発音で記しました）。たとえばβ, ηは，それぞれ，古典ギリシャ語の単語では b, ē と表記し，現代ギリシャ語の単語では，歴史を経て変化した現代の音価である v, i で表しました。古典ギリシャ語の単語中のζ, ξ, χは，それぞれ z, x, ch に翻字しました。κは k または c に翻字しました。

- 元素の発見年や命名年は文献によって多少のずれがあります。どの段階を発見と見なすのかという問題がありますし，また実際に発見した年を採るか，公表した年を採るかによっても違いが生じます。本書では，島原健三による論文「既存の元素発見年表にみられる不一致とその原因」（『化学史研究』）を基準にしました。

- 元素の名前の由来を主題としている関係上，元素の発見と命名に直接関連する事項を記述の中心としています。そのため，発見に至るまでの前史についてはほとんど記していません。さらに，発見された新元素はしばしば化合物や不純物であり，場合によっては目の前に提示することさ

えできなかったこともあります。元素を純粋な形で取り出すこと（単離）は，科学的には発見に劣らず重要ですが，命名とは関係しないため，本書では記述の対象としません。

- 元素の発見の順番は，発見の年月日まで確実に判明しているものを除き，同一年に発見されたものは同一順位としました。
- 人名の後ろに生年と没年を記しました。何歳くらいのときに元素を発見したかについての参考になります。
- 元素の発見と命名に関わりのある人名には，原語の綴りを併記しました。人名に敬称は省略しました。
- ギリシャ神話にはいくつもの異なる伝承がありますが，本書では基本的に，高津春繁訳『アポロドーロス ギリシア神話』の話に基づきました。この本は，後のヘレニズム時代の感傷主義の影響を受ける以前の，古来のギリシャ神話の内容を伝えているとされています。また，紹介した神話は元素名に関連した逸話を中心としており，必ずしも網羅的ではありません。
- ギリシャ神話やローマ神話の固有名詞の転写法は，原則として高津春繁『ギリシア・ローマ神話辞典』の凡例に従いました。
- 本書で論じた事項のなかで，文献によってもっとも異同が大きいのは，漢字の成立ちです。本書では，尾崎雄二郎他編『角川大字源』のものを基本としました。この辞典は，入手が容易な中型辞典のなかで，漢字の成立ちがもっとも詳しいと判断したためです。
- 本書では，基本的に，名詞は単数・主格形（辞書の見出しの形）で示し，適宜，語幹を併記しています。形容詞は同様に男性・単数・主格形（辞書の見出しの形）で示し，動詞は不定法・能動相・現在形で示しています。それ以外の形で登場するのは，以下の節です。「報復（単数・対格形で登場）」τίσις（$_{22}$Ti チタン），「妖精が住む丘（単数・属格形で登場）」sithean（$_{38}$Sr ストロンチウム），「贈り物（複数・主格形で登場）」δῶρον（$_{61}$Pm プロメチウム），「すべての（中性・単数・主格形で登場）」πᾶς（$_{23}$V バナジウムと $_{61}$Pm プロメチウム），「私は産む（直接法・中動相・現在・一人称・単数で登場）」γείνεσθαι（$_1$H 水素と $_8$O 酸素），「手を伸ばす（能動相現在分詞・男性・複数・対格形で登場）」τιταίνειν（$_{22}$Ti チタン）。

# 周期表

**周期** / **族 1**

〈凡例〉

| 水素 | → 元素名 |
| $_1$H | → 元素記号 |
| 1766 | → 原子番号 |
| キャヴェンディッシュ | → 発見年 |
| | → 発見者 |

元素の名称の由来

- 中世以前に命名されていた
- 神話の概念や人物（天体を含む）
- 鉱物や類似の物質
- 場所や地理的概念（研究所名を含む）
- 元素の性質
- 科学者

| 周期 | 族 1 | 2 | 3 | 4 | 5 | 6 | 7 | 8 | 9 |
|---|---|---|---|---|---|---|---|---|---|
| 1 | 水素 $_1$H 1766 キャヴェンディッシュ | | | | | | | | |
| 2 | リチウム $_3$Li 1817 アルヴェドソン | ベリリウム $_4$Be 1798 ヴォークラン | | | | | | | |
| 3 | ナトリウム $_{11}$Na 1807 デイヴィー | マグネシウム $_{12}$Mg 1808 デイヴィー | | | | | | | |
| 4 | カリウム $_{19}$K 1807 デイヴィー | カルシウム $_{20}$Ca 1808 デイヴィー | スカンジウム $_{21}$Sc 1879 ニルソン | チタン $_{22}$Ti 1791 グレガー | バナジウム $_{23}$V 1801 デル・リオ | クロム $_{24}$Cr 1797 ヴォークラン | マンガン $_{25}$Mn 1774 シェーレ | 鉄 $_{26}$Fe 古代より | コバルト $_{27}$Co 1735 ブラント |
| 5 | ルビジウム $_{37}$Rb 1861 ブンゼン, キルヒホッフ | ストロンチウム $_{38}$Sr 1808 デイヴィー | イットリウム $_{39}$Y 1794 ガドリン | ジルコニウム $_{40}$Zr 1789 クラプロート | ニオブ $_{41}$Nb 1801 ハチェット | モリブデン $_{42}$Mo 1778 シェーレ | テクネチウム $_{43}$Tc 1937 ペリエ, セグレ | ルテニウム $_{44}$Ru 1844 クラウス | ロジウム $_{45}$Rh 1803 ウラストン |
| 6 | セシウム $_{55}$Cs 1860 ブンゼン, キルヒホッフ | バリウム $_{56}$Ba 1808 デイヴィー | ランタノイド 57-71 | ハフニウム $_{72}$Hf 1922 コステル, ヘヴェシ | タンタル $_{73}$Ta 1802 エーケベリ | タングステン $_{74}$W 1781 シェーレ | レニウム $_{75}$Re 1925 ノダック, タッケ, ベルク | オスミウム $_{76}$Os 1803 テナント | イリジウム $_{77}$Ir 1803 テナント |
| 7 | フランシウム $_{87}$Fr 1939 ペレー | ラジウム $_{88}$Ra 1898 キュリー夫妻 | アクチノイド 89-103 | ラザホージウム $_{104}$Rf 1969 アメリカと ソ連のチーム | ドブニウム $_{105}$Db 1970 アメリカと ソ連のチーム | シーボーギウム $_{106}$Sg 1974 アメリカと ソ連のチーム | ボーリウム $_{107}$Bh 1981 西ドイツの チーム | ハッシウム $_{108}$Hs 1984 西ドイツの チーム | マイトネリウム $_{109}$Mt 1982 西ドイツの チーム |

| ランタン $_{57}$La 1839 ムーサンデル | セリウム $_{58}$Ce 1803 ヒーシンゲル, ベルセーリウス, クラプロート | プラセオジム $_{59}$Pr 1885 ヴェルスバッハ | ネオジム $_{60}$Nd 1885 ヴェルスバッハ | プロメチウム $_{61}$Pm 1945 マリンスキー, グレンデニン, コリエル | サマリウム $_{62}$Sm 1879 ボアボードラン | ユウロピウム $_{63}$Eu 1896 ドマルセ |
|---|---|---|---|---|---|---|
| アクチニウム $_{89}$Ac 1899 ドビエルヌ | トリウム $_{90}$Th 1828 ベルセーリウス | プロトアクチニウム $_{91}$Pa 1913 ファヤンス, ゲーリング | ウラン $_{92}$U 1789 クラプロート | ネプツニウム $_{93}$Np 1940 マクミラン, エイベルソン | プルトニウム $_{94}$Pu 1941 シーボーグら | アメリシウム $_{95}$Am 1944 シーボーグら |

| | | | | | | 18 |
|---|---|---|---|---|---|---|
| | | | | | | ヘリウム $_2$He 1895 ラムジー |

| | 13 | 14 | 15 | 16 | 17 | |
|---|---|---|---|---|---|---|
| | ホウ素 $_5$B 1808 ゲイ=リュサック, テナール, デイヴィー | 炭素 $_6$C 古代より | 窒素 $_7$N 1772 ラザフォード | 酸素 $_8$O 1775 プリーストリ | フッ素 $_9$F 1886 モアッサン | ネオン $_{10}$Ne 1898 ラムジー, トラヴァーズ |
| | アルミニウム $_{13}$Al 1825 エルステッド | ケイ素 $_{14}$Si 1824 ベルセーリウス | リン $_{15}$P 1669 ブラント | 硫黄 $_{16}$S 古代より | 塩素 $_{17}$Cl 1774 シェーレ | アルゴン $_{18}$Ar 1894 レイリー卿, ラムジー |

| 10 | 11 | 12 | | | | | | |
|---|---|---|---|---|---|---|---|---|
| ニッケル $_{28}$Ni 1751 クルーンステット | 銅 $_{29}$Cu 古代より | 亜鉛 $_{30}$Zn 中世より | ガリウム $_{31}$Ga 1875 ボアボードラン | ゲルマニウム $_{32}$Ge 1886 ヴィンクラー | ヒ素 $_{33}$As 中世より | セレン $_{34}$Se 1817 ベルセーリウス | 臭素 $_{35}$Br 1826 バラール | クリプトン $_{36}$Kr 1898 ラムジー, トラヴァーズ |
| パラジウム $_{46}$Pd 1803 ウラストン | 銀 $_{47}$Ag 古代より | カドミウム $_{48}$Cd 1817 シュトロマイヤー | インジウム $_{49}$In 1863 ライヒ, リヒター | スズ $_{50}$Sn 古代より | アンチモン $_{51}$Sb 中世より | テルル $_{52}$Te 1783 ミュラー | ヨウ素 $_{53}$I 1811 クールトア | キセノン $_{54}$Xe 1898 ラムジー, トラヴァーズ |
| 白金 $_{78}$Pt 中世より | 金 $_{79}$Au 古代より | 水銀 $_{80}$Hg 古代より | タリウム $_{81}$Tl 1861 クルックス | 鉛 $_{82}$Pb 古代より | ビスマス $_{83}$Bi 中世より | ポロニウム $_{84}$Po 1898 キュリー夫妻 | アスタチン $_{85}$At 1940 コーソン, マッケンジー, セグレ | ラドン $_{86}$Rn 1900 ドルン |
| ダームスタチウム $_{110}$Ds 1994 ドイツの チーム | レントゲニウム $_{111}$Rg 1994 ドイツの チーム | コペルニシウム $_{112}$Cn 1996 ドイツの チーム | ニホニウム $_{113}$Nh 2004 理研の チーム | フレロビウム $_{114}$Fl 1998 ロシアと アメリカの 共同チーム | モスコビウム $_{115}$Mc 2003 ロシアと アメリカの 共同チーム | リバモリウム $_{116}$Lv 2000 ロシアと アメリカの 共同チーム | テネシン $_{117}$Ts 2009 ロシアと アメリカの 共同チーム | オガネソン $_{118}$Og 2002 ロシアと アメリカの 共同チーム |

| ガドリニウム $_{64}$Gd 1880 マリニャック | テルビウム $_{65}$Tb 1843 ムーサンデル | ジスプロシウム $_{66}$Dy 1886 ボアボードラン | ホルミウム $_{67}$Ho 1878 ドラフォンテーヌ, ソレ | エルビウム $_{68}$Er 1843 ムーサンデル | ツリウム $_{69}$Tm 1879 クレーヴェ | イッテルビウム $_{70}$Yb 1878 マリニャック | ルテチウム $_{71}$Lu 1907 ユルバン |
|---|---|---|---|---|---|---|---|
| キュリウム $_{96}$Cm 1944 シーボーグら | バークリウム $_{97}$Bk 1949 シーボーグら | カリホルニウム $_{98}$Cf 1950 シーボーグら | アインスタイニウム $_{99}$Es 1952 シーボーグら | フェルミウム $_{100}$Fm 1953 シーボーグら | メンデレビウム $_{101}$Md 1955 シーボーグら | ノーベリウム $_{102}$No 1958 シーボーグら | ローレンシウム $_{103}$Lr 1961 ギオルソら |

# ギリシャ神話の神々の系譜

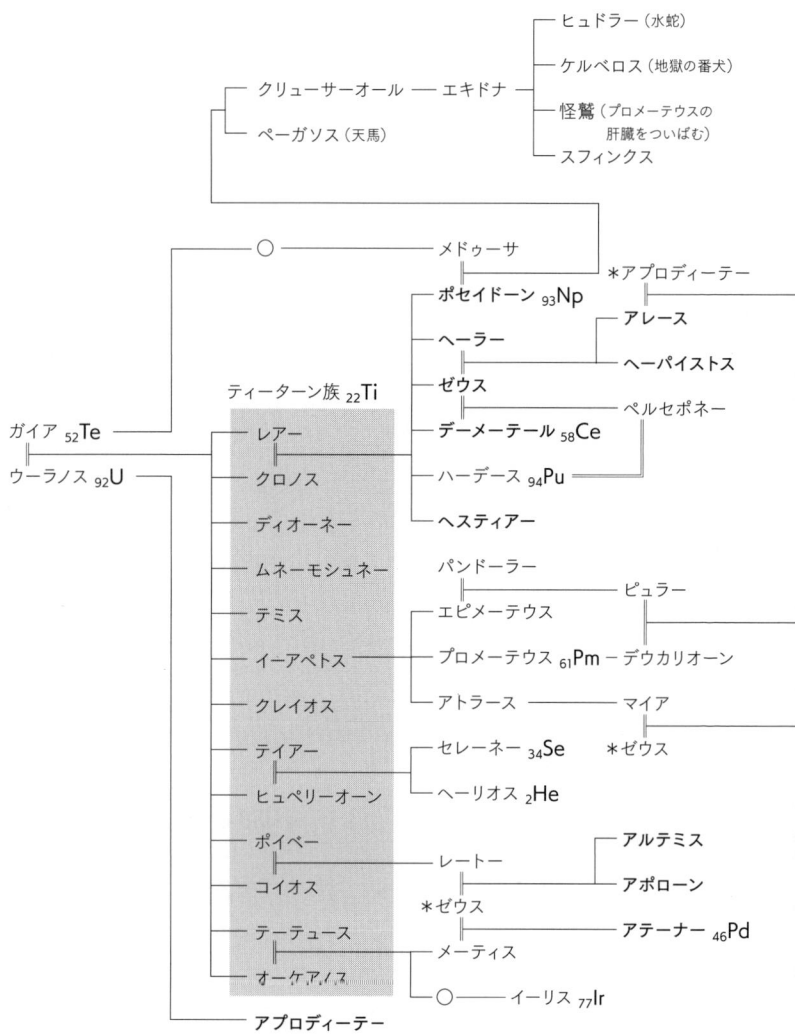

ヒュドラー（水蛇）

ケルベロス（地獄の番犬）

怪鷲（プロメーテウスの肝臓をついばむ）

スフィンクス

クリューサーオール ── エキドナ

ペーガソス（天馬）

○ ── メドゥーサ

＊アプロディーテー

ポセイドーン $_{93}$Np

アレース

ヘーラー

ヘーパイストス

ゼウス

ティーターン族 $_{22}$Ti

ペルセポネー

デーメーテール $_{58}$Ce

ハーデース $_{94}$Pu

ヘスティアー

ガイア $_{52}$Te

レアー

クロノス

ディオーネー

ムネーモシュネー

パンドーラー

ピュラー

テミス

エピメーテウス

イーアペトス ── プロメーテウス $_{61}$Pm ── デウカリオーン

クレイオス

アトラース ── マイア

テイアー

セレーネー $_{34}$Se

ヒュペリーオーン

ヘーリオス $_{2}$He

ウーラノス $_{92}$U

ポイベー

アルテミス

レートー

コイオス

アポローン

＊ゼウス

テーテュース

アテーナー $_{46}$Pd

メーティス

オーケアノス

○ ── イーリス $_{77}$Ir

アプロディーテー

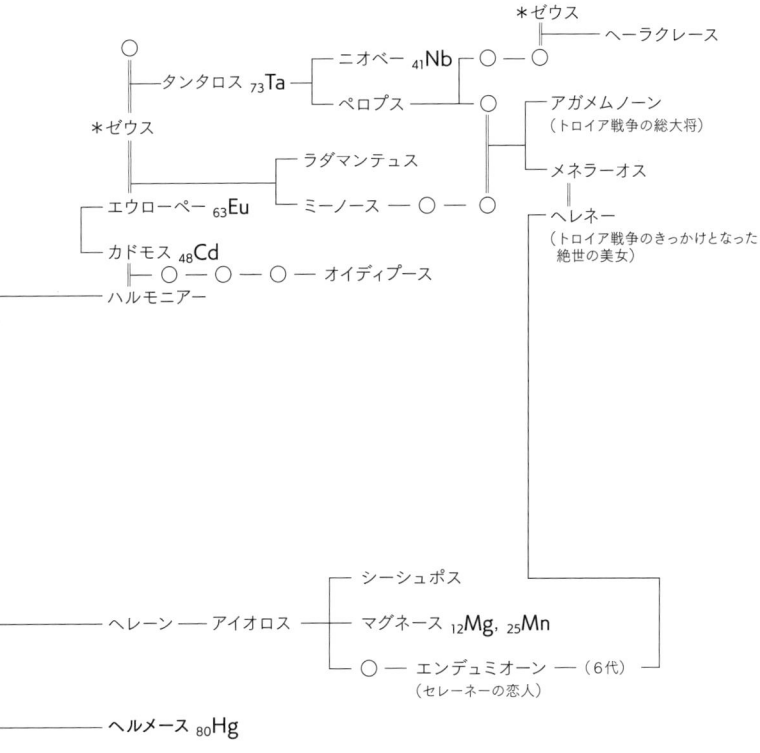

本書に登場するギリシャ神話の神々並びに人物の系譜
太字はオリュンポス十二神（**オリュンポス十二神**のコラムを参照）です。
＊が付いたゼウスとアプロディーテーは，系譜中の複数の箇所で登場しています。
系譜の上下は兄弟姉妹の長幼の順に対応していません。

# 関連地図

ヨーロッパ
($_{63}$Eu ユウロピウム)

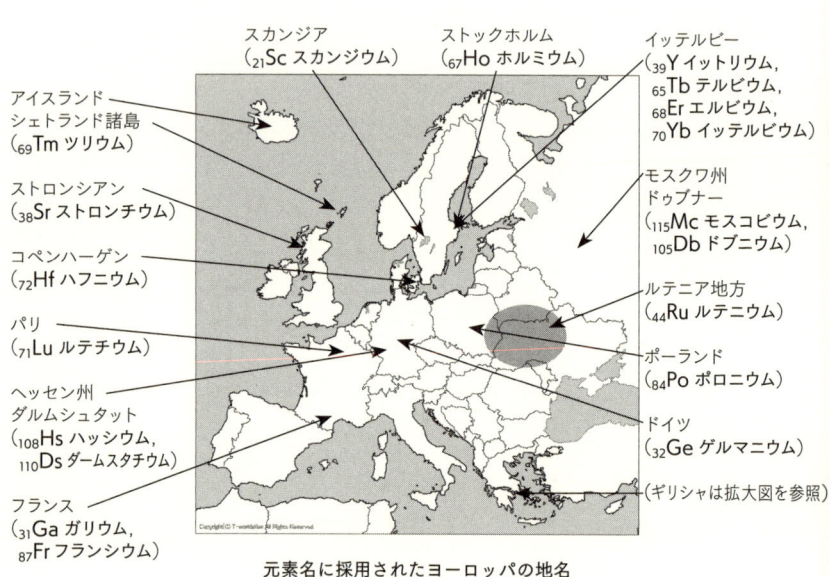

スカンジア
($_{21}$Sc スカンジウム)

ストックホルム
($_{67}$Ho ホルミウム)

イッテルビー
($_{39}$Y イットリウム，
$_{65}$Tb テルビウム，
$_{68}$Er エルビウム，
$_{70}$Yb イッテルビウム)

アイスランド
シェトランド諸島
($_{69}$Tm ツリウム)

ストロンシアン
($_{38}$Sr ストロンチウム)

コペンハーゲン
($_{72}$Hf ハフニウム)

パリ
($_{71}$Lu ルテチウム)

ヘッセン州
ダルムシュタット
($_{108}$Hs ハッシウム，
$_{110}$Ds ダームスタチウム)

フランス
($_{31}$Ga ガリウム，
$_{87}$Fr フランシウム)

モスクワ州
ドゥブナー
($_{115}$Mc モスコビウム，
$_{105}$Db ドブニウム)

ルテニア地方
($_{44}$Ru ルテニウム)

ポーランド
($_{84}$Po ポロニウム)

ドイツ
($_{32}$Ge ゲルマニウム)

(ギリシャは拡大図を参照)

元素名に採用されたヨーロッパの地名

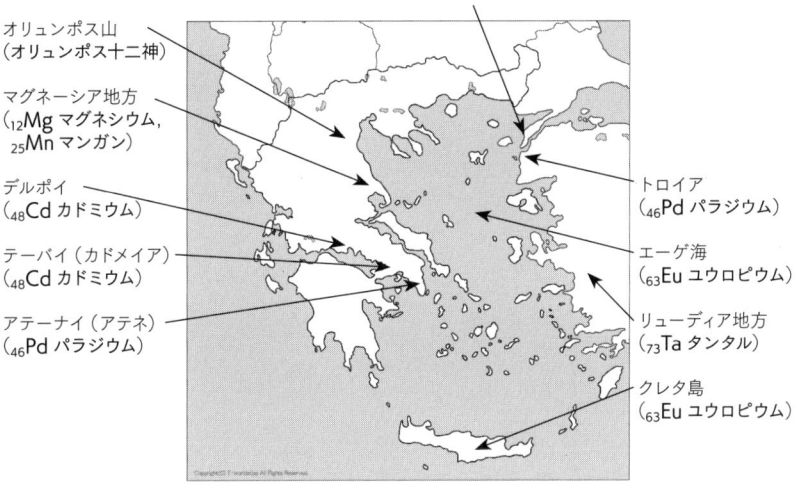

ガリポリ半島
（イギリスの物理学者モーズリーが戦死したところ；
　詳細は $_{91}$Pa プロトアクチニウムを参照）

オリュンポス山
（オリュンポス十二神）

マグネーシア地方
（$_{12}$Mg マグネシウム，
　$_{25}$Mn マンガン）

デルポイ
（$_{48}$Cd カドミウム）

テーバイ（カドメイア）
（$_{48}$Cd カドミウム）

アテーナイ（アテネ）
（$_{46}$Pd パラジウム）

トロイア
（$_{46}$Pd パラジウム）

エーゲ海
（$_{63}$Eu ユウロピウム）

リューディア地方
（$_{73}$Ta タンタル）

クレタ島
（$_{63}$Eu ユウロピウム）

**本書に登場するギリシャ神話の舞台**

# ₁H 水素

非金属

英 hydrogen（ハイドロジェン）　　独 Wasserstoff（ヴァサーシュトフ）

仏 hydrogène（イドロジェヌ）　　瑞 väte（ヴェーテ）

希 υδρογόνο（イズロゴノ）　　露 водород（ヴァダロート）

語源を遡ると…インド・ヨーロッパ祖語の「水」と「産む」

発見の順番　18番目

## 名称の由来

　金属を酸で溶かすことは錬金術で重要な過程であり，この際に可燃性の気体が発生することは，16世紀にはすでに知られていたといわれています。しかしながら，水素の発見者は，イギリスの化学者・物理学者ヘンリー・キャヴェンディッシュ（Henry Cavendish, 1731-1810）に帰されています。これは，彼が1766年に水素を捕集し，その諸性質を明らかにしたためです。彼は水素発見をはじめとして多くの研究成果を残しましたが，極端な人間嫌いで，貴族としての莫大な遺産を用いて個人的な趣味で研究を行なった人物でした（キャヴェンディッシュの逸話については，₁₈Ar アルゴンも参照）。

　キャヴェンディッシュはこの気体を，当時信奉されていた「燃素（フロギストン）」と考えていました（燃素については ₈O 酸素を参照）。燃素説は，「近代化学の父」と称されるフランスの化学者アントワーヌ＝ローラン・ド・ラヴォアジエ（Antoine-Laurent de Lavoisier, 1743-1794）によって否定され，水素が新元素であると認識されるようになりました。

　水素の命名は，ラヴォアジエによります（1783年）。フランス語のhydrogène は，ギリシャ語の「水」ὕδωρ（hydōr，ヒュドール）と「私は

産む」γείνομαι（geinomai, ゲイノマイ）に由来し，「水を産む」を意味します。

## 体系的命名法

ラヴォアジエやフランスの化学者ルイ゠ベルナール・ギトン・ド・モルヴォー（Louis-Bernard Guyton de Morveau, 1737–1816）らは，化学物質の体系的な命名法を提案した科学者達です。それまでは発見者が独自に，場合によっては誤解や場当たり的な考えで命名していたため，同じ物質が，歴史的背景や製造法の違いによって複数の名前を有することも多々あり，混乱が生じていました。

そのころ生物学の分野では，「分類学の父」と呼ばれるスウェーデンの植物学者カール・フォン・リンネ（1707–1778）が提案した，二名法による生物の体系的な分類法が広まっていました。これにヒントを得て，ラヴォアジエやド・モルヴォーらは，単純なギリシャ語を用いた化学物質の体系的命名法を提案し，1789年『化学原論』という本を出版しました。化学において革命的だった本書が出版されたのは，フランス革命が勃発した年でもありました。不幸にもラヴォアジエは，フランス革命の混乱の最中，処刑されてしまいました（1794年）。

リンネの二名法では，ギリシャ語由来の単語もラテン語化していますが，元素の命名では，ギリシャ語とラテン語の扱いに違いは見られません。ギリシャ語に由来する -gène（フランス語）や -gen（英語）の語尾は，水素に先立って $_8$O 酸素を命名した（1777年）際にラヴォアジエが初めて用いた用語で，$_7$N 窒素の英語名 nitrogen にも付けられています。この語はインド・ヨーロッパ祖語の「産む」*genə- に遡り，英語ではこの語根から「産む」generate や「天才」genius,「（動力を生み出す）エンジン」engine のような語が派生しています。

語尾 -gène や -gen の元となったギリシャ語の単語が何であるかは，書籍によって説明がまちまちですが，命名者のラヴォアジエ自身は，主著『化学原論』のなかで，ギリシャ語の「私は産む」γείνομαι を語源とした

と明記しています。

## 本当は「酸素」

　水素は水を分解すると得られる気体であることから，「水」にちなんだ名前が付けられました。一方，酸は一般に水素イオンを与える物質であり，水素こそが酸の元，すなわち「酸素」と命名されるべき元素だったといえます。

　ともあれ，各言語での水素の名称はいずれも「水」に由来します。各言語での「水」は以下の通りで，ギリシャ語の ὕδωρ を含め，インド・ヨーロッパ祖語の「水」*wed- に遡ります。それぞれの言語の水素の名称と見比べてみてください。

　　　ドイツ語：Wasser（ヴァサー）

　　　スウェーデン語：vatten（ヴァッテン）

　　　ロシア語：вода（voda，ヴァダー）

水素のドイツ語名の後半の Stoff（シュトフ）は「材料」，ロシア語名の後半の род（ロート）は「族，種類」という語です。ちなみに，ロシアの蒸留酒ウォッカ（водка（vodka）；ロシア語では「ヴォートカ」）は，「水」вода に縮小辞が付いたもので，「お水ちゃん」といった感じの意味です。

　元素名には採用されていませんが，英語の「水」water も上の諸語と同系統の単語です。フランス語の「水」eau（オー）は，ラテン語の「水」aqua（アクワ）が転じた語です。

　日本語の「水素」という名称は，江戸時代後期の蘭学者である宇田川榕菴（1798-1846）がオランダ語の waterstof（ヴァーテルストフ；ドイツ語に似ています）を翻訳借用し，著作『舎密開宗』のなかで用いたのが最初とされています（『舎密開宗』については $_{17}$Cl 塩素を参照）。

# $_2$He ヘリウム

非金属（希ガス）

| | |
|---|---|
| 英 helium（ヒーリアム） | 独 Helium（ヘーリウム） |
| 仏 hélium（エリヨム） | 瑞 helium（ヘーリウム） |
| 希 ήλιο（イリヨ） | 露 гелий（ギェーリイ） |

語源を遡ると…インド・ヨーロッパ祖語の「太陽」

発見の順番　76番目

### 名称の由来

　ヘリウムは，地球上でその存在が認められる以前に命名された唯一の元素ですが，その発見の経緯はかなり複雑です。1868年イギリスの天文学者ジョゼフ・ノーマン・ロッキャー（Joseph Norman Lockyer, 1836–1920）とイギリスの化学者エドワード・フランクランド（Edward Frankland, 1825–1899）は，太陽光線の観測中に新しいスペクトル線を発見し，ギリシャ語の「太陽」ήλιος（hēlios，ヘーリオス）にちなみ，ヘリウムと命名しました。ήλιος を大文字で始めた Ἥλιος は，ギリシャ神話の太陽神ヘーリオスを表し，ヘリウムの名称はこちらに由来すると考えることもできます。

　ヘーリオスは，芸術と太陽の神アポローンと同一視されることもあります（オリュンポス十二神のコラムを参照）。ヘーリオスの父はヒュペリーオーンといい，ギリシャ神話の巨人の一族であるティーターン13柱の一人です（$_{22}$Ti チタンを参照）。ヘーリオスの妹は月の女神セレーネーで，$_{34}$Se セレンの名称の語源となっています。

　かつて，エーゲ海（$_{63}$Eu ユウロピウムを参照）に浮かぶギリシャ領の島，ロードス島にヘーリオスの巨像があり，「世界の七不思議」の一つに数えられていました。

ἥλιος という語は，インド・ヨーロッパ祖語の「太陽」*saəwel- に遡りますが，語形はだいぶ変化してしまっています。ヘリウムは発見当初，金属元素と考えられ，金属元素名の共通語尾 -ium が付けられました。

## 発見の経緯

　ヘリウムが真に発見されたといえるのは，命名の後でした。当のロッキャー自身が，ヘリウムを元素と思っていなかった節があります（高温高圧下での $_1H$ 水素の特殊な一形態と考えていたともいわれています）。1895 年イギリスの化学者ウィリアム・ラムジー（William Ramsay, 1852–1916）が，ある種の岩石を加熱すると発生する気体として，地球上でヘリウムを発見しました。

　当初ラムジーは「クリプトン」という名称を考えていたようですが，ロッキャーらが以前命名していたヘリウムの名で呼ばれることになりました。「クリプトン」の名は，ラムジーが 3 年後に発見した元素に転用されました。これが現在の $_{36}Kr$ クリプトンです。

　ヘリウムは，ラムジーらが前年に発見した $_{18}Ar$ アルゴンと同様，化学的にきわめて不活性な希ガス元素であることが判明し，他の希ガス元素の名前と揃えるべく，語尾を -on に変更する動きがたびたびありました。しかしながら，ヘリウムの名前が提案されてからすでに長い時間が経過しており，ヘリウムの名称がそのまま残りました。

## ネイチャー誌と希ガス元素

　2014 年に社会問題にまで発展した STAP 細胞の論文が掲載されたのは，イギリスの総合科学雑誌「ネイチャー」です。この雑誌を創刊したのはロッキャーであり，ヘリウムのスペクトル線観測の翌年（1869 年）のことでした。

　希ガス元素の発見に際して，ネイチャー誌は大きな役割を果たしました。イギリスの物理学者である第 3 代レイリー男爵ジョン・ウィリアム・ストラット（John William Strutt, 3rd Baron Rayleigh, 1842–1919）は，

2種類の方法で作り出した $_7$N 窒素の密度が互いに異なることに困惑し，ネイチャー(1892 年 9 月 29 日号) 誌上で化学者の協力を求めました。それに応えて，ラムジーが研究に加わり，その正体が $_{18}$Ar アルゴンであることを突き止めたのです。

---

### 希ガス元素

第 18 族 (周期表の右端の列) の元素 6 種類 ($_2$He ヘリウム，$_{10}$Ne ネオン，$_{18}$Ar アルゴン，$_{36}$Kr クリプトン，$_{54}$Xe キセノン，$_{86}$Rn ラドン) を総称して「希ガス (貴ガス)」といいます。希ガスは，化学的にきわめて安定で，ほとんど化学反応を起こさない元素です。

「希ガス」と「貴ガス」はそれぞれ，英語の rare gas と noble gas に対応しています。英語では noble gas の使用が主流であることに鑑みて，2015 年 2 月，日本化学会は，これまで一般に使われてきた「希ガス」から「貴ガス」に変更することを提案しています (本書では，これまでの慣習に従って，「希ガス」と表記します)。

希ガス元素の発見の歴史を語るうえで，イギリスの化学者ウィリアム・ラムジー (William Ramsay, 1852–1916) の貢献を忘れるわけにはいきません。彼は，現在知られている希ガス元素 6 種類のうち，5 種類を発見し，「空気中の希ガス元素の発見と周期律におけるその位置の決定」という功績で，1904 年ノーベル化学賞を受賞しました。$_2$He ヘリウムは命名の機会こそ逃しましたが，発見者はラムジーであり，$_{10}$Ne ネオン，$_{18}$Ar アルゴン，$_{36}$Kr クリプトン，$_{54}$Xe キセノンに関しては，発見・命名いずれも，彼と共同研究者によるものです。さらに，$_{86}$Rn ラドンの命名にも関与しており，希ガス元素 6 種類すべての発見または命名に多大な貢献を果たしました。

# ₃Li リチウム

金属

| | |
|---|---|
| 英 lithium（リシアム） | 独 Lithium（リーティウム） |
| 仏 lithium（リティヨム） | 瑞 litium（リーツィウム） |
| 希 λίθιο（リシヨ） | 露 литий（リーチイ） |

語源を遡ると…ギリシャ語の「石」

発見の順番　48番目（同年に ₃₄Se セレンと ₄₈Cd カドミウムも発見）

## 名称の由来

1817年スウェーデンの化学者ユーハン・アウグスト・アルヴェドソン（Johan August Arfwedson（Arfvedson), 1792–1841）が発見しました。命名は，彼の師であり，元素記号の記法を提唱したスウェーデンの化学者イェンス・ヤーコブ・ベルセーリウス（Jöns Jacob Berzelius, 1779–1848）[1] によるものであり，ギリシャ語の「石」λίθος（lithos，リトス）にちなみます。これは，周期表上で下に並ぶ ₁₁Na ナトリウムと ₁₉K カリウムが動植物界にも広く分布しているのに対し，リチウムは鉱物界にのみ存在する元素と考えられたためです。実際には，リチウムは動植物体内にも微量に存在し，生理的な役割を果たしているようです。

## 石のいろいろ

ギリシャ語で「石」を表す単語には，λίθος の他にも πέτρα（petrā，ペトラー）があり，むしろこちらが一般的な語です。πέτρα から派生した語に「石油」（英語で petrolium）があります。「石」と，ラテン語の「オリーブ」oliva（オリーワ）から派生した「オリーブ油」oleum（オレウム）とから成り，まさに「石油」です。またキリスト教の十二使徒の一人，ペテロの語源も「石」です。したがって，ペテロに由来するピーター

（英語），ペーター（ドイツ語），ピエール（フランス語），ピョートル（ロシア語），ピエトロ（イタリア語），…なども「石」が語源といえます。一方，λίθος には「特殊な石」という意味が含まれており，そのため πέτρα でなく λίθος が元素の命名に用いられたものと考えられます。

鉱物の名前には最後に -lite や -ite が付くものが非常に多く，これは同じく λίθος に由来します。ちなみに，新鉱物の命名の際には，発見者の名前を付けてはいけないというルールがあるそうで，このことは，元素の命名でも不文律となっています。ただし，$_{106}$Sg シーボーギウムと $_{118}$Og オガネソンといった例外があります。

リチウムはすべての金属元素のなかでもっとも密度が小さく，逆に（最大ではないものの）密度が非常に大きな元素に，スウェーデン語で「重い石」を意味する名前が付けられたものがあります。$_{74}$W タングステンです。

---

1) ベルセーリウスは，近代化学を体系化し，1813 年頃現行の元素記号の記法を創始した化学者です。一般に「ベルセーリウス」として知られていますが，彼の出身地のスウェーデン語では，「ベシェーリウス」という発音に近いようです。

---

# $_4$Be ベリリウム

金属

| | |
|---|---|
| 英 beryllium（ベリリアム） | 独 Beryllium（ベリュリウム） |
| 仏 béryllium（ベリリヨム） | 瑞 beryllium（ベリリウム） |
| 希 βηρύλλιο（ヴィリリヨ） | 露 бериллий（ビリーリイ） |

語源を遡ると…インドの町の名前
発見の順番　31 番目

## 名称の由来

1798年フランスの薬剤師・化学者ルイ゠ニコラ・ヴォークラン（Louis-Nicolas Vauquelin, 1763–1829）が，緑柱石（ベリル）のなかに未知の元素が含まれていることを発表しました。この化合物が甘みを持つことから，ヴォークランはギリシャ語の「甘い」γλυκύς（glycys，グリュキュス）にちなみ，グルシニウム（glucinium）またはグルシナム（glucinum）と命名しました（元素記号：Gl）。1925年（大正14年）発行された『理科年表』の第1冊には，ベリリウムの別名としてグルシナムが掲載されています。ベリリウムはきわめて毒性が高く，試食しようとしてはいけません。$_{76}$Os オスミウムと同様，危険なネーミングでした。

γλυκύς はインド・ヨーロッパ祖語の「甘い」\*dl̥k-u- に遡り，イタリア語の「ドルチェ」dolce と親戚です。ブドウ糖が重合した物質である「グリコーゲン」（英語で glycogen）は，製菓会社の江崎グリコ株式会社の社名に使われています。

後にドイツの化学者マルティン・ハインリヒ・クラプロート（Martin Heinrich Klaproth, 1743–1817）が，この元素を緑柱石（ベリル）にちなんでベリリウムと改名しました（1802年）。この元素以外にも甘い金属化合物が存在するためです。

## 緑柱石（ベリル）

ベリルの名は，南インドの町ベールールに由来するといわれています。緑柱石の産地だったのでしょう。

ドイツ語で「眼鏡」を Brille（ブリレ）といいますが，これはかつて，ベリルを眼鏡に用いていたからだとされています。また，「（ダイヤモンドの）ブリリアントカット」の brilliant も，ベリルから派生しています。

緑柱石のうち，不純物として $_{24}$Cr クロムや $_{23}$V バナジウムが混入して緑色になったものがエメラルド，$_{26}$Fe 鉄が混入して水色になったものがアクアマリンです。

シャーロック・ホームズシリーズの最初の短編集『シャーロック・

ホームズの冒険』には 12 の短編が収められていますが，そのうち二作品はタイトルに宝石の名が使われています。一つは『緑柱石の宝冠』（原題："The Adventure of the Beryl Coronet"）で，作品中に 39 個の緑柱石が嵌め込まれた宝冠が登場します。シャーロック・ホームズの作者アーサー・コナン・ドイル（1859–1930）は緑柱石やエメラルドが好きだったようで，『ボヘミアの醜聞』ではボヘミア国王が緑柱石のブローチやエメラルドの指輪を身に着けていますし，長編『四つの署名』のアゴラの財宝には，多くの宝石に混じって緑柱石やエメラルドも入っています。

　タイトルに宝石の名が付いているもう一作は，$_{24}$Cr クロムの節を参照してください。この宝石もアゴラの財宝の目録に名を連ねています。

## $_5$B ホウ素

非金属

| | |
|---|---|
| 英 boron（ボーラン） | 独 Bor（ボーア） |
| 仏 bore（ボール） | 瑞 bor（ボール） |
| 希 βόριο（ヴォリヨ） | 露 бор（ボール） |

語源を遡ると…ペルシャ語の「ホウ砂」

発見の順番　42 番目（同年に $_{12}$Mg マグネシウム，$_{20}$Ca カルシウム，$_{38}$Sr ストロンチウム，$_{56}$Ba バリウムも発見）

### 名称の由来

1808 年，二つのグループが独立にホウ素を単離しました。一方は，フランスの化学者ルイ・ジョゼフ・ゲイ＝リュサック（Louis Joseph Gay-Lussac, 1778–1850）と共同研究者のフランスの化学者ルイ・ジャック・テナール（Louis Jacques Thénard, 1777–1857），もう一方は，イギリスの

化学者ハンフリー・デイヴィー（Humphry Davy, 1778–1829）です。デイヴィーは同年，さらに四つの元素を発見しました（詳しくは $_{12}$Mg マグネシウムを参照）。

　ホウ素の元素名は，ホウ素化合物であるホウ砂のラテン語 borax（ボラクス）にちなみます。borax は遡ると，アラビア語を経由して最終的には遠くペルシャ語に由来するそうです。ホウ砂は，日本ではほとんど産出しませんが，蒸発岩（塩湖の蒸発残留物から成る岩石）に産出することが多く，ガラスの原料や洗剤，防腐剤として用いられます。なお，かつてホウ砂は，$_7$N 窒素と $_{11}$Na ナトリウムの名称の語源になったナトロン（天然のソーダ灰）と混同されていたようです。

　英語名の boron はデイヴィーの命名であり，最初は金属元素名の共通語尾 -ium を付けて boracium と名づけました。後に，ホウ素の性質が非金属元素の $_6$C 炭素にやや似ていることから，$_6$C 炭素の英語名 carbon に倣い，語尾を -on としました。

### 日本語の名称

　「ホウ素」を漢字で書くと「硼素」です。ホウ砂は東洋でも 10 世紀頃には知られており，その名称はペルシャ語名の当て字と考えられます。ホウ砂らしいものが，江戸時代の百科事典『和漢三才図会』（1712 年完成）に掲載されています。字は，「蓬砂」「鵬砂」「盆砂」「硼砂」の四通りで記されており，このうちの最後のものが，ホウ素の字に採用されたようです。

# ₆C 炭素

| | |
|---|---|
| 英 carbon（カーボン） | 独 Kohlenstoff（コーレンシュトフ） |
| 仏 carbone（カルボヌ） | 瑞 kol（コール） |
| 希 άνθρακας（アンスラカス） | 露 углерод（ウグリロート） |

語源を遡ると…インド・ヨーロッパ祖語の「熱，火」

発見の順番　古代から知られていた（₆C 炭素，₁₆S 硫黄，₂₆Fe 鉄，
　　　　　　₂₉Cu 銅，₄₇Ag 銀，₅₀Sn スズ，₇₉Au 金，₈₀Hg 水銀，
　　　　　　₈₂Pb 鉛の 9 元素）

### 名称の由来

　炭素は，木炭や煤，ダイヤモンドの形で古代から知られていましたが，長らく元素とは認識されていませんでした。「近代化学の父」と称されるフランスの化学者アントワーヌ゠ローラン・ド・ラヴォアジエ（Antoine-Laurent de Lavoisier, 1743–1794）をはじめとした多くの化学者により，次第に炭素は元素であると認識されてきました。1787 年に出版されたラヴォアジエらによる『化学命名法』で，ラテン語の「木炭」carbo（カルボー；語幹は carbōn-）にちなみ，carbone という名称が登場しました。スパゲッティ・カルボナーラ（spaghetti alla carbonara）は，炭焼き職人風のスパゲッティという意味で，振り掛ける黒胡椒を炭の粉に見立てた命名です。

　carbo の語は，インド・ヨーロッパ祖語の「熱，火」*ker- に遡ります。「セラミック」ceramic も同根です。

　各言語での炭素の名称は，いずれもそれぞれの言語での「炭」に由来します。

　　ドイツ語：Kohle（コーレ；英語の coal と類語）

　　スウェーデン語：kol（元素名と同じ）

古典ギリシャ語：ἄνθραξ（anthrax，アントラクス）

ロシア語：уголь（ウーガリ）

炭素のドイツ語名の後半の Stoff（シュトフ）は「材料」，ロシア語名の後半の род（ロート）は「族，種類」という語です。

　ちなみに，ギリシャ語の「炭」ἄνθραξ は，英語に「炭疽症」anthrax という形で取り入れられています。この病気は，炭のように黒い瘡蓋（かさぶた）ができるからといわれています。

　日本語の「炭素」という名称は，江戸時代後期の蘭学者である宇田川榕菴（ようあん）（1798–1846）がオランダ語の koolstof（コールストフ；ドイツ語に似ています）を翻訳借用し，著作『舎密開宗（せいみかいそう）』のなかで用いたのが最初とされています（『舎密開宗』については $_{17}$Cl 塩素を参照）。以下，$_7$N 窒素，$_8$O 酸素と，彼がオランダ語から直訳した元素が並びます。


### 漢字の成り立ち

　漢字の「炭」は形声文字で，意符の火と，音符の屵（タン）とから成ります。「屵」は「反」に通じ，元に返ることを意味するそうですので，「炭」の字は，炭が火に返るものであることを表しています。


# $_7$N 窒素

**非金属**

英 nitrogen（ナイトロジェン）　　独 Stickstoff（シュティクシュトフ）

仏 azote（アゾト）　　　　　　　　瑞 kväve（クヴェーヴェ）

希 άζωτο（アゾト）　　　　　　　　露 азот（アゾート）

**語源を遡ると…**古代エジプト語の「ナトロン（天然のソーダ灰）」と

　　　　　　　　　インド・ヨーロッパ祖語の「産む」

**発見の順番**　19 番目

### 第15族のなかで最後に発見された元素

窒素が属する第15族には，$_7N$ 窒素，$_{15}P$ リン，$_{33}As$ ヒ素，$_{51}Sb$ アンチモン，$_{83}Bi$ ビスマスの計5元素が存在します。このうち，$_{33}As$ ヒ素，$_{51}Sb$ アンチモン，$_{83}Bi$ ビスマスは中世には知られており，$_{15}P$ リンは1669年に発見されました。したがって，1772年に見いだされた窒素は，第15族のなかでは最後に発見された元素です。貨幣金属である $_{29}Cu$ 銅・$_{47}Ag$ 銀・$_{79}Au$ 金が並ぶ第11族に次いで，2番目に全元素が発見された族になります。同族元素のなかで，もっとも上にある元素が最後に見つかるというのは珍しい例でしょう（人工元素である第7周期の元素は除外しています）。

### もっともバラエティに富んだ元素名

窒素は，各言語での名称がもっともバラエティに富んだ元素といえます。英語の名称が硝石（硝酸カリウム；化学式は $KNO_3$）に由来するのに対し，英語以外の名称はいずれも，窒素中では呼吸ができないことに由来します。すなわち，フランス語・ギリシャ語・ロシア語の名称は「生命が無い」という意味であり，ドイツ語とスウェーデン語の名称は「窒息させる」という動詞に由来します。以下，窒素発見の歴史と対照しながら，窒素命名の流れを見ていきます。

### 気体化学の時代

空気が元素ではないことを述べた最初の西洋人は，イタリアの「万能の天才」レオナルド・ダ・ヴィンチ（1452-1519）であるようです。18世紀の後半，空気中には燃焼や呼吸に関係する気体（後に $_8O$ 酸素と判明）と関係しない気体（窒素）とが存在することが分かり始めていました。しかしながら，この当時は「燃素（フロギストン）説」が信奉されていたため，これらの気体が新元素とはなかなか認識されませんでした（「燃素説」については $_8O$ 酸素を参照）。

1772年イギリスの医師・化学者・植物学者ダニエル・ラザフォード

（Daniel Rutherford, 1749-1819）が，物質を燃やした後に残った気体から二酸化炭素を取り除いて窒素を単離しました。このため，彼が窒素の発見者とされます。この発見は卒業論文のなかで報告されました。このとき彼は23歳で，最年少の元素発見者のようです。

　窒素の存在は，$_1$H水素を発見したイギリスの化学者・物理学者ヘンリー・キャヴェンディッシュ（Henry Cavendish, 1731-1810）や，独立に$_8$O酸素を発見したイギリスの化学者・神学者ジョゼフ・プリーストリ（Joseph Priestley, 1733-1804）とスウェーデンの薬剤師・化学者カール・ヴィルヘルム・シェーレ（Carl Wilhelm Scheele, 1742-1786）も気づいていたといわれています。

　なお，窒素の発見者のラザフォードと同姓の人物に，$_{104}$Rfラザホージウムの名称の由来となった，ニュージーランド出身のイギリスの物理学者アーネスト・ラザフォード（Ernest Rutherford, 1871-1937）がいます。

## 「生命が無い」に由来する命名

　「近代化学の父」と称されるフランスの化学者アントワーヌ＝ローラン・ド・ラヴォアジエ（Antoine-Laurent de Lavoisier, 1743-1794）は，1775年に窒素が新元素であることを確認し，1789年azoteと命名しました。これは，ギリシャ語の「生命」ζωή（zōē，ゾーエー）に否定辞（「〜ない」）のἀ-（a-，ア-）を付け，「生命が無い」を意味する造語です。否定辞のἀ-については，$_{18}$Arアルゴンの節を参照してください。ζωή は，英語の「動物園」zoo と同じ系統の言葉であり，「生命」を意味する接頭辞 bio- などと共に，インド・ヨーロッパ祖語の「生きる」*gʷeiə- に遡ります。

　英語でもかつては窒素の別名として azote が使われていました。現在でも，窒素化合物の名称としてアゾ（azo）化合物やアジ化物（azide）のような例があります。

## 硝石に由来する命名

1790年フランスの化学者ジャン＝アントワーヌ・シャプタル（Jean-

Antoine Chaptal, 1756–1832）は，窒素が硝石の成分元素であることを発見し，改めて nitrogène（ニトロジェヌ）と命名しました。ギリシャ語の「硝石」νίτρον（nitron, ニトロン）に，「産む」を意味する語尾 -gène（$_1$H 水素を参照）を付けたものです。英語ではこれを基に，nitrogen と呼ばれるようになりました。

　硝石は火薬や肥料の原料として，歴史的に重要な物質でした。実際，$_{53}$I ヨウ素の発見者であるベルナール・クールトア（Bernard Courtois, 1777–1838）の職業は硝石製造業でした。νίτρον の語源は，遠く古代エジプト語の ntry（ネチェリ）にまで遡るようです。この語は本来，天然のソーダ灰（炭酸ナトリウムをはじめとする混合物）を指していましたが，いつの頃からか混同されて，硝石も表すようになりました。そのため nitrogen の綴りは，天然のソーダ灰（ナトロン）に由来する $_{11}$Na ナトリウムの名称（ドイツ語で Natrium）に似ています。

　元素記号には，英語の名称 nitrogen（または近代ラテン語の nitrogenium）の頭文字 N が採用されました。


### 「窒息させる」に由来する命名

　ドイツ語とスウェーデン語の窒素の名称は，「窒息させる」という動詞に由来します。ドイツ語の元素名 Stickstoff は，「窒息させる」ersticken（エアシュティケン）と「材料」Stoff（シュトフ）とから成ります。なお，多くの文献で，「窒息させる」を sticken（シュティケン）と記していますが，この単語は「刺繍する」という意味であり，「窒息する」という意味で用いる用法は稀なようです。

　スウェーデン語の名称 kväve も，「窒息させる」kväva（クヴェーヴァ）から派生しているようです。

　日本語の「窒素」という名称は，江戸時代後期の蘭学者である宇田川榕菴（1798–1846）がオランダ語の stikstof（スティクストフ；ドイツ語に似ています）を翻訳借用し，著作『舎密開宗』のなかで用いたのが最初とされています。オランダ語の窒素の名称も，「窒息する」stikken（ス

ティケ）に由来します（『舎密開宗』については $_{17}Cl$ 塩素を参照）。

　第 15 族元素の $_7N$ 窒素，$_{15}P$ リン，$_{33}As$ ヒ素，$_{51}Sb$ アンチモン，$_{83}Bi$ ビスマスを総称して，ニクトゲン（英語で pnictogen）と呼ぶことがあります。これは，ギリシャ語の「窒息した」πνικτός（pnīctos，プニークトス）に，「産む」を意味する語尾 -gen（$_1H$ 水素を参照）を付けたものです。

# $_8O$ 酸素

非金属

英 oxygen（アクシジェン）　　独 Sauerstoff（ザオアーシュトフ）
仏 oxygène（オクシジェヌ）　　瑞 syre（シーレ）
希 οξυγόνο（オクシゴノ）　　露 кислород（キスラロート）
語源を遡ると…インド・ヨーロッパ祖語の「鋭い」と「産む」
発見の順番　22 番目

## 「燃素」は「マイナスの酸素」

　イギリスの化学者・神学者ジョゼフ・プリーストリ（Joseph Priestley, 1733–1804）とスウェーデンの薬剤師・化学者カール・ヴィルヘルム・シェーレ（Carl Wilhelm Scheele, 1742–1786）が，同時期に独立に発見しました。プリーストリは 1775 年に酸素を発見し，ただちに発表しました。一方，シェーレは 1771 年から 1772 年にかけての実験で酸素を発見しましたが，出版社の遅滞のため，発表が 1777 年まで遅れてしまいました。

　ただし，時代的な制約のために，この気体が何なのかを発見者達も理解していませんでした。当時は「燃素（フロギストン）説」という考え方が信じられていたためです。「フロギストン」という名は，ギリシャ語の「火に焼かれた」φλογιστός（プロギストス）に由来します。燃焼は物

質が酸素と結合する現象ですが，当時は燃焼の際に物質から「燃素」が放出されると考えられており，彼らが発見した気体も燃素説の枠組みのなかで捉えられていました。このため，プリーストリは酸素のことを「脱燃素空気」と呼んでいました。燃素は「マイナスの酸素」ともいうべき考え方ですので，「脱燃素空気」とは「マイナスの酸素」のマイナスで，酸素ということになります。

　プリーストリから「脱燃素空気」発見の話を聞いて，燃焼の仕組みを正しく解明したのは，「近代化学の父」と称されるフランスの化学者アントワーヌ＝ローラン・ド・ラヴォアジエ（Antoine-Laurent de Lavoisier, 1743–1794）です。燃焼現象は身の回りの化学反応のなかでもっとも目立つものであり，原始的な元素観において常に重要な役割を果たしてきました。それゆえ，新しい燃焼理論の確立は，近代化学の出発点となりました。酸素を元素と認識して oxygène と命名したのも彼で，1777 年のことでした。

### 酸素発見の日付

　近代化学の出発点となった酸素の発見は，数ある化学の発見のなかでも，もっとも重要なものの一つです。プリーストリが新元素を発見した日は，1774 年 8 月 1 日とされることが多いのですが，このとき彼は，自身が 2 年前に発見した亜酸化窒素（笑気ガス，$N_2O$）を作成したと思っていました。その後考えを改め，翌 1775 年 3 月 8 日–10 日に再度実験を行なって，新種の気体を発見したと公表しました。上記の「発見の順番」では，この年代を基にしました。ただし，プリーストリ本人は，終生，燃素説から脱却することはありませんでした。

### 名称の由来

　oxygène は，ギリシャ語の「鋭い，酸っぱい」ὀξύς（oxys, オクシュス）と「私は産む」γείνομαι（geinomai, ゲイノマイ）に由来し，「酸を産む」を意味します。これは，非金属元素の燃焼により酸性の物質が生成するため，酸素が酸の元であるとラヴォアジエが誤解したためです。これも

一種の oxymoron（撞着語法）かもしれません。語尾 -gène についておよび本当の意味での酸の元については，$_1$H 水素の節を参照してください。

ὀξύς は，インド・ヨーロッパ祖語の「鋭い」*ak- に遡ることができます。「酸」（英語で acid）も類語です。同じ語根が $_{89}$Ac アクチニウムの節にも登場します。

各言語での酸素の名称は，いずれもそれぞれの言語での「酸っぱい」や「酸っぱくする」に由来します。

ドイツ語：sauer（ザオアー）

スウェーデン語：syra（シーラ）

ロシア語：кислый（キースルイ）

酸素のドイツ語名の後半の Stoff（シュトフ）は「材料」，ロシア語名の後半の род（ロート）は「族，種類」という語です。

日本語の「酸素」という名称は，江戸時代後期の蘭学者である宇田川榕菴（1798-1846）がオランダ語の zuurstof（ジュールストフ；ドイツ語に似ています）を翻訳借用し，著作『舎密開宗』のなかで用いたのが最初とされています（『舎密開宗』については $_{17}$Cl 塩素を参照）。

# $_9$F フッ素

非金属（ハロゲン）

英 fluorine（フローリーン，フルオリン）　独 Fluor（フルーオア）

仏 fluor（フリュオール）　瑞 fluor（フルオール）

希 φθόριο（フソリヨ）　露 фтор（フトール）

**語源を遡ると…**インド・ヨーロッパ祖語の「溢れる」

**発見の順番**　72 番目（同年に $_{32}$Ge ゲルマニウムと $_{66}$Dy ジスプロシウムも発見）

## まずは蛍石の話から

蛍石はフッ化カルシウム（CaF$_2$）を主成分とする鉱物であり，英語では fluorspar（フロースパー）あるいは fluorite（フローライト）といいます。これらの名称は，ラテン語の「流れ」fluor（フルオル）と，良劈開性（特定の方向に割れやすい性質）の鉱物を指すスパー（spar）あるいはギリシャ語の「石」λίθος（lithos，リトス）の組合わせに由来します（λίθος については ₃Li リチウムを参照）。名称に「流れ」という語が入っているのは，蛍石が融剤（英語で flux；鉱石などを融解して流動しやすくするために添加する物質）として用いられてきたためです。

蛍石が，融剤として用いられる過程で光を発することから，蛍光（英語で fluorescence）も蛍石にちなんだ名前で呼ばれるようになりました。

ラテン語の「流れ」fluor や「流れる」fluere（フルエレ）に関連した語はたくさんあり，英語では「流体」fluid，「流暢な」fluent，「インフルエンザ（流行性感冒）」influenza を挙げることができます。これらは，インド・ヨーロッパ祖語の「溢れる」*bhleu- に遡ります。

## 名称の由来

フッ素の存在は18世紀頃から認識されていました。イギリスの化学者ハンフリー・デイヴィー（Humphry Davy, 1778–1829）は，蛍石にフッ素が含まれていると予見しました。このため，西欧諸言語では，フッ素の名称は蛍石に由来します。特に英語では，それまでに見つかっていたハロゲン元素の名称（₁₇Cl 塩素（chlorine），₃₅Br 臭素（bromine），₅₃I ヨウ素（iodine））に倣い，語尾に -ine が付けられました。日本語の「フッ素（弗素）」という名称は，ドイツ語の Fluor の当て字です。

一方，電流の単位アンペアの名前の基となった，フランスの物理学者・数学者アンドレ゠マリ・アンペール（André-Marie Ampère, 1775–1836）は，フッ素のきわめて高い反応性から，ギリシャ語の「破壊的な」φθόριος（phthorios，プトリオス）にちなんだ名称を提案しました。フッ素のギリシャ語名 φθόριο やロシア語名 фτор は，こちらに由来するよう

です。

　フッ素はきわめて高い反応性を有し，猛毒であるため，単離は困難を極めました。デイヴィーやアンペールをはじめ，多くの化学者が挑戦したにもかかわらず，フッ素を単離することはできませんでした。それどころか，フッ素の高い反応性のゆえに命を落とし，あるいは死なないまでも中毒になったり，失明したりする人が相次ぐ有様でした。

　1886 年にようやく，フランスの化学者フェルディナン・フレデリック・アンリ・モアッサン（Ferdinand Frédéric Henri Moissan, 1852−1907）が，工夫を凝らした装置を用いてフッ素の単離に成功しました。彼はこの功績により 1906 年ノーベル化学賞を受賞しました。

---

**ノーベル賞の受賞対象となった元素など**

　元素またはそれに類するものの発見のうち，ノーベル賞の受賞対象となったものには以下のようなものがあります（1904 年はノーベル化学賞と物理学賞の両方。それ以外はノーベル化学賞。ノーベル賞については $_{102}$No ノーベリウムを参照）。

　　1904 年　希ガス元素

　　1906 年　$_9$F フッ素

　　1911 年　$_{88}$Ra ラジウム，$_{84}$Po ポロニウム（放射性元素）

　　1934 年　重水素

　　1935 年　人工放射性元素

　　1951 年　超ウラン元素（$_{92}$U ウランよりも原子番号が大きい元素）

1939 年のノーベル物理学賞の受賞対象となったサイクロトロン（原子核物理学の実験装置；$_{103}$Lr ローレンシウムを参照）の発明は，超ウラン元素の発見上本質的なものであり，上に挙げたものに加えてもよいかもしれません[1]。これらのノーベル賞受賞対象元素の多くは，1869 年に周期表が発表された時点では，その存在がまったく予想されていなかったものばかりです。すなわち，希ガス元素や放射

性元素は他の元素と化合物を作ることがほとんどないため，周期律の埒外だったのです。$_9$F フッ素は唯一，当時からその名が周期表に入れられていたものの，あまりの反応性の高さに単離できなかった元素でした。$_9$F フッ素の単離がいかに困難だったかが想像されます。

　ちなみに，周期表を提案したロシアの化学者ドミートリイ・イヴァーナヴィチ・メンデレーエフ（Дмитрий Иванович Менделеев（Dmitrij Ivanovič Mendeleev），1834–1907）（$_{101}$Md メンデレビウムの名称の語源）は，1906 年のノーベル化学賞の候補になりましたが，$_9$F フッ素を単離したフランスの化学者フェルディナン・フレデリック・アンリ・モアッサン（Ferdinand Frédéric Henri Moissan，1852–1907）に一票差で敗れました。メンデレーエフは翌年亡くなったため，彼がノーベル賞を受賞することはありませんでした。

　　1）　受賞者はそれぞれ以下の通りです。
　　1904 年のノーベル化学賞
　　　イギリスの化学者ウィリアム・ラムジー（William Ramsay, 1852–1916），「空気中の希ガス元素の発見と周期律におけるその位置の決定」
　　1904 年のノーベル物理学賞
　　　イギリスの物理学者である第 3 代レイリー男爵ジョン・ウィリアム・ストラット（John William Strutt, 3rd Baron Rayleigh, 1842–1919），「重要な気体の密度に関する研究，およびこの研究により成されたアルゴンの発見」
　　1906 年のノーベル化学賞
　　　フランスの化学者モアッサン（詳細は本文を参照），「フッ素の研究と分離，およびモアッサン電気炉の製作」
　　1911 年のノーベル化学賞
　　　ポーランド出身のフランスの物理学者・化学者マリ・スクウォドフスカ＝キュリー（Marie Skłodowska-Curie, 1867–1934），「ラジウムおよびポロニウムの発見とラジウムの性質およびその化合物の研究」
　　1934 年のノーベル化学賞
　　　アメリカの化学者ハロルド・クレイトン・ユーリー（Harold Clayton Urey, 1893–1981），「重水素の発見」
　　1935 年のノーベル化学賞
　　　フランスの物理学者ジャン・フレデリック・ジョリオ＝キュリー（Jean

## 元素名の語尾

元素名には共通の語尾が付くことが多く，金属元素に -(i)um が付くのはよく知られています。ハロゲン元素の英語名には -ine が付いています（$_9$F フッ素を参照）。このような様子を，イタリアの作家・化学者プリーモ・レーヴィ（1919–1987）は著書『周期律 —— 元素追想』のなかで，次のように表現しています。

「メンデレーエフの周期律こそが一篇の詩であり，高校で飲みこんできたいかなる詩よりも荘重で高貴なのだった。それによく考えてみれば，韻すら踏んでいた。」

元素名の語尾に関して，実はもっとも統一性が高いのは英語です。これは，以下の用語法からすると驚きといえます。

多くの言語では同じ品詞は同じ語尾を持つことが多く（以下，不定詞や終止形の場合です），たとえば動詞は，ドイツ語では -en（稀に -eln, -ern）で終わりますし，ラテン語やイタリア語は -are, -ere, -ire（稀に -rre）のいずれかが最後に付きます。また本書でたびたび登場するギリシャ語の動詞の多くは -ειν (-ein) を語尾に持ちます。日本語の動詞はウ段で終わりますし，形容詞は「–(し)い」が付きます。英語にはそのような品詞による語形の統一性は見られません。

しかしながら，こと元素名となると，英語に軍配が上がるのです。

以下，ハロゲン・希ガス・金属元素のそれぞれについて，各言語での共通語尾を見てみましょう。

ハロゲン元素（6 種類）名の語尾

| 英語 | 共通語尾 -ine |
|---|---|
| ドイツ語 | 共通語尾無し |
| フランス語 | $_9$F フッ素以外は共通語尾 -e（ただし，これらの e は黙字のため，韻は踏みません） |
| スウェーデン語 | 共通語尾無し |
| ギリシャ語 | $_{85}$At アスタチン以外は共通語尾 -ιο（$_{85}$At アスタチンは -o） |
| ロシア語 | 共通語尾無し |
| 日本語 | $_{85}$At アスタチンと $_{117}$Ts テネシン以外は共通語尾「−素」 |

希ガス元素（7 種類）名の語尾

| 英語・ドイツ語・フランス語・スウェーデン語 | $_2$He ヘリウム以外は共通語尾 -on |
|---|---|
| ギリシャ語 | $_2$He ヘリウムと $_{86}$Rn ラドンと $_{118}$Og オガネソンは語尾 -ιο，$_{18}$Ar アルゴンと $_{36}$Kr クリプトンは語尾 -ό（$_{54}$Xe キセノンの語尾はアクセントがない -o） |
| ロシア語 | $_2$He ヘリウム以外は共通語尾 -он |
| 日本語 | $_2$He ヘリウム以外は共通語尾「−(オ)ン」 |

金属 94 元素[1] のうち，金属元素名の共通語尾[2] が付かない元素の数

| 英語 | 14 元素[3] | ドイツ語 | 25 元素[4] |
|---|---|---|---|
| フランス語 | 22 元素[5] | スウェーデン語 | 25 元素[6] |
| ギリシャ語 | 9 元素[7] | ロシア語 | 23 元素[8] |
| 日本語 | 24 元素[9] | | |

非金属 24 元素[1] のうち，金属元素名の共通語尾[2] が付く元素の数

| 英語 | 3 元素（He, Se, Te） |
|---|---|
| ドイツ語 | 2 元素（He, Si） |
| フランス語 | 3 元素（He, Si, Se） |
| スウェーデン語 | 1 元素（He） |
| ギリシャ語 | 12 元素（He, B, F, Si, Cl, Se, Br, Te, I, Rn, Te, Og） |
| ロシア語 | 2 元素（He, Si） |
| 日本語 | 1 元素（He） |

　金属元素名の語尾を見れば，ギリシャ語の名称が，一番例外が少ないようにも見えますが，これは，金属・ハロゲン・希ガス元素に関わらず，元素名に -ιο の語尾を付ける傾向があるためです。それらを併せて考えると，英語の元素名が，語尾の共通性や語尾による化学的性質の区別において，もっとも統一がなされているといえると思います。

---

1) 全 118 元素のうち，H, He, B, C, N, O, F, Ne, Si, P, S, Cl, Ar, As, Se, Br, Kr, Te, I, Xe, At, Rn, Ts, Og の 24 元素を非金属元素，それ以外の 94 元素を金属元素とします。

2) 「金属元素名の共通語尾」は，英語・ドイツ語・フランス語・スウェーデン語：-(i)um；ギリシャ語：-ιο；ロシア語：-ий；日本語：-(イ)ウム；とします。

3) Mn, Fe, Co, Ni, Cu, Zn, Ag, Sn, Sb, W, Au, Hg, Pb, Bi の 14 元素。-ium ではなく -um しか付かないものには Mo, La, Ta, Pt の 4 元素があります（アメリカ英語ではさらに Al が加わります）。

4) Ti, Cr, Mn, Fe, Co, Ni, Cu, Zn, Nb, Mo, Ag, Sn, Sb, La, Ce, Pr, Nd, Ta, W, Pt, Au, Hg, Pb, Bi, U の 25 元素。$_{23}$V バナジウムには Vanadium と Vanadin との二通りの表記があります。

5) フランス語の元素名は，ドイツ語の元素名に比べ，Nb と Ce と U に共通語尾が付きます。-ium ではなく -um しか付かないものには Ba があります。

6) スウェーデン語の元素名は，ドイツ語の元素名に比べ，Ce に共通語尾が付き，V に共通語尾が付きません。

7) Fe, Cu, Zn, Ag, Sn, Pt, Au, Hg, Pb の 9 元素。これらには -ος（または -ός）の共通語尾が付きます。1748 年にヨーロッパで知られるようになった Pt を除

いて，いずれも中世以前から知られていた元素ばかりです。

8) ロシア語の元素名は，ドイツ語の元素名に比べ，NbとCeに共通語尾が付きます。

9) 日本語の元素名は，ドイツ語の元素名に比べ，Ceに共通語尾が付きます。

# $_{10}$Ne ネオン

非金属（希ガス）

| | |
|---|---|
| 英 neon（ニーアン） | 独 Neon（ネーオン） |
| 仏 néon（ネオン） | 瑞 neon（ネオーン） |
| 希 νέον（ネオン） | 露 неон（ニオーン） |

語源を遡ると…インド・ヨーロッパ祖語の「新しい」

発見の順番　78番目（同年に $_{36}$Kr クリプトン， $_{54}$Xe キセノン， $_{84}$Po ポロニウム， $_{88}$Ra ラジウムも発見）

**名称の由来**

1898年イギリスの化学者ウィリアム・ラムジー（William Ramsay, 1852-1916）と助手でイギリスの化学者モーリス・ウィリアム・トラヴァーズ（Morris William Travers, 1872-1961）が，冷却して液体にした空気のなかからネオンを分離しました。ラムジーは，1894年に $_{18}$Ar アルゴンを発見して以来， $_2$He ヘリウム， $_{36}$Kr クリプトンに次いで，これが四番目の希ガス元素の発見となり，この後 $_{54}$Xe キセノンも発見することになります。

当時，希ガス元素は $_2$He ヘリウムと $_{18}$Ar アルゴンが知られ，ロシアの化学者ドミートリイ・イヴァーナヴィチ・メンデレーエフ（Дмитрий Иванович Менделеев（Dmitrij Ivanovič Mendeleev），1834-1907）（ $_{101}$Md メンデレビウムの名称の語源）が発表した周期表により，その間に新元素

が存在することが予見されていました。ラムジーの13歳の息子ウィリーが，新元素の名称として，ラテン語の「新しい」novus（ノウゥス）にちなんだ novum はどうか，と提案したのを参考に，より響きがよいと考えたギリシャ語の「新しい，若い」νέος（neos，ネオス）にちなんで命名され，$_{18}$Ar アルゴンの命名法に倣い，語尾に -on が付けられました。

νέος はインド・ヨーロッパ祖語の「新しい」*newo- に遡り，この語形は各言語でかなりそのままの形で保たれています。

英語：new　　　　　　　　　　　ドイツ語：neu（ノイ）

フランス語：nouveau（ヌーヴォー）　スウェーデン語：ny（ニー）

ロシア語：новый（ノーヴイ）

$_{11}$Na ナトリウム

金属

英 sodium（ソウディアム）　　　独 Natrium（ナートリウム）

仏 sodium（ソディヨム）　　　　瑞 natrium（ナートリウム）

希 νάτριο（ナトリヨ）　　　　　露 натрий（ナートリイ）

**語源を遡ると…**古代エジプト語の「ナトロン（天然のソーダ灰）」

**発見の順番**　40番目（同年に $_{19}$K カリウムも発見）


電池の発明と元素の発見

18世紀末以降，電池の研究が進展し，1800年イタリアの物理学者アレッサンドロ・ジュゼッペ・アントーニオ・アナスタージオ・ヴォルタ（1745–1827）が，いわゆる「ボルタ電池」を発明しました（彼の名は電圧の単位ボルトの名前の基となりました）。それからわずか7年後，イギリスの化学者ハンフリー・デイヴィー（Humphry Davy, 1778–1829）は，

電池を用いて電気分解を行ない，次々と元素を発見していきます。1807年にまず $_{19}K$ カリウム，続いてただちにナトリウムを単離し，翌1808年にはさらに4元素を単離します（これらの4元素については，$_{12}Mg$ マグネシウムを参照）。

### 名称の由来

　天然のソーダ灰（炭酸ナトリウムをはじめとする混合物）は，古くから洗剤やガラス製造に用いられていました。『旧約聖書』の『エレミヤ書』第2章第22節に，洗剤としての記述があります。また古代エジプトでは，ミイラの乾燥処理に使用されました。このように古くから知られていたため，英語やフランス語でのナトリウムの名称である sodium と，ドイツ語などでの名称である Natrium は共に，天然のソーダ灰の古名に由来します。

　デイヴィーは，古名の一つであるソーダ（soda）にちなみ，sodium と命名しました。「ソーダ」という語は，アラビア語の「頭痛」صُداع（ṣudāʻun，スダーウン）に由来しており，炭酸ナトリウムは頭痛薬としても用いられていたようです。アラビア語の「頭痛」は，三語根「割る」ṣ-d-ʻ から派生しています。頭痛は頭が割れるようなことということでしょうか。

　炭酸水のことをソーダ水とも呼びますが，これを発明したのは，$_8O$ 酸素の発見者でもあるイギリスの化学者・神学者ジョゼフ・プリーストリ（Joseph Priestley, 1733–1804）だといわれています。当時は炭酸ナトリウム（ソーダ）または炭酸水素ナトリウム（重曹）にレモン果汁（クエン酸）を加えて作っていたようです。

　もう一つの古名ナトロン（natron）は，遠く古代エジプト語の ntry（ネチェリ）にまで遡るものであり，その名は，ソーダ灰の輸出地であったエジプトのニトリア地方に由来するという説もあるようです。いつの頃からかナトロンと硝石が混同され，そのためナトリウムの綴り Natrium は，硝石に由来する $_7N$ 窒素の英語名 nitrogen と似ています。ナトリウ

ムの名を採用したのは，スウェーデンの化学者イェンス・ヤーコブ・ベルセーリウス（Jöns Jacob Berzelius, 1779–1848）のようです。

---

# $_{12}$Mg マグネシウム

金属

英 magnesium（マグニージアム）　独 Magnesium（マグネージウム）

仏 magnésium（マニェジヨム）　瑞 magnesium（マングネーシウム）

希 μαγνήσιο（マグニシヨ）　　露 магний（マーグニイ）

語源を遡ると…ギリシャ民族の始祖の名前

発見の順番　42番目（同年に $_5$B ホウ素，$_{20}$Ca カルシウム，$_{38}$Sr ストロンチウム，$_{56}$Ba バリウムも発見）

---

## もっとも多くの元素を発見した研究者

1808 年は元素発見史上驚くべき年です。それというのも，第 2 族元素の 6 元素（$_4$Be ベリリウム，$_{12}$Mg マグネシウム，$_{20}$Ca カルシウム，$_{38}$Sr ストロンチウム，$_{56}$Ba バリウム，$_{88}$Ra ラジウム）のうち，4 元素が発見されたのです（$_4$Be ベリリウムは 11 年前にすでに発見されており，放射性元素である $_{88}$Ra ラジウムの発見までは 90 年を待たなければなりません）。しかも，これら 4 元素のすべてをイギリスの化学者ハンフリー・デイヴィー（Humphry Davy, 1778–1829）が発見しました。ときにデイヴィー，30 歳のことです。

彼は同年，第 13 族元素の $_5$B ホウ素も発見し，さらに前年，第 1 族元素の $_{11}$Na ナトリウムと $_{19}$K カリウムを発見しています。発見した元素は合計 7 元素であり，もっとも多くの元素を発見した化学者といえます。当時知られていた元素は 50 種類に及びませんでしたので，実にそのうち

の 1/7 以上を見つけたことになります。余談ながら，彼の最大の発見は，後に電磁気学の礎を築くこととなるイギリスの化学者・物理学者マイケル・ファラデー（1791–1867）を見いだしたことだといわれています。

### ギリシャ民族の始祖

ある説では，マグネシウムと $_{25}$Mn マンガンと磁石はすべて同じ語源に遡り，いずれもギリシャ・テッサリア地方のマグネーシアという地名（現在のテッサリア地方マグニシア県）に由来するとしています。そこで，まずはマグネーシアの名称の由来を見ていきましょう。

ギリシャ神話は以下のように伝えています。天界の火を盗んで人類に与えたとされるプロメーテウス（$_{61}$Pm プロメチウムの名称の語源）の一人息子デウカリオーンは，いわゆる「パンドラの箱」で有名なパンドーラーの娘ピュラーと結婚しました。主神ゼウスが，堕落した人類を滅亡させるべく大洪水を起こしたとき，デウカリオーンとピュラーは，プロメーテウスの助言により方舟に乗って難を逃れました。

洪水の後，ゼウスのお告げに従って石を頭越しに投げたところ，デウカリオーンの投げた石は人間の男に，ピュラーの投げた石は女になりました。そのため，ギリシャ語の「人々」λαός（ラーオス）という語は，「石」の詩語 λᾶας（ラーアス）から転じた，という落ちが付いています（ギリシャ語の「石」の一般語に由来する元素名としては $_3$Li リチウムを，「人々」λαός に関連した元素名としては $_{28}$Ni ニッケルを参照）。

デウカリオーンとピュラーの長男であるヘレーン（Ἕλλην（Hellēn））は，ギリシャ民族の始祖だとされています。そのため，「ギリシャ」のことを古典ギリシャ語で「ヘラス」（Ἑλλάς（Hellas））と呼び，歴史を経て現代ギリシャ語では「エラザ」（Ελλάδα）といいます。また，ギリシャの当て字である「希臘」は，（「ギリシャ」ではなく）「ヘラス」を音写したものであるようです。さらに，古代ギリシャの文化は「ヘレニズム文化」と呼ばれます。「ギリシャ」は，古代ローマ人がギリシャ人を指して呼んだ他称です。

ヘレーンの息子の一人にアイオロス（Αἴολος（Aiolos））という人物がいます。アイオロスにはマグネース（Μάγνης（Magnēs））という息子がいて，マグネースが支配した地域がマグネーシア（Μαγνησία（Magnēsiā））と呼ばれるようになりました。

　余談ながら，車田正美の漫画『聖闘士星矢<ruby>セイントセイヤ</ruby>』に，射手座<ruby>サジタリアス</ruby>の黄金聖闘士<ruby>ゴールドセイント</ruby>としてアイオロスという人物が登場しますが，彼の遺言には ΑΙΟΡΟΣ（Aioros）と署名されており，上述のアイオロスとは綴りが違うようです。

　また，「シーシュポスの岩」（神罰として，地獄で岩を坂の上まで押し上げねばならず，届きそうになると岩が下まで転がり落ちてしまうという苦行が永遠に続く）で知られるシーシュポスは，マグネースの兄弟です。このように永遠に繰り返される苦痛という罰は，ギリシャ神話にたびたび登場し，プロメーテウス（$_{61}$Pm プロメチウムの名称の語源）やタンタロス（$_{73}$Ta タンタルの名称の語源）にも同様の神罰が与えられています。


### 名称の由来

　マグネーシアからは様々な鉱物が産出したようで，マグネシウムを含む鉱物（炭酸マグネシウムだったようです）は「白いマグネーシア」と呼ばれていました（$_{25}$Mn マンガンを参照）。

　炭酸マグネシウムが熱分解して生成する酸化マグネシウムは化学的に安定であるため，酸化マグネシウムが元素と誤解されていた時代もありましたが，上述の通り，1808 年デイヴィーが酸化マグネシウムを電気分解してマグネシウムを単離しました。デイヴィーは，$_{25}$Mn マンガン（英語で manganese）との混同を避けるため，当初 magnium と命名しましたが，後に magnesium に改められました。なお，ロシア語名の магний（magnij，マーグニイ）では，古い語形が維持されています。

# ₁₃Al アルミニウム

金属

英 aluminium（アリュミニアム；イギリス英語），
　　aluminum（アルーミナム；アメリカ英語）

独 Aluminium（アルミーニウム）　仏 aluminium（アリュミニヨム）

瑞 aluminium（アルミーニウム）

希 αργίλιο（アルイリヨ；専門用語），αλουμίνιο（アルミニヨ；日常語）

露 алюминий（アリュミーニイ）

語源を遡ると…インド・ヨーロッパ祖語の「苦い」

発見の順番　52番目

## 明礬とビール

　アルミニウムの化合物である明礬（みょうばん）は古くから知られており，古代ギリシャ・ローマの時代にすでに止血剤や染色剤，耐火材として利用されていたようです。日本での使用例としては，雲丹（うに）の形を保持するための添加物を挙げることができます。明礬の量が多いと雲丹が苦くなるといわれるように，明礬には苦味があります。そのため明礬の名称（英語でalum）は，インド・ヨーロッパ祖語の「苦い」*alu- に由来するという説があります。ビールの一種である「エール」（英語で ale）も同じ語源から派生したようです。

## 名称の由来

　アルミニウムの名はラテン語の「明礬」alumen（アルーメン；語幹はalūmin-）に由来します。1761年フランスの化学者ルイ＝ベルナール・ギトン・ド・モルヴォー（Louis-Bernard Guyton de Morveau, 1737–1816）は，明礬のなかの酸化アルミニウムを alumine と命名しました。1789年「近

代化学の父」と称されるフランスの化学者アントワーヌ゠ローラン・ド・ラヴォアジエ（Antoine-Laurent de Lavoisier, 1743-1794）は，これを純物質と仮定して alumine の名で元素表に記載しました。

1807 年イギリスの化学者ハンフリー・デイヴィー（Humphry Davy, 1778-1829）は，酸化アルミニウムを電気分解してアルミニウムの単離を試みましたが，成功しませんでした。しかしながら彼は，これが未知の金属元素の酸化物であることを確信し，その金属元素に alumium という名称（現代語と比べて綴りに ni が足りません）を提案しました。そしてその後，aluminum に改めました。アメリカ英語ではこの綴りが用いられています。一方，イギリス英語では金属元素名の共通語尾 -ium に従って，aluminium としています。

1825 年デンマークの物理学者ハンス・クリスティアン・エルステッド（Hans Christian Ørsted, 1777-1851）がようやくアルミニウムの単離に成功しました。ただし，不純物を多く含んでいたようです。2 年後の 1827 年「有機化学の父」と呼ばれるドイツの化学者フリードリヒ・ヴェーラー（Friedrich Wöhler, 1800-1882）が高純度のアルミニウムを得ました。

このような発見上の複雑な経緯のため，アルミニウムの発見者は，文献により，デイヴィー，エルステッドあるいはヴェーラーと見解が分かれています。上記の「発見の順番」では，1825 年のエルステッドのものを基にしました。

### ギリシャ語での日常語と専門用語

ギリシャ語のアルミニウムの名称には二通りあります。日常語としては，他の言語と同じような αλουμίνιο（アルミニヨ）という呼び方をしますが，専門用語として αργίλιο（アルイリヨ）という名称があります。これは，「陶土，白粘土」ἄργιλος（argīlos，アルギーロス）と関連していると思われます。実際，陶器の原料に用いられるカオリナイト（カオリン）や土木用・医薬用に使われるモンモリロナイトという粘土鉱物は，アルミニウムを含む鉱物です。この語は，$_{47}$Ag 銀のラテン語名 argentum（ア

ルゲントゥム）や古典ギリシャ語名 ἄργυρος（argyros, アルギュロス）と同じく，インド・ヨーロッパ祖語の「輝く，白い」*arg- に遡ります。

　ポーランド語でもギリシャ語と同様，「アルミニウム」glin（グリン）と「粘土」glina（グリナ）は似た語を用いています。

### 恐竜の発見

　アルミニウム発見の前年には，周期表上で一つ後の $_{14}Si$ ケイ素が発見されており，地殻に存在する元素のうち，2番目と3番目に多い元素が相次いで発見されたことになります（もっとも多い元素は $_8O$ 酸素）。地殻に眠る古代のロマンといえば恐竜ですが，最初に発見された恐竜がイグアノドンと命名されたのは，アルミニウムの発見と同じ 1825 年でした。

　「イグアノドン」という名は，「イグアナの歯」を意味し，その歯の化石がイグアナの歯に似ていたことに由来します。ギリシャ語で「歯」をὀδούς（odūs, オドゥース；語幹は odont-）といいます。歯は化石として残りやすいため，しばしば分類に用いられ，古生物の名前には「(オ)ドン」が付くものが多くあります。カルカロドントサウルス（「鋸のような歯のトカゲ」）やスミロドン（サーベルタイガー）を例として挙げることができますが，プテラノドンはちょっと違います。$_{86}Rn$ ラドンの節を参照してください。

　「(オ)ドン」が付くちょっと珍しいところでは，フグ科の学名 Tetraodontidae（テトラオドンティダエ）があります。フグは上下に2本ずつの歯を持つことから，ギリシャ語に由来する「4」tetra と「歯」odont- とから付けられた名です。フグ毒の成分テトロドトキシン（tetrodotoxin）は，この学名と「毒」（英語で toxin）とから成る名前です。

　また，「歯」に関連づけて命名されたと考えられる元素としては，$_{30}Zn$ 亜鉛の節を参照してください。

# ₁₄Si ケイ素

非金属

英 silicon（シリコン）　　　独 Silicium, Silizium（ジリーツィウム）

仏 silicium（シリシヨム）　　瑞 kisel（シーセル）

希 πυρίτιο（ピリティヨ）　　露 кремний（クリェームニイ）

語源を遡ると…ラテン語の「火打石」

発見の順番　51番目

## 名称の由来

　スウェーデンの化学者イェンス・ヤーコブ・ベルセーリウス（Jöns Jacob Berzelius, 1779–1848）により，1824年初めて単離されました。ただし，その存在は以前から予見されており，15年ほど前の1808年イギリスの化学者ハンフリー・デイヴィー（Humphry Davy, 1778–1829）がすでに silicium という名称を提案していたといわれています。これは，ラテン語の「火打石」silex（シレクス）の語幹 silic- を基にしたもので，火打石に用いられた鉱物が二酸化ケイ素（$SiO_2$）を主成分とすることによるものです。デイヴィーは，この元素が金属であると考え，金属元素名の共通語尾 -ium を付け加えました。ドイツ語やフランス語では，この名称がそのまま使われています。英語名の silicon は，ケイ素が非金属元素であることが判明して，非金属元素である ₆C 炭素（carbon）や ₅B ホウ素（boron）に倣い，語尾を -on としたものです（イギリスの化学者トマス・トムソン（Thomas Thomson, 1773–1852）による改称）。

　発見者のベルセーリウス自身は kiesel と命名したそうで，彼の母国スウェーデンでは，ケイ素は kisel と呼ばれています。現在のスウェーデン語では，kisel は「ケイ素」の意味しか持っていませんが，「石」sten（ステーン）との合成語である kiselsten（シーセルステーン）には「火打石」

の意味もあります（スウェーデン語の「石」sten については，$_{74}$W タングステンの名前も参照）。

　ケイ素のギリシャ語名 πυρίτιο やロシア語名 кремний は，いずれもそれぞれ「火打石」を意味する πυρίτης（ピュリーテース）や кремень（クリミェーニ）に由来するようです。ギリシャ語で πῦρ（pȳr，ピュール）は「火」の意味であり，それから派生した「熱分解」（英語で pyrolysis）という用語もあります。

### 日本語の名称

　「ケイ素」を漢字で書くと「珪素」です。「珪」の字は，諸侯が皇帝から授けられる宝石が原義です。ただしこの字は当て字で，オランダ語の「砂利，丸い小石」kiezel（キーゼル）に「珪砂」という字を当てたものが，珪素に受け継がれました。なお，オランダ語でケイ素は silicium（シリーツィユム）といいます。

## $_{15}$P リン

非金属

| | |
|---|---|
| 英 phosphorus（ファスファラス） | 独 Phosphor（フォスフォア） |
| 仏 phosphore（フォスフォール） | 瑞 fosfor（フォスフォル） |
| 希 φωσφόρος（フォスフォロス） | 露 фосфор（フォースファル） |

語源を遡ると…インド・ヨーロッパ祖語の「光る」と「運ぶ，産む」
発見の順番　15 番目

### 科学史上の位置づけ

　リンは，発見者と発見年がほぼ判明しているもっとも古い元素です。

錬金術の時代の最後の元素発見といってよいかもしれません。ドイツの錬金術師ヘニッヒ・ブラント（Hennig Brand, 1630 頃-1692 頃）が「賢者の石」を探し求める過程で，1669 年（1674 年もしくは 1675 年という説もあります）人尿からリンを分離したといわれています。生体から発見された唯一の元素です。

　ちなみに 1669 年は，科学の他の分野でも革新的な出来事が起こっています。数学では，イギリスの自然哲学者アイザック・ニュートン（1642-1727）が微積分法の研究に取り掛かり，地球科学の分野では，デンマークの地質学者・司祭ニコラウス・ステノ（1638-1686）が化石は太古の生物の遺骸であると主張しました。


## 名称の由来

　白リン（$P_4$）が暗所で発光することから，ギリシャ語の「光」φῶς（phōs, ポース）と，「運ぶ」φέρειν（pherein, ペレイン）から派生した形容詞 φορός（phoros, ポロス）とを組み合わせて，「光をもたらす」という意味の名前が付けられました。命名者は特定できていないようです。ちなみに，堕天使ルシファー（英語で Lucifer）も原義は「光をもたらす」であり，こちらはラテン語の「光」lux（ルークス，語幹は lūc-）と -fer（後述）との組合わせです。

　ギリシャ語の「光」φῶς は，インド・ヨーロッパ祖語の「光る」*bhā- に遡ります。この語根は，「パッ（と光る）」というような感じを表す音象徴によるともいわれています。φῶς の語幹は phōt- であり，むしろこの形で諸言語に取り入れられています。英語の「写真」photo(graphy) や「光子」photon がよい例です。

　一方，「運ぶ」φέρειν は，インド・ヨーロッパ祖語の「運ぶ，産む」*bher- に遡ります。英語では，「運ぶ，産む」bear や「持ってくる」bring, さらには「移す」transfer や「提供する」offer の -fer が派生しています。

　リンを表す φωσφόρος という語自体は，リン発見の以前から，「明けの明星」（金星のこと）を指して用いられていました。さらに，大文字で始

めた Φωσφόρος は，ギリシャ神話の夜と月の女神ヘカテーの別名を意味しました。ヘカテーは，月を司ることから，狩猟と月の女神アルテミスや月の女神セレーネー（₃₄Se セレンの名称の語源）と同一視されることもある女神です（オリュンポス十二神のコラムを参照）。

### 漢字の成立ち

「リン」を漢字で書くと「燐」です。この字は会意形声文字で，意符の火と，意符と音符とを兼ねる粦（リン）とから成ります。「粦」の字は元来，上部の「米」の部分が「炎」であり，舞う炎である鬼火を意味します。さらにそれに火偏を加えて，意味を明確にした字が「燐」です。

### リン光体ではないリン

リン光（英語で phosphorescence）やリン光体（英語で phosphor）の名称はリンに由来します。白リンが発光することは古くから知られており，リン光やリン光体の名称の語源となりました。しかしながら，現在では，リンが放つ光は酸化に伴うものであり，化学発光と呼ぶべき現象によるものであることが分かっています。すなわち，リン（phosphorus）はリン光体（phosphor）ではないのです（リン光は，物質が光を吸収した後，スピン多重度の異なる電子状態に緩和して，光を再放出する現象です）。

# $_{16}$S 硫黄

非金属

英 sulfur（サルファー；sulphur は推奨されない綴り）

独 Schwefel（シュヴェーフェル）

仏 soufre（スフル）　　　　　　瑞 svavel（スヴァーヴェル）

希 θείο（シヨ），θειάφι（シアフィ）　露 cepa（スェーラ）

羅 sulpur, sulphur（スルプル），sulfur（スルフル）

**語源を遡ると…**インド・ヨーロッパ祖語の「輝く，燃える」

**発見の順番**　古代から知られていた（$_6$C 炭素，$_{16}$S 硫黄，$_{26}$Fe 鉄，$_{29}$Cu 銅，$_{47}$Ag 銀，$_{50}$Sn スズ，$_{79}$Au 金，$_{80}$Hg 水銀，$_{82}$Pb 鉛の 9 元素）

## 名称の由来：欧米語

　硫黄は火山地帯で多量に産出するため，有史以前から知られていました。古代から知られていた 9 種類の元素のうち，非金属元素は $_6$C 炭素と硫黄だけです。

　古くから知られていただけに，名称の由来は不明ですが，西欧諸言語の名称はラテン語名から派生しており，インド・ヨーロッパ祖語の「輝く，燃える」*swel- と関係がありそうです。硫黄のラテン語名は元来 sulpur でしたが，そのうち p の後ろに h が挿入されて sulpher になり，現代語の多くは，最終的に ph が f に変化した綴りで取り入れられました。英語では sulfur に加えて，sulphur と綴ることもありますが，本来 ph はギリシャ文字の φ（ピー；英語読みで「ファイ」）をラテン文字に転写する際に使われる綴りであり，語源からは sulfur の方が正しいということになります。同じ理屈で，$_{15}$P リンの綴りに ph が 2 回現れるのは，語源の上からは適切であることも分かります。

古典ギリシャ語では，硫黄をθεῖον（theion，テイオン）と呼びました。綴りは現代ギリシャ語と似ていますが，発音はだいぶ変化しています。θεῖονは，インド・ヨーロッパ祖語で雲や煙に関する語根である *dheu- に由来し，英語の「塵」dust や「（香草の）タイム」thyme も同根です。現代でも，硫黄を含む化合物の名称には，接頭辞 thio-（チオ-）が付けられます。なお，「神」を意味するθεός（theos，テオス）と綴りが似ており，関連づけられることが多いのですが，偶然であるようです。

　1777 年「近代化学の父」と称されるフランスの化学者アントワーヌ゠ローラン・ド・ラヴォアジエ（Antoine-Laurent de Lavoisier, 1743–1794）が初めて硫黄を元素として分類したようです。

### 名称の由来：和語

　日本は世界有数の火山国であり，硫黄は古くから利用されていました。一説には，「湯の泡」が転じて「いおう」になったといわれています。

　歴史書『続日本紀』（797 年完成）巻第六にて，「租庸調」のうちの調（各地の特産品を税として納めたもの）のリストのなかで，相模国（現在の神奈川県の大部分）・信濃国（長野県）・陸奥（東北地方東部）から硫黄（当時の記述では「石流黄」）が納められたことが記されています。箱根あたりから運んだのでしょうか。

　イエズス会が編纂した『日葡辞書』には，硫黄が Iuŏ「イワゥ」として掲載されています（『日葡辞書』については $_{26}$Fe 鉄を参照）。

### 漢字の成立ち

　硫黄の「硫」の字は形声文字で，意符の石と，音符の㐬（リウ）とから成ります。「㐬」は溶ける・流れることを意味するそうですので，もろくて溶けやすい鉱石である硫黄のことを表しています。

# $_{17}Cl$ 塩素

非金属（ハロゲン）

英 chlorine（クローリーン）　　独 Chlor（クローア）

仏 chlore（クロール）　　　　　瑞 klor（クロール）

希 χλώριο（フロリヨ）　　　　露 хлор（フロール）

語源を遡ると…インド・ヨーロッパ祖語の「輝く，黄色い」

発見の順番　20番目（同年に $_{25}Mn$ マンガンも発見）

**様々な誤解によりなかなか元素と認識されず**

塩酸（HCl）は，金属を溶かすため錬金術に必須の試薬であり，塩素の発見よりも1000年も前の9世紀にはすでに，錬金術師の間では知られていたようです。当時，塩酸は「海酸」と呼ばれていました。これは，海水中の塩（NaCl）を塩酸の原料として用いたためです。

1774年スウェーデンの薬剤師・化学者カール・ヴィルヘルム・シェーレ（Carl Wilhelm Scheele, 1742-1786）が，二酸化マンガン（「黒いマグネーシア」；$_{25}Mn$ マンガンを参照）を塩酸で処理した際に塩素を得ました。当時信奉されていた「燃素（フロギストン）説」（$_8O$ 酸素を参照）をシェーレも信じており，発生した気体を「脱燃素海酸」と考えていました。海酸（塩酸）から燃素を取り除いたものは，今日的には，塩酸を酸化したものということができ，これは塩素に他なりません。

燃素説は，「近代化学の父」と称されるフランスの化学者アントワーヌ＝ローラン・ド・ラヴォアジエ（Antoine-Laurent de Lavoisier, 1743-1794）によって否定されましたが，ラヴォアジエは一方で，すべての酸には $_8O$ 酸素が含まれると誤解していたため（酸については $_1H$ 水素を参照），塩素は長らく元素として認められませんでした。

イギリスの化学者ハンフリー・デイヴィー（Humphry Davy, 1778-

1829）は，いくら実験をしても塩素から $_8$O 酸素を取り除くことができないことから，1810 年塩素が元素であるという確証を与えました。

## 名称の由来

これまでの複雑な歴史的経緯をいったんリセットするためでしょうか，デイヴィーは，命名の際に塩素分子（$Cl_2$）の特徴的な色を採り上げました。黄緑色の気体であることから，ギリシャ語の「黄緑色の」χλωρός（chlōros，クローロス）に基づいて，chlorine と命名しました。これ以降，chlorine に倣い，ハロゲン元素の英語名には，共通語尾 -ine が付けられました。ただし，フランスの化学者ルイ・ジョゼフ・ゲイ＝リュサック（Louis Joseph Gay-Lussac, 1778–1850）は 1812 年，語尾 -ine を取り除くことを提案し，英語以外の言語ではそちらが受け入れられています。

χλωρός は，インド・ヨーロッパ祖語の「輝く，黄色い」*ghel- に遡ります。ゲルマン諸語での $_{79}$Au 金の名称（たとえば，英語で gold）や $_{33}$As ヒ素（英語で arsenic），$_{40}$Zr ジルコニウムの名前も同じく *ghel- から派生しており，塩素，$_{33}$As ヒ素，$_{40}$Zr ジルコニウム，$_{79}$Au 金は，語源的には姉妹に当たることになります。

χλωρός の類語に「新芽」χλόη（chloē，クロエー）という語があり，大文字で始めた Xλόη は，女性名としても用いられます。ギリシャ神話の豊饒の女神デーメーテール（$_{58}$Ce セリウムの名称と関係）の別名であり，また，古代ギリシャの恋愛物語『ダフニスとクロエ』のヒロインの名でもあります。三島由紀夫（1925–1970）の小説『潮騒』は，この物語に着想を得て書かれたものです。

## 日本語の名称

日本語の「塩素」という名称は，江戸時代後期の蘭学者である宇田川榕菴（ようあん）（1798–1846）が，当時のオランダ語で塩素を意味する zoutstof（ゾットストフ；zout は「塩」，stof は「材料」）を翻訳借用し，著作『舍密開宗（せいみかいそう）』のなかで用いたのが最初とされています。なお，現在のオランダ

語では塩素を chloor（フロール）といい，他のヨーロッパ諸語と同じような名称に変更されています。

『舎密開宗』は日本で初めての近代化学についての書籍であり，1837年から彼の死後の1847年にかけて出版されました。「舎密」とは化学を意味するオランダ語 chemie（ヘミー）の当て字です。宇田川榕菴は当時の西洋の化学の動向を理解しており，塩素の名称は chlorine の類のものが主流であることを知っていたようです。しかしながら，ラヴォアジエ流の命名法（$_1$H 水素を参照）に影響を受けた彼は，当該元素の名称が分離された物質名に由来する命名法に親しみを感じ，塩素と名づけたと考えられています。

宇田川榕菴は基本的な化学用語の多くを創作しており，$_1$H 水素，$_6$C 炭素，$_7$N 窒素，$_8$O 酸素，$_{78}$Pt 白金も彼の造語です。本書の題名にもある「元素」も，彼がオランダ語の grondstof（フロントストフ；grond は「地面，基礎」，stof は「材料」）を訳したものです。

---

ハロゲン元素

　第17族（周期表の右から2列目）の元素5種類（$_9$F フッ素，$_{17}$Cl 塩素，$_{35}$Br 臭素，$_{53}$I ヨウ素，$_{85}$At アスタチン）を総称して「ハロゲン」（英語で halogen）といいます。ハロゲン元素は，第1族（周期表の左端の列）の元素と典型的な塩を形成するため，ギリシャ語の「塩」ἅς（hals，ハルス）に，「産む」を意味する語尾 -gen（$_1$H 水素を参照）を付けて命名されたものです。スウェーデンの化学者イェンス・ヤーコブ・ベルセーリウス（Jöns Jacob Berzelius, 1779–1848）が，これらの元素の総称に用い始めたようです。日本語の「$_{17}$Cl 塩素」は，結果的に「ハロゲン」の直訳になっています。

　塩は非常に古くから知られており，インド・ヨーロッパ祖語の*sal- に遡ります。ギリシャ語では語頭の [s] が [h] に変化していますが，同様の語形はドイツやオーストリアの地名にも見られ，ハレ

（Halle）やハルシュタット（Hallstatt）といった町の名は，岩塩が採掘されたことに由来します。

saltとhalsに見られる [s] と [h] の音の交換は，日本語でもよく起こります。たとえば，筆者は子供の頃，「七」を「ひち」と発音していましたし，江戸っ子は「ひ」と「し」の区別が付かないといわれます。物事が駄目になることを俗に「おしゃかになる」といいますが，この言い回しの民間語源として，江戸の鍛冶職人が失敗したときに「火が強かった（シがつよかった）」と言うのを釈迦の誕生日「四月八日（しがつようか）」に掛けた，という俗説があります。

# ₁₈Ar　アルゴン

非金属（希ガス）

| | |
|---|---|
| 英 argon（アーガン） | 独 Argon（アルゴン） |
| 仏 argon（アルゴン） | 瑞 argon（アルゴーン） |
| 希 αργό（アルゴ） | 露 аргон（アルゴーン） |

語源を遡ると…インド・ヨーロッパ祖語の否定辞（「〜ない」）と「する」

発見の順番　75番目

## 科学史上の位置づけ

アルゴンの発見は，科学史の上で見ると，化学的にきわめて安定な，新しい種類の元素の発見と位置づけられます。この種の元素は「希ガス（貴ガス）」と呼ばれ，周期表に新しい列（第18族）が付け加えられることになりました。これ以降，次々と発見された希ガス元素の名前には，

argon に倣い，共通語尾 -on が付けられました。ただし，$_2$He ヘリウムは例外です。これは，$_2$He ヘリウムが，単離・同定されるよりも 30 年ほど前にすでに命名されていたためです。しかしながら地球外で観測されたため，当初はその性質が分からず，金属と考えられて，金属元素名の共通語尾 -ium を付けて命名されました。

## 名称の由来

　空気は 78% の窒素分子，21% の酸素分子，1% のアルゴンなどで構成されていますが，19 世紀末までアルゴンの存在は知られていませんでした。イギリスの物理学者である第 3 代レイリー男爵ジョン・ウィリアム・ストラット（John William Strutt, 3rd Baron Rayleigh, 1842–1919）は 1892 年，空気から酸素を取り除いて得た「窒素」が，アンモニアから作った窒素よりも密度が大きいことに気づき，化学者の協力を求めました。それに応えて，イギリスの化学者ウィリアム・ラムジー（William Ramsay, 1852–1916）が研究に加わり，1894 年空気中にアルゴンが存在することを突き止めました。すでに研究しつくされていると思い込んでいた空気中から新元素が見つかったことは，人々を驚かせました。この功績により，1904 年レイリー卿はノーベル物理学賞を受賞しました。ラムジーはアルゴン発見の後，$_2$He ヘリウム，$_{36}$Kr クリプトン，$_{10}$Ne ネオン，$_{54}$Xe キセノンと，希ガス元素を次々と発見し，最終的には現在知られている希ガス元素 6 種類のうち 5 種類の発見に貢献して，レイリー卿と同じ年にノーベル化学賞を受賞しました。

　なお，彼らが解明する 100 年以上も前の 1785 年に，イギリスの化学者・物理学者ヘンリー・キャヴェンディッシュ（Henry Cavendish, 1731–1810）がすでにアルゴンの存在に気づいていたといわれています。しかしながら彼は極端な人間嫌いで，貴族としての莫大な遺産を用いて個人的な趣味で研究を行なったため，研究成果の多くは生前公開されることはありませんでした。彼の没後，彼を記念してケンブリッジ大学の所属研究所としてキャヴェンディッシュ研究所が設立されました。レイリー

卿は，アルゴンを発見したとき，同研究所の第 2 代所長でした。

　アルゴンが化学的にきわめて不活性であることから，ギリシャ語の形容詞「何もしない，働かない」ἀργός（ārgos，アールゴス）の中性形 ἀργόν（ārgon，アールゴン）より，argon と名づけられました（中性形については金属元素名の共通語尾のコラムを参照）。この語は，否定辞（「〜ない」）の ἀ-（a-，ア–）と「仕事」ἔργον（ergon，エルゴン）とから成ります。かつてはアルゴンの元素記号は A であり，1925 年（大正 14 年）発行された『理科年表』の第 1 冊にもそう表記されています。

### 否定辞

　以下，否定辞 ἀ- と「仕事」ἔργον について，順にもう少し詳しく見ていきます。

　まず，否定辞 ἀ- が用いられている有名な例は「原子」（英語で atom）です。元になったギリシャ語は ἄτομος（atomos，アトモス）であり，「切れる」τομός（tomos，トモス）の否定である，「分割できないもの」というのが，もともとの意味でした。tomos を用いた現代語の例としては，CT，すなわち「コンピュータ断層撮影」Computed Tomography を挙げることができます。

　英語にも a- という否定を表す接頭辞が存在します。ギリシャ語・ラテン語起源の語と共に用いられ，「対称」symmetry と「非対称」asymmetry のような例が挙げられます。インド・ヨーロッパ祖語の否定辞は *n̥- でした。

### 古いギリシャ文字

　続いて「仕事」ἔργον に関する話です。ἔργον は，古くは ϝέργον と書かれました。最初の文字（大文字：F，小文字：ϝ）は，非常に早くから使われなくなったギリシャ文字で，「ディガンマ」と呼ばれ，[w] の音価を持ちました。この文字は，エトルリア語（かつてイタリア半島で話されていた，糸統が不明の言語）を経由してラテン語に伝えられ，ラテン文字では [f] の音価へ変化しました。ϝέργον は，したがって wergon（ウェ

ルゴン）と翻字することができ，「仕事」を意味する英語の work やドイ
ツ語の Werk（ヴェルク）とよく似ていることが分かります。これらの語
は，インド・ヨーロッパ祖語の「する」*werg- に遡ります。

　「エネルギー」（英語で energy）は，「なかへ」を表す接頭辞 en- と「仕
事」ἔργον とからできた用語です。

---

# $_{19}$K カリウム

金属

| | |
|---|---|
| 英 potassium（ポタシアム） | 独 Kalium（カーリウム） |
| 仏 potassium（ポタシヨム） | 瑞 kalium（カーリウム） |
| 希 κάλιο（カリヨ） | 露 калий（カーリイ） |

**語源を遡ると…アラビア語の「油で揚げる」**
**発見の順番　40番目（同年に $_{11}$Na ナトリウムも発見）**

---

### 科学史上の位置づけ

　カリウムは，電気分解による元素発見の第一号です（1807年）。加え
て，イギリスの化学者ハンフリー・デイヴィー（Humphry Davy, 1778-
1829）が最初に単離した元素でもあります。当時発明されたばかりの電
池を用いた電気分解については $_{11}$Na ナトリウムの節を，またデイ
ヴィーの業績については，$_{12}$Mg マグネシウムの節を参照してください。

　カリウム発見の意義はもう一つあります。こうして得られた金属カリ
ウムは強い還元能を有し，新元素を単離する強力なツールになりまし
た。デイヴィー自身が翌年，カリウムを用いて $_5$B ホウ素を取り出すの
に成功しています。カリウムの発見によって，さらに多くの元素の発見
への道が開かれたのです。

### 名称の由来

英語名 potassium はデイヴィーの命名であり、「草木灰」potash（ポタシュ）に由来します。potash は「壺」pot と「灰」ash の合成語で、壺のなかの灰を指し、主成分は炭酸カリウム（$K_2CO_3$）です。pot はケルト語に遡り、ash はインド・ヨーロッパ祖語の「燃える」*as- に遡るようです。

ドイツ語などの名称 Kalium は元素記号 K の元となっています。"kali" は「アルカリ」alkali に由来するもので、元はアラビア語の「（植物の）灰」قلي（qilyun, キルユン）に定冠詞 al が付いたものです。アラビア語の「灰」は、三語根「油で揚げる」q-l-y から派生しています。カリウムの名を採用したのは、スウェーデンの化学者イェンス・ヤーコブ・ベルセーリウス（Jöns Jacob Berzelius, 1779–1848）のようです。

アラビア語の定冠詞 al は、「錬金術」（英語で alchemy）や「幾何学」（英語で algebra）でも見ることができます。「アルコール」（英語で alcohol）については、$_{51}$Sb アンチモンの節を参照してください。さらには、$_{70}$Yb イッテルビウムの節に登場する、おうし座の1等星アルデバラン（aldebaran）にも定冠詞 al が付いています。

---

### 金属元素名の共通語尾

イギリスの化学者ハンフリー・デイヴィー（Humphry Davy, 1778–1829）が $_{19}$K カリウムの命名に使って以降、金属元素の名称に共通語尾として -ium を用いる命名法が定着したといわれています。元素名の語尾のコラムも参照してください。

金属元素名の共通語尾が -ium である理由については、「名詞の性」について考える必要があります。元素名の語源に多く用いられているギリシャ語やラテン語では、名詞は「男性名詞」「女性名詞」「中性名詞」の三つに分類されます。ラテン語では、古代から知られていた金属（$_{26}$Fe 鉄、$_{29}$Cu 銅、$_{47}$Ag 銀、$_{50}$Sn スズ、$_{79}$Au 金、$_{80}$Hg 水銀、$_{82}$Pb 鉛）はいずれも中性名詞であり、語尾は -um で終わりま

す。これを念頭に置いて，新たに金属に命名する際にも，ラテン語の中性名詞の典型的な語尾である -(i)um を付けたと考えられます。

　名詞の性の由来には様々な俗説や民間伝承がありますが，実際には以下のようだったといわれています。すなわち，有生的・活動的なものが男性名詞，無生的・不活動的なものが中性名詞，そして抽象的・集合的なものが女性名詞になったというものです。そのことからしますと，不活動的で物質的なものの最たるものである金属が中性名詞になるのも当然のことでしょうか。

　金属元素名の共通語尾 -(i)um は，空想上の金属の名前をそれらしくするのにもよく用いられます。ウルトラマンシリーズの「スペシウム（光線）」，ガンダムシリーズの「ガンダリウム合金」，『鳥人戦隊ジェットマン』の「バードニウム」など枚挙に暇はありません。ちなみに，スペシウムの設定上の原子番号は133番とされています。

　なお，ポーランド語の金属元素名には共通語尾がありません（ポーランド語の元素名のコラムを参照）。余計なお世話ながら，いろいろと不便なこともあると思うのですが。

# $_{20}$Ca　カルシウム

金属

| 英 calcium（キャルシアム） | 独 Calcium, Kalzium（カルツィウム） |
| 仏 calcium（カルシヨム） | 瑞 kalcium（カルシウム） |
| 希 ασβέστιο（アズヴェスティヨ） | 露 кальций（カーリツィイ） |

語源を遡ると…ギリシャ語の「小石，砂利」

発見の順番　42番目（同年に $_5$B ホウ素，$_{12}$Mg マグネシウム，$_{38}$Sr ストロンチウム，$_{56}$Ba バリウムも発見）

### 名称の由来

イギリスの化学者ハンフリー・デイヴィー（Humphry Davy, 1778–1829）が1808年に電気分解を用いて単離した元素の一つです（$_{12}$Mg マグネシウムを参照）。

カルシウム化合物を一般には「石灰」といい，酸化カルシウム（CaO）を「生石灰」，水酸化カルシウム（Ca(OH)$_2$）を「消石灰」と呼びます。炭酸カルシウム（CaCO$_3$）を主成分とする堆積岩を「石灰岩」と呼び，石灰岩が変成作用を受けて再結晶した岩石で石材として用いられる場合には特に「大理石」と呼ばれます。これらは古代ローマの時代から知られており，石灰・石灰岩を総称して calx（カルクス）と呼んでいたようです。

カルシウムの名称は，このラテン語 calx の語幹 calc- に由来します。

余談ながら calx には，「かかと」という意味の同音異義語がありました。そのため，ラテン語の長女とも呼ばれるイタリア語では，カルシウムとサッカーが同音異義語で，calcio（カルチョ）といいます。

### 小石とチョーク

calx は，ギリシャ語の「小石，砂利」χάλιξ（chalix, カリクス）から借入したようです。そのため，calx には，「石灰」の意味の他にも「小石」という意味がありました。これから派生した calculus（カルクルス）という語は，「小石」から転じて「計算用の小石」になり，さらには「計算」という意味が加わりました（病気の「結石」という意味もあります）。英語の「計算する」calculate や「微分積分学」calculus はこれに由来します。微分積分を小石で実行するのは大変そうですが。

「チョーク」（英語で chalk）も，元は石灰岩を原料としたことから名づけられたものです。

### 石灰と石綿

ギリシャ語ではカルシウムを ασβέστιο といい，古典ギリシャ語の ἄσβεστος（asbestos, アズベストス）に由来します。ἄσβεστος の元の意味

は「消しがたい」であり，生石灰に水をかけると，反応して消石灰になる際に，高温になることに由来するようです。

一方，同じ ἄσβεστος が，英語などでは「石綿，アスベスト」（asbestos）を表すのに取り入れられています。

## ₂₁Sc スカンジウム

金属

英 scandium（スキャンディアム）　独 Scandium, Skandium（スカンディウム）
仏 scandium（スカンディヨム）　瑞 skandium（スカンディウム）
希 σκάνδιο（スカンジヨ）　　露 скандий（スカーンヂイ）
語源を遡ると…インド・ヨーロッパ祖語の「傷つける」
発見の順番　66番目（同年に ₆₂Sm サマリウムと ₆₉Tm ツリウムも
　　　　　　発見）

### 名称の由来

1879年スウェーデンの化学者ラーシュ・フレドリク・ニルソン（Lars Fredrik Nilson, 1840–1899）が発見し，故国が位置するスカンジナビア半島南部の古名スカンジア（Scandia）にちなんで名づけました。今でもスウェーデンの最南部はスコーネ（Skåne）地方と呼ばれています。ちなみに，スカンジナビア（Scandinavia）は，スカンジアと古ゲルマン語の「島」*aujō（アウヨー）とラテン語の地名接尾辞 -ia（-イア）とから成ります。

古くは Scandia の n は入っていなかったようで，「スカンジナビア」はラテン語では Scadinavia（スカーディナーウィア）と呼ばれていました。スカンジアの語源は，インド・ヨーロッパ祖語の「傷つける」*skēt- に

由来して，「(航海で)危険な」を意味するともいわれ，他方，北欧神話の女の巨人スカジ（Skaði）との関連も指摘されているようです。周期表上で隣接する $_{22}Ti$ チタン（ギリシャ神話の巨神族に由来）や $_{23}V$ バナジウム（北欧神話の女神ヴァナディースに由来）の名前の由来と併せて考えますと，後者がふさわしいような気もします。実際，ある伝承では，スカジは，$_{23}V$ バナジウムの名称の由来となったヴァナディース（フレイヤ）の母親といわれています。

スカジは，元来は狩猟の女神であり，スキーと弓矢の姿で描かれることが多いようです。別の伝承によると，スカジが北欧神話の主神オーディンとの間にもうけた子供は，後にノルウェーの首長の始祖になったとされています。また彼女の名は，岡本倫の漫画『極黒のブリュンヒルデ』で，予知能力を持つ魔法使いのコードネームに使われています。

### 数字の1

1869年ロシアの化学者ドミートリイ・イヴァーナヴィチ・メンデレーエフ（Дмитрий Иванович Менделеев (Dmitrij Ivanovič Mendeleev), 1834–1907）（$_{101}Md$ メンデレビウムの名称の語源）が周期表を発表しました。彼の卓見により，当時見つかっていなかった元素は，「エカホウ素」「エカアルミニウム」「エカケイ素」など，仮名を付けて空白としておきました。その後，彼の予見通り，1875年「エカアルミニウム」に該当する新元素 $_{31}Ga$ ガリウムが発見され，次いで1879年「エカホウ素」に該当する元素としてスカンジウムが発見されました。

「エカホウ素」の「エカ」は，サンスクリット語で「1」を意味する एक（エーカ）に由来します。すなわち，スカンジウムは $_5B$ ホウ素の一つ下の元素ということです（現在の周期表では，$_5B$ ホウ素の一つ下は $_{13}Al$ アルミニウムですが，メンデレーエフの最初の周期表は，現在のものとは元素の配置が多少異なっていました）。

サンスクリット語の एक は，同じく「1」を表す英語の one やラテン語の unus（ウーヌス）と比べて，だいぶ違う音に聞こえますが，いずれも

インド・ヨーロッパ祖語から分かれた言語であるため，同一の語根に遡れるはずです。実際，インド・ヨーロッパ祖語で「1」は *oi-no- や *oi-ko- と再建されており，そうであればなんとなく似ているような気もしてきます。

　余談ながら，ギリシャ語では「1」を mono（モノ）というといった記述を見かけることがありますが，これは間違いです。「1」は，現代ギリシャ語では ένας（エナス），古典ギリシャ語では εἷς（ヘイス）といいます。「唯一の」を意味する形容詞 μόνος（monos, モノス）が，ＩＵＰＡＣ 命名規則（国際純正・応用化学連合が定める，化合物の体系的な命名規則）で「1」を表すのに用いられているのです。

---

## ₂₂Ti チタン

金属

| | |
|---|---|
| 英 titanium（タイテイニアム） | 独 Titan（ティターン） |
| 仏 titane（ティタヌ） | 瑞 titan（ティターン） |
| 希 τιτάνιο（ティタニヨ） | 露 титан（チターン） |

**語源を遡ると…**インド・ヨーロッパ祖語の「伸ばす」

**発見の順番**　28番目

### 名称の由来

　1791年イギリスの牧師でありアマチュア鉱物学者であったウィリアム・グレガー（William Gregor, 1761-1817）が，イギリス・コーンウォール州マナカンの川で採取した鉱物のなかに未知の元素が含まれていることを発見し，マナカナイト（メナカナイトとも）と命名しました。4年後の1795年ドイツの化学者マルティン・ハインリヒ・クラプロート

（Martin Heinrich Klaproth, 1743-1817）が独自に再発見し，チタンと命名しました。

　チタンの名は，ギリシャ神話の巨人の一族であるティーターン族（Τιτάν（Tītān））に由来しています。ティーターンは，天空神ウーラノス（$_{92}$U ウランの名称の語源）と地母神ガイア（$_{52}$Te テルルの名称と関係）との間に生まれた13柱の巨神達です（ティーターン族のコラムを参照）。

　クラプロートはチタン命名の6年前に新元素を見つけ，当時発見されたばかりの天王星（英語で Uranus）にちなんで $_{92}$U ウラン（英語で uranium）と命名しました。天王星の名は天空神ウーラノスに由来しており，チタンの命名にあたっては，その子供達の名を元素に与えたようです。ラテン語の「大地」に由来する $_{52}$Te テルルの命名もクラプロートによるものです。

### チタンの「兄弟達」

　ティーターンは，彼らの子孫であるオリュンポスの神々（オリュンポス十二神のコラムを参照）に敗れて支配権を奪われましたが，その権力は，彼ら自身が父であるウーラノスから簒奪したものでした。古代ギリシャの詩人ヘーシオドス（紀元前700年頃）の叙事詩『神統記』によると，その際にウーラノスが罵って，次のように言ったと記されています。

　　「彼ら（＝ティーターン）が向う見ずにも <u>手を伸ばして</u>　大それた所
　　業をやってのけたが／その所業の <u>報復</u> が後にやってこよう」

この台詞のうちの，「手を伸ばして」τιταίνοντας（tītainontas, ティータイノンタス）や「報復」τίσιν（tisin, ティシン）から，ティーターンという名で呼ばれるようになったとしています。この説に従うならば，ティーターンの名は，インド・ヨーロッパ祖語の「伸ばす」*ten- に遡ることができることになります（英語の「延長する」extend や「含む」contain が類語）。

　ティーターン（英語読みではタイタン）の名は巨人一般を表すのにも使われ，さらに「巨大さ」を強調したいものの命名にもしばしば採用さ

れています。枚挙に暇はありませんが，もっとも有名な例は，オーストリアの作曲家グスタフ・マーラー（1860–1911）の交響曲第 1 番ニ長調『巨人』"Titan" や土星の第 6 衛星タイタン，また 1912 年に沈没した豪華客船「タイタニック号」でしょう。最近では諫山 創の漫画『進撃の巨人』の英訳タイトル "Attack on Titan" や，アニメ版の主題歌「紅蓮の弓矢」のなかのドイツ語の台詞にも使われています。

---

**ティーターン族**

ギリシャ神話の巨人の一族であるティーターン族 13 柱の名は以下の通りです。

| | |
|---|---|
| オーケアノス | 海神。英語の「大洋」ocean の語源。 |
| コイオス | 芸術と太陽の神アポローンや狩猟と月の女神アルテミスの祖父。 |
| ヒュペリーオーン | 太陽神であり，以下の神々の父でもあります：太陽神ヘーリオス（$_2$He ヘリウムの名称の語源），月の女神セレーネー（$_{34}$Se セレンの名称の語源）。 |
| クレイオス | 星や風の神々の祖。 |
| イーアペトス | 以下の神々の父：天界の火を盗んで人類に与えたとされるプロメーテウス（$_{61}$Pm プロメチウムの名称の語源），罰として天を支えねばならず，地図帳の代名詞や大西洋（英語で the Atlantic Ocean）の語源ともなっているアトラース。 |
| クロノス | 大地と農耕の神であり，ティーターンの長。以下の神々の父でもあります：ギリシャ神話の主神ゼウス，海神ポセイドーン（$_{93}$Np ネプツニウムの名称と関係），冥界の神ハーデース（$_{94}$Pu プルトニウムの名称と関係），豊饒の女神デーメーテール（$_{58}$Ce セリウムの名称と関係）。 |
| テーテュース [1] | 海の女神。超大陸パンゲアが分裂してできたテチス海の語源。オーケアノスの妻。 |

| | |
|---|---|
| レアー | 大地の女神。クロノスの妻。 |
| テミス | 法の女神。 |
| ムネーモシュネー | 記憶の女神。学芸の女神であるムーサ（ミューズ）の母。 |
| ポイベー | コイオスの妻。 |
| ディオーネー | 主神ゼウスの名の女性形。伝承によっては，ディオーネーはティーターンに加えず，12柱とするものもあります。 |
| テイアー | ヒュペリーオーンの妻。 |

1) 以下は女神で，正確には「ティーターン」の女性形である「ティーターニス」と呼ばれます。

　ティーターンは，ゼウス率いるオリュンポスの神々と10年にわたり戦いました。この戦い（ティーターノマキアー）に敗れたティーターンは，地獄タルタロスに幽閉されました。同じくタルタロスで神罰を受けている者に，ギリシャ神話の王タンタロス（$_{73}$Ta タンタルの名称の語源）がいます。伝説では，彼は地獄で永遠の飢えと渇きに苛まれています。

# $_{23}$V バナジウム

金属

英 vanadium（ヴァネイディアム）

独 Vanadium（ヴァナーディウム），Vanadin（ヴァナディーン）

仏 vanadium（ヴァナディヨム）　瑞 vanadin（ヴァナディーン）

希 βανάδιο（ヴァナジョ）　　　露 ванадий（ヴァナーヂイ）

語源を遡ると…インド・ヨーロッパ祖語の「望む」と「輝く」

発見の順番　32番目（同年に $_{41}$Nb ニオブも発見）

## 発見の歴史

バナジウム発見の歴史は紆余曲折を経ています。ちなみに，同年発見された $_{41}$Nb ニオブ（周期表上でバナジウムの一つ下）も，発見・誤認・再発見というよく似た経緯を辿りました。1801 年スペイン出身のメキシコの化学者アンドレス・マヌエル・デル・リオ（Andrés Manuel del Río, 1764-1849）が新元素（後のバナジウム）を発見しました。この化合物が様々な色を示すことから，デル・リオは最初，ギリシャ語で「すべての」πᾶν（pān, パーン）「色」χρῶμα（chrōma, クローマ）を意味するパンクロミウム（panchromium）と名づけました（ギリシャ語の「色」については，$_{24}$Cr クロムを参照）。その後，ギリシャ語の「赤い」ἐρυθρός（erythros, エリュトロス）にちなみ，エリスロニウム（erythronium）と改名しました。これが新しい元素であることを確認するために，フランスの化学者に鑑定を依頼したのですが，発見についての報告書が船の難破で紛失するという不運もあって，この新元素は $_{24}$Cr クロムであると誤った鑑定結果が下されてしまいます。そのため，デル・リオは発表を撤回してしまいました。

1830 年スウェーデンの化学者ニルス・ガブリエル・セフストレーム（Nils Gabriel Sefström, 1787-1845）がこの元素を再発見し，バナジウムと名づけました。セフストレームは，元素記号に V の文字が使われていないことから，V で始まる元素名を考え出したのだそうです。再発見後，デル・リオの発見した元素も実はバナジウムであったことが確認され，現在は両者が発見者とされています。

## アルファベット 1 文字の元素記号

全 118 元素のなかで，元素記号がアルファベット 1 文字のものは 14 種類しかありません。金属元素に限ると，$_{19}$K カリウム，$_{92}$U ウラン，$_{23}$V バナジウム，$_{74}$W タングステン，$_{39}$Y イットリウムの 5 種類で，このうち，最後に名前が付けられたのがバナジウムです。

『理科年表』には，1925 年（大正 14 年）発行された第 1 冊でも，第二

次世界大戦直後の 1947 年（昭和 22 年）発行された版でも，バナジウムはドイツ語に由来する「ヴァナヂン」の名で掲載されていました。

## 名称の由来

バナジウムの名は，北欧神話の女神ヴァナディース（Vanadís）に由来します。別名のフレイヤの方がよく知られているかもしれません。フレイヤは愛と豊穣を司る恋多き女神ですが，夫オーズには一途であり，放浪癖があるオーズを追って，フレイヤは世界中を旅して回りました。その途上で様々な名を名乗ったため，ヴァナディースをはじめとした多くの別名を持っています。

北欧神話の神々には，アース神族とヴァンル（ヴァンとも）神族（Vanr）の二つの種族がいます。最高神オーディンを長とするアース神族はアースガルドに住んでいます（アースガルドは，車田正美の漫画『聖闘士星矢』のテレビアニメ版オリジナルストーリーや web 配信のスピンオフ作品の舞台にもなっています）。フレイヤはヴァンル神族に属しますが，アース神族とヴァンル神族との戦いの後，人質交換で兄のフレイ等と共にアースガルドに移り住んでいます。フレイヤは，「ヴァンル神族達の」Vana「女神」dís ということで，「ヴァナディース」（Vanadís）という別名を持っているのです。

フレイヤは，ドイツの作曲家リヒャルト・ワーグナー（1813–1883）の楽劇『ニーベルングの指輪』四部作の序夜『ラインの黄金』に，ドイツ語名のフライアとして登場します。神々の林檎を栽培しており，ヴァルハラ宮殿を建築した巨人達に，報酬の代わりに人質として連れ去られる役どころです。

## 神々の名前

ヴァナディースの名前の由来を見てみましょう。まず，「ヴァンル神族」Vanr の語源は，インド・ヨーロッパ祖語の「望む」*wen- と考えられています。英語の「勝つ」win やローマ神話の愛と美の女神ウェヌス

（Venus；英語読みでヴィーナス）が類語です。

　一方，古ノルド語の「女神」dís の語源は，インド・ヨーロッパ祖語の「輝く（特に天や神に関連して）」*dyeu- です。この語根からは様々な神の名が派生しました。ごく一例を挙げると，ギリシャ神話の最高神ゼウス（Ζεύς（Zeus）），ローマ神話の最高神ユーピテル（Jup(p)iter；英語読みでジュピター）がそれです。ユーピテルの本来の名は Jou であり，それに「父」pater（パテル）が結合した形が Juppiter です。さらに，北欧神話の軍神テュール（Týr）も *dyeu- に由来します。ゼウス，ユーピテル，テュールは，いずれも雷神でもあり，「輝く」と関連しています。

### ゲルマン諸語の曜日の語源

　$_{23}$V バナジウムの名称と関係している北欧神話の女神フレイヤは，ゲルマン諸語の金曜日の名称の語源ともいわれています。ゲルマン諸語における火・水・木曜日の名称も北欧神話の神々の名に由来しています。

| | 英語 | ドイツ語 | スウェーデン語 |
|---|---|---|---|
| 日曜日<br><br>太陽 | Sunday<br><br>the sun | Sonntag<br>（ゾンターク）<br>die Sonne<br>（ディ・ゾネ） | söndag<br>（センダ）<br>solen<br>（スーレン） |
| 月曜日<br><br>月 | Monday<br><br>the moon | Montag<br>（モーンターク）<br>der Mond<br>（デア・モーント） | måndag<br>（モンダ）<br>månen<br>（モーネン） |
| 火曜日<br>軍神テュール<br>に由来[1] | Tuesday | Dienstag<br>（ディーンスターク） | tisdag<br>（ティースダ） |
| 水曜日<br>主神オーディ<br>ンに由来[2] | Wednesday | Mittwoch<br>（ミトヴォホ）[3] | onsdag<br>（ウンスダ） |

| 木曜日<br>雷神トールに<br>由来[4] | Thursday | Donnerstag<br>（ドナースターク） | torsdag<br>（トーシュダ） |
| 金曜日<br>愛と豊穣の女神<br>フレイヤに由来[5] | Friday | Freitag<br>（フライターク） | fredag<br>（フレーダ） |
| 土曜日 | Saturday[6] | Samstag<br>（ザムスターク）<br>または Sonnabend<br>（ゾンアーベント）[7] | lördag<br>（ローダ）[8] |

1) テュール（古ノルド語で Týr）。
2) オーディンは，もともとの古ノルド語（Óðinn）では，「オージン」という発音に近いです。ドイツ語ではヴォーダン（Wodan）またはヴォータン（Wotan）に対応します。水曜日の英語の綴り Wednesday に黙字の d が入っているのは，元になった神名の名残です。
3) 「週のなか」の意味。
4) トールは，もともとの古ノルド語（Þórr）では，「ソール」という発音に近いです。ドイツ語ではドンナー（Donner）に対応します。トールは $_{90}$Th トリウムの名称の語源でもあります。
5) フレイヤ（古ノルド語で Freyja）は，ドイツ語ではフライア（Freia）に対応します。なお，金曜日の名称は，主神オーディンの妻フリッグ（Frigg）に由来するという説もあります。
6) 土星（Saturn），ひいてはローマ神話の農耕神サートゥルヌス（Saturnus）に由来。
7) Samstag は「安息日」，Sonnabend は「日曜日の前の夜」の意味。
8) 「水浴の日」の意味。

　曜日の概念は，古代バビロニアの占星術に遡るといわれています。当時知られていた五つの惑星（水星・金星・火星・木星・土星）と太陽ならびに月は，特別な星だと認識されていました。彼らの占星術によると，これらの星が，土星・太陽・月・火星・水星・木星・金星の順に，一日を守護すると考えられていました。そのため，それぞれの日をその日の星の名で呼びました（当時は，星と神はほぼ同じものだったため，神々の名前が付けられているともいえます）。

ラテン語では，火・水・木・金・土曜日の名称はそれぞれ，火星・水星・木星・金星・土星（すなわち，それらの星を司る，軍神マールス・商人や旅人の神メルクリウス・主神ユーピテル・愛と美の女神ウェヌス・農耕神サートゥルヌス）に由来しています。ロマンス諸語の曜日の語源とオリュンポス十二神のコラムも併せて参照してください。なお，メルクリウス（Mercurius）は，$_{80}$Hg 水銀（英語で mercury）の語源ともなっています。

　ゲルマン諸語での曜日名は，ラテン語のものを翻案したものです。それにあたって，北欧神話とローマ神話の神々を対応させました。軍神ということで，北欧神話のテュールはローマ神話のマールスと同一視されました。同様に，知恵と計略に長けることからオーディンはメルクリウスと，雷神トールは天空神（特に雷を司る）でもあるユーピテルと，愛と豊穣の女神フレイヤはウェヌスと同一視されました。こうして，ゲルマン語派の火・水・木・金曜日の名称は，北欧神話の神々の名で置き換えられました。土曜日の名称がゲルマン諸語間でばらばらなのは，サートゥルヌスに対応する農耕神が北欧神話にはいなかったためのようです。

# $_{24}$Cr クロム

金属

英 chromium（クロウミアム）　　独 Chrom（クローム）

仏 chrome（クローム）　　　　　瑞 krom（クローム）

希 χρώμιο（フロミヨ）　　　　　露 хром（フローム）

**語源を遡ると…**インド・ヨーロッパ祖語の「擦る」

**発見の順番**　30 番目

**名称の由来**

1797年フランスの薬剤師・化学者ルイ゠ニコラ・ヴォークラン（Louis-Nicolas Vauquelin, 1763-1829）が発見しました。クロムは酸化状態により様々な色を呈することから，彼の師でフランスの化学者アントワーヌ・フランソワ・ド・フールクロア（Antoine François de Fourcroy, 1755-1809）と，「結晶学の父」と呼ばれるフランスの鉱物学者ルネ・ジュスト・アユイ（René Just Haüy, 1743-1822）の提案により，ギリシャ語の「色」$\chi\rho\tilde{\omega}\mu\alpha$（chrōma, クローマ）にちなんで命名されました。

ただし，本家のギリシャでは，歴史を経て $\chi$ の音価が変化し，クロムの発音は「フロミヨ」です。

クロムが示す様々な色の例をいくつか挙げると，強力な酸化剤として知られる二クロム酸カリウムは赤橙色，同じく酸化剤であるクロム酸カリウムは黄色をしています。クロム酸鉛（II）は「クロムイエロー」という顔料として用いられていますし，無水酸化クロム（III）は「オキサイド・オブ・クロミウム」という緑色の顔料です。

$\chi\rho\tilde{\omega}\mu\alpha$ はインド・ヨーロッパ祖語の「擦る」*ghrēu- に遡り，原義は「皮膚，皮膚の色」でしたが，次第に「色」を意味するようになりました。白黒印刷のことを「モノクロ」といいますが，これは monochrome, すなわち「単一の色」から来ています（mono については $_{21}$Sc スカンジウムを参照）。

**ギリシャ語の色の名前と元素名**

クロムの名称は，ギリシャ語の「色」に由来します。ギリシャ語の色の名前に由来する元素には次のようなものがあります。

$_{17}$Cl 塩素：欧米語の名称はギリシャ語の「黄緑色の」に由来

$_{45}$Rh ロジウム：「薔薇（色の）」

$_{53}$I ヨウ素：「スミレ色の」

$_{59}$Pr プラセオジム：「（セイヨウネギの）緑色の」と「双子」

$_{77}$Ir イリジウム：「虹（の女神）」

$_{81}$Tl タリウム：「（オリーブの）若枝（の緑色）」

『青い紅玉』

コランダム（酸化アルミニウム）にクロムが不純物として 1% 程度混入し，赤色を呈するものをルビー（紅玉）と呼びます。クロムの代わりに $_{26}$Fe 鉄と $_{22}$Ti チタンが混入すると青色のサファイアになります。このことを解明したのも，クロムの発見者のヴォークランです。

シャーロック・ホームズシリーズに，『青い紅玉』（原題："The Adventure of the Blue Carbuncle"）と，形容矛盾の訳が付けられている作品があります。カーバンクル（carbuncle）はガーネットを丸く磨いたものであり，$_6$C 炭素（英語で carbon）と同じ語源から派生しています。炭が赤熱しているときの色からその名が付けられたようであり，blue carbuncle とはいかにも妙です。

この宝石の正体はつまびらかではありません（記述をすべて満たす宝石は存在しません）。地質学者の奥山康子が，『"シャーロック・ホームズ"で語られなかった未知の宝石の正体 青いガーネットの秘密』という本のなかで，その正体を考察しています。それによると，スター効果（宝石内部の針状結晶により複数の光の筋が見える効果）を示すサファイアである，スター・サファイアがもっとも近いのだそうです。

ラテン語の色の名前と元素名

ルビーの名は，ラテン語の「赤い」ruber（ルベル）に由来しています。ラテン語の色の名前に由来する元素も見てみましょう。

$_{37}$Rb ルビジウム：「暗い赤色の」

$_{49}$In インジウム：「インジゴ（藍色）の」

$_{55}$Cs セシウム：「空の青色の」

ただし，$_{37}$Rb ルビジウムと $_{55}$Cs セシウムは，命名者の意図と採用した語の通常の語義とにちょっとしたずれがあります（詳しくはそれぞれの節を参照）。

英 manganese（マンガニーズ）　　独 Mangan（マンガーン）

仏 manganèse（マンガネーズ）　　瑞 mangan（マンガーン）

希 μαγγάνιο（マンガニヨ）　　　露 марганец（マールガニェツ）

**語源を遡ると…**ギリシャ民族の始祖の名前

**発見の順番**　20番目（同年に $_{17}$Cl 塩素も発見）

### 名称の由来

　マンガンの語源は必ずしも明瞭に分かっているわけではありませんが，ある説では，マンガンと $_{12}$Mg マグネシウムと磁石はすべて同じ語源に遡り，いずれもギリシャ・テッサリア地方のマグネーシアという地名（現在のテッサリア地方マグニシア県）に由来するとしています（マグネーシアについては $_{12}$Mg マグネシウムを参照）。

　マグネーシアからは様々な鉱物が産出したようで，次の3種類の鉱物の名称は，いずれもマグネーシアに由来するといわれています。

| Magnes lapis（マグネース・ラピス）「マグネーシアの石」 | 磁鉄鉱（$Fe_3O_4$）：天然の磁石 |
|---|---|
| Magnesia nigra（マグネーシア・ニグラ）「黒いマグネーシア」 | 軟マンガン鉱（$MnO_2$） |
| Magnesia alba（マグネーシア・アルバ）「白いマグネーシア」 | 菱苦土鉱（$MgCO_3$） |

　1774年スウェーデンの薬剤師・化学者カール・ヴィルヘルム・シェーレ（Carl Wilhelm Scheele, 1742–1786）が，「黒いマグネーシア」に二つの新元素が含まれていることを発見しました。同年シェーレの友人でスウェーデンの化学者であるユーハン・ゴットリープ・ガーン

（Johan Gottlieb Gahn, 1745–1818）が，シェーレから受け取った試料から新元素を単離することに成功しました。この元素は，「黒いマグネーシア」の別の呼び方manganese（マンガネーゼ）にちなんでマンガンと呼ばれることになります。「マグネーシア」から「マンガネーゼ」への語形の変化は，イタリア語を経由して転訛したことによるようです。このような転訛が起こったのには，イタリア語の母体であるラテン語で「マグネーシア」（Magnesia）のgnは，本来は「マーングネーシア」のように鼻濁音で発音していたことと関連しているかもしれません。

シェーレはこの一連の研究で，$_8$O 酸素と $_{17}$Cl 塩素も発見しています。また「黒いマグネーシア」中に見いだしたもう一つの元素は，$_{56}$Ba バリウムであることが後に判明します。

その後，1808年イギリスの化学者ハンフリー・デイヴィー（Humphry Davy, 1778–1829）が，「白いマグネーシア」から新元素を単離することに成功しました。多少の名称の変更の後，こちらは，最終的に地名そのままに $_{12}$Mg マグネシウムという名前になりました。

なお，マンガンの名称の由来の一つの説として，「黒いマグネーシア」の酸化作用が古くからガラスの色消しに用いられてきたことから，「きれいにする」という意味のギリシャ語 *manganizein あるいは *manganizō に由来する，という説が複数の文献で紹介されています。しかしながら，筆者はこの語を辞書で見つけることができませんでした[1]。

### 磁石と愛

前項でマンガンと $_{12}$Mg マグネシウムと磁石の名称が同じ語源に遡るという説を紹介しましたので，ここで磁石について触れておきます。磁石はラテン語で Magnes lapis（マグネース・ラピス）や Magnesium saxum（マグネーシウム・サクスム），古典ギリシャ語で Μάγνης λίθος（Magnēs lithos, マグネース・リトス）や Μαγνῆτις λίθος（Magnētis lithos, マグネーティス・リトス）と呼ばれました。意味はいずれも「マグネーシアの石」です。ラテン語ではその後，magnes（マグネース）と呼ばれるようにな

り，その語幹 magnet- が西洋の諸言語の大部分に導入されました。たとえば，

　　英語・スウェーデン語：magnet（スウェーデン語はマングネート）

　　ドイツ語：Magnet（マグネート；ドイツ語は名詞の頭文字を大文字

　　　　で書く規則があり，綴り自体は英語やスウェーデン語と同じ）

　　ロシア語：магнит（magnit，マグニート）

といった次第です。しかしながら，いくつかの言語，特にロマンス諸語では，磁石を表すのに「愛」に似た語を用いています。たとえば，

　　フランス語：「磁石」aimant（エマン）と「愛する」aimer（エメ）

　　スペイン語：「磁石」imán（イマン）と「愛する」amar（アマール）

もっとも，愛について一家言ありそうなイタリア語は，ラテン語の系譜を引く magnete（マニェーテ）ですが。

　日本語の文献での磁石の初出は，歴史書『続日本紀』（797年完成）巻第六のようです。「租庸調」のうちの調（各地の特産品を税として納めたもの）のリストのなかで，近江国（現在の滋賀県）から磁石（当時の記述では「慈石」）が納められたことが記されています。「慈」の字を用いるのは，磁石がものを引き寄せる様子を慈愛に見立てたためといわれています。ただし，江戸時代の百科事典『和漢三才図会』（1712年完成）によると，日本で磁石が産出したのはこのときだけであるようです。

---

　1）　ラテン語には，「商品の見栄えをよくする」という意味の mangonicare（マンゴーニカーレ）という動詞があります。

# $_{26}$Fe 鉄

金属

英 iron（アイアン）　　　　独 Eisen（アイゼン）

仏 fer（フェール）　　　　　瑞 järn（イェーン）

希 σίδηρος（シジロス；専門用語），σίδερο（シゼロ；日常語）

露 железо（ジリェーザ）　　羅 ferrum（フェッルム）

**語源を遡ると…** セム語派の言語の「鉄」？

**発見の順番**　古代から知られていた（$_6$C 炭素，$_{16}$S 硫黄，$_{26}$Fe 鉄，
　　　　　　$_{29}$Cu 銅，$_{47}$Ag 銀，$_{50}$Sn スズ，$_{79}$Au 金，$_{80}$Hg 水銀，
　　　　　　$_{82}$Pb 鉛の9元素）

### 名称の由来：欧米語

どの言語も名称の由来の正確なところは不明です。

元素記号 Fe はラテン語の ferrum から来ていますが，その語源は不明です。古代メソポタミアで話されていた，記録が残る最古のセム語派の言語であるアッカド語では，鉄を parzillu（パルジッル）といい，これがフェニキア語（セム語派）の *fer-s-o- などの形を経て，現在の形になったのではないかと考えられています。また $_{29}$Cu 銅と $_{30}$Zn 亜鉛の合金である真鍮は英語でブラス（brass）といいますが，これも同じ語から派生したと推定されています。ferrum 自体の語源はさておき，フランス語の fer やイタリア語の ferro（フェッロ）は，ferrum から派生しています。英語でも，「鉄の，鉄分を含む」の意味の連結形で，ferro- や ferri- が用いられます。

ゲルマン諸語の iron（英語），Eisen（ドイツ語），järn（スウェーデン語）は同一の語源から派生しており，ケルト祖語で「血」（転じて「赤い」）または「強い，神聖な」を意味する *īsarno- から来ているのではな

いかと考えられています。

　ギリシャ語では鉄を σίδηρος と書き，古典ギリシャ語では「シデーロス」，現代ギリシャ語では「シジロス」と読みます。鉄の日常語や洋服用アイロンには，少し違う σίδερο を用います。外来語のようですが，起源は不明です。


### 名称の由来：和語

　鉄は日本でも古くから知られており，和語では「くろがね」といいます。時代はぐっと下り，1603 年から 1604 年にかけて発行された『日葡辞書』にも，鉄が Curogane「クロガネ」や Tet「テッ」[1] として掲載されています。『日葡辞書』はイエズス会が編纂した，日本語をポルトガル語で解説した辞典であり，当時の日本語の語彙や発音を知ることができる，きわめて重要な資料です。

　日本語の文献での初出は，奈良時代初頭の 712 年に完成した日本最古の歴史書『古事記』の，天の岩戸に隠れた天照大御神を引き出すために鏡を作る場面での，次の記述においてのようです。
　　　「天の金山の鉄を取りて，鍛人の天津麻羅を求めて，伊斯許理度売命に科せ，鏡を作らしめ，…」
この鏡は，後の三種の神器の一つ，八咫鏡です。なお，『古事記』では八咫鏡を「天の金山の鉄」で作っていましたが，『日本書紀』（720 年完成）には「天香山の金」と，また『古語拾遺』（807 年完成）には「天香山の銅」（$_{29}$Cu 銅のこと）と記されており，伝承によって金属の種類が異なっています。

　以上は神話の話でしたが，『三国志・魏志』第三〇 東夷伝・倭人の条（いわゆる『魏志倭人伝』；280 年以降完成）において，卑弥呼の時代に鉄製の鏃が使われていたことが記されています。


### 日本で古くから知られていた金属

　鉄を含め，古くから知られていた五つの金属を「五金」と呼びます。

$_{79}$Au 金：こがね，くがね

$_{47}$Ag 銀：しろかね

$_{29}$Cu 銅：あかがね

$_{26}$Fe 鉄：くろがね

$_{50}$Sn スズ（または $_{82}$Pb 鉛）：あおがね

このうち，貨幣金属の $_{79}$Au 金・$_{47}$Ag 銀・$_{29}$Cu 銅の和語での名称は，見た目の色から来て分かりやすいものの，鉄の黒や $_{82}$Pb 鉛の青は，あえていえば，程度のものでしかありません。そもそも金属元素は，$_{29}$Cu 銅と $_{55}$Cs セシウムと $_{79}$Au 金の 3 元素を例外として，程度の差はあっても銀白色を示します。

　このような金属と色との対応は，「五行説」によるものです。五行説とは，万物は木・火・土・金・水の五つの元素から成り立っている，という古代中国の思想です。古代ギリシャにもよく似た考え方があり，哲学者アリストテレス（前 384–前 322）が，万物は火・空気・水・土の四元素から成るという「四元素説」を唱えています。さらに，古代インドでも，万物は地・水・火・風・空の五つから成ると説く「五大」という思想があり，寺院などで見られる五輪塔や五重塔はこれを表現したものです。

　五行説では，木・火・土・金・水が以下のように対応していると考えます。

| 五行 | 木 | 火 | 土 | 金 | 水 |
|---|---|---|---|---|---|
| 五色 | 青 | 赤（朱） | 黄 | 白 | 黒（玄） |
| 五時 | 春 | 夏 | 土用 | 秋 | 冬 |
| 五方 | 東 | 南 | 中央 | 西 | 北 |
| 四神 | 青竜 | 朱雀 | — | 白虎 | 玄武 |
| 五金 | $_{50}$Sn スズ（または $_{82}$Pb 鉛） | $_{29}$Cu 銅 | $_{79}$Au 金 | $_{47}$Ag 銀 | $_{26}$Fe 鉄 |

万物の素としての「木」は，色の青と，季節の春と，方角の東と，…そ

れぞれ対応しているということになります。「春」と「青」は対応しているので，「青春」という言葉が生まれました。詩人・北原白秋（1885–1942）の雅号も，「白」と「秋」が対応しているところから来ています（あまり使いませんが，「朱夏」，「玄冬」という単語もあります）。京都は，東西南北に四神を配する「四神相応」の地であるといわれています。

　古くから知られている金属5種類を五行に対応させたものが，上記の「五金」です。

　この考え方は，ベラルーシの国名の語源にもなりました。13世紀から16世紀にかけて，ルーシの地（現在のウクライナとベラルーシに相当する地域；$_{44}$Ru ルテニウムを参照）はモンゴル帝国の支配下にありました。モンゴル人は中国から学んだ五行思想をルーシに持ち込み，ルーシの西の地域を「白ルーシ」と呼びました（ロシア語で「白」は белый（ビェールイ））。これがベラルーシ（Беларусь）の名の起こりです。

### 漢字の成立ち

　漢字の「鉄」は「鐵」の略字です。「鐵」は形声文字で，意符の金（金属）と，音符の戴とから成ります。戴は黒土を意味するそうですので，「鐵」の字は和語と同じく，黒い金属であることを表しています。

---

1) 当時は閉音節で発音されていたようです。すなわち，現在の「テツ」tetsu のように最後に母音が加わった開音節の「ツ」ではなく，tet のように t のみの発音だったと考えられています。

# $_{27}$Co コバルト

金属

英 cobalt（コウボールト）　　独 Cobalt, Kobalt（コーバルト）

仏 cobalt（コバルト）　　　　瑞 kobolt（コーボルト）

希 κοβάλτιο（コヴァルティヨ）　露 кобальт（コーバリト）

語源を遡ると…インド・ヨーロッパ祖語の「覆う」と「強い」

発見の順番　16番目

## 科学史上の位置づけ

1735年スウェーデンの化学者イェーオリ・ブラント（Georg Brandt, 1694–1768）が発見しました（発見は1737年以降という説もあります）。ブラントは，錬金術の時代の終わりと近代化学の開始を告げる最初の化学者の一人であり，コバルトは，発見年と発見者が判明しているもっとも古い金属元素です。これ以降，新元素の発見は現在まで続いていきます。非金属元素を含めると，発見者・発見年（1669年）が判明しているもっとも古い元素は $_{15}$P リンですが，偶然にも，$_{15}$P リンの発見者の姓も（綴りは違いますが）ブラントでした。

## 名称の由来

コバルトの名は，ドイツの民間伝承に登場する，山の精霊コボルト（Kobold）に由来します。その名は，ドイツの文豪ヨハン・ヴォルフガング・フォン・ゲーテ（1749–1832）の『ファウスト』第一部で，ファウスト博士が悪魔メフィストフェレスを呼び出す際の呪文のなかで，土の精として出てきます。またスタジオジブリの映画『天空の城ラピュタ』で，廃坑内で主人公達に出くわした老人が言う「小鬼」も，コバルトを指すものと思われます。精霊の名が元素名に付けられたのは，コバルトを含

む鉱石の精錬に手を焼いた鉱夫達が，それを精霊の仕業だと信じ，その鉱石を「コボルト」と呼んだためです。

やはり山の精霊として知られるゴブリン（goblin）は，コボルトと同じものとされており，共に民話やファンタジーにしばしば登場します。コボルトの語源にはいくつかの説があって確定していませんが，古いドイツ語の「小屋の妖精」に由来するという説が有力なようです。「小屋」と「妖精」はそれぞれ，インド・ヨーロッパ祖語の「覆う」*kel- と「強い」*wal- に遡りそうです。これらの語根からはそれぞれ，英語の「ホール」hall や「細胞」cell，「価値」value や「勇猛」valor が派生しています。

周期表上で一つ後の $_{28}$Ni ニッケルの名称も，コボルトとよく似た事象に由来します。

## $_{28}$Ni ニッケル

金属

英 nickel（ニケル）　　　　　独 Nickel（ニケル）
仏 nickel（ニケル）　　　　　瑞 nickel（ニッケル）
希 νικέλιο（ニキェリヨ）　　　露 никель（ニーケェリ）
語源を遡ると…インド・ヨーロッパ祖語の「洗う」またはギリシャ
　　　　　　　語の「勝利」とドイツ語の縮小辞（「小さい」）
発見の順番　17 番目

### 名称の由来

1751 年スウェーデンの鉱物学者・化学者アクセル・フレドリク・クルーンステット（Axel Fredrik Cronstedt, 1722–1765）が発見しました。クルーンステットが，$_{27}$Co コバルトの発見者であるスウェーデンの化学

者イェーオリ・ブラント（Georg Brandt, 1694-1768）の弟子だったせい
か，ニッケルの命名法はコバルトとそっくりです。

$_{29}$Cu 銅の鉱石（赤色の酸化銅(I) $Cu_2O$）に似ていながら製錬しても
$_{29}$Cu 銅が得られないため，ドイツの鉱夫達が「悪魔の銅」Kupfernickel
（クプファーニケル）と呼ぶ鉱石がありました。これは，紅砒ニッケル鉱
（主成分は NiAs）であったようです。Kupfer はドイツ語で $_{29}$Cu 銅のこ
とです。Nickel は，英語で「悪魔」Old Nick という用例があるように，
悪魔を意味しました。この鉱石から取り出した元素を，発見者のクルー
ンステットがニッケルと命名しました（1754 年）。

$_{24}$Cr クロムから $_{30}$Zn 亜鉛までの七元素の大部分はヒトに必須の元素
ですが，ニッケルだけは必須元素ではありません。むしろ，ニッケルは
金属アレルギーを引き起こしやすい金属の一つであり，ニッケル化合物
には発癌性も指摘されています。そういった意味でも，「悪魔」の名にふ
さわしいかもしれません。

### 悪魔と聖人

ゲルマン伝説の水の精霊ニクス（nix）と混同したという説もあります
が，ともかくもどこかで悪魔と聖人の名前が混同され，Old Nick は，4
世紀に活動しサンタクロースのモデルとなった聖ニコラオスと関連づけ
られました。「ニコラオス」という語は，ギリシャ語の「勝利」νίκη（nīkē，
ニーケー）と「民衆」λαός（lāos，ラーオス）とから成り，「民衆に対す
る勝利」または「民衆の勝利」という意味の名前です。聖ニコラオスに
あやかって，キリスト教圏で広く使われる名前となりました。$_{112}$Cn コ
ペルニシウムの名称の由来となった，地動説を唱えたポーランドの天文
学者コペルニクス（Nicolaus Copernicus, 1473-1543）の名前もニコラウス
です。

νίκη を大文字で始めた Νίκη は，勝利の女神ニーケー（日本語では慣習
的にニケとも呼ばれます）を意味します。ニーケーの像で非常に有名な
ものに，ルーブル美術館所蔵の「サモトラケのニケ」があります。余談

ながら，Nike を英語読みすると「ナイキ」で，アメリカのスポーツ用品メーカーの名前の語源になっています。

　以上を整理し直すと，ニッケルの名の前半は「悪魔」に関連しており，水の精霊ニクスに語源を求めるとインド・ヨーロッパ祖語の「洗う」*neigʷ- に，あるいは聖ニコラオスに語源を求めるとギリシャ語の「勝利」に遡ります。また，語尾 -el は南ドイツ方言の縮小辞であり，標準ドイツ語では -lein が対応します。縮小辞とは，名詞などに付いて「小さい」を表す接辞です。

## $_{29}$Cu 銅

金属

英 copper（カパー）　　　　独 Kupfer（クプファー）
仏 cuivre（キュイーヴル）　瑞 koppar（コッパル）
希 χαλκός（ハルコス）　　　露 медь（ミェーチ）
羅 aes（アイス），cuprum（クプルム），cyprum（キュプルム）
語源を遡ると…不明
発見の順番　古代から知られていた（$_6$C 炭素，$_{16}$S 硫黄，$_{26}$Fe 鉄，$_{29}$Cu 銅，$_{47}$Ag 銀，$_{50}$Sn スズ，$_{79}$Au 金，$_{80}$Hg 水銀，$_{82}$Pb 鉛の 9 元素）

### 名称の由来：欧米語

　西欧諸言語の銅の名称は，地中海東部のキプロス島と関係がありそうですが，正確な語源は分かりません。元素についての本を見ると，「銅の名はキプロスから来ている。」と書かれているのに対し，地名の由来に関する本を見ると，「キプロスの名は銅から来ている。」と書かれており，

銅だけに堂々巡りです。

インド・ヨーロッパ祖語では，青銅（銅と $_{50}$Sn スズの合金）や銅，あるいは一般に金属を *ayes- といいました。それから派生して，ラテン語では古くは青銅や銅を aes といい，特に銅鉱石の産地として有名なキプロス（Cyprus）島産のものを指して，aes Cyprium（アイス・キュプリウム；「キプロス島産の銅」）とも呼びました。その後，cyprum や cuprum 自体が銅を表すようになりました。元素記号 Cu もここから来ています。

欧米の多くの言語では，銅を表すのに，ラテン語の cuprum を自国語風に言い換えた単語を用いていますが，ラテン語の長女とも呼ばれるイタリア語では rame（ラーメ）といいます。これは，cuprum より古い形である aes から派生したものです。rame と aes とでは語形が違うように見えますが，aes の語幹は aer- であり，aes から派生した「青銅，銅」aeramen（アイラーメン）というラテン語から語頭の ae が脱落して，rame という語ができたようです。


## 「オリハルコン」

ギリシャ語では銅を χαλκός と書き，古典ギリシャ語では「カルコス（chalcos）」，現代ギリシャ語では「ハルコス」と読みます。一説によると，この語はアッキガイ科の巻貝 κάλχη（calchē，カルケー）と同系の語だそうです。この貝からは古代紫と呼ばれる染料が取れるため，κάλχη は貝自体のみならず，紫色の染料や紫色の衣服も指します。ギリシャ語では銅と紫色とが関連づけられていたことが示唆されます。

ファンタジーやゲームにしばしば登場する，幻の金属オリハルコンは，ギリシャ語で ὀρείχαλκος と書き，本来の読みは「オレイカルコス（oreichalcos）」です。この「金属」は，古代ギリシャの哲学者プラトン（前427–前347）の著作『クリティアス —— アトランティスの物語 —— 』にも，伝説上の大陸アトランティスに存在したという記述があります。その実体が何であったにせよ，オリハルコンを文字通りに解釈すると，「山」ὄρος（oros，オロス）の「銅」という意味です。

また，第16族元素の $_8O$ 酸素，$_{16}S$ 硫黄，$_{34}Se$ セレン，$_{52}Te$ テルル，$_{84}Po$ ポロニウムを総称して，カルコゲン（英語で chalcogen）と呼ぶことがあります。これは，χαλκός に「産む」を意味する語尾 -gen（$_1H$ 水素を参照）を付けたものであり，これらの元素が銅と化合物を作りやすいことに由来します。

### 名称の由来：和語

銅は日本でも古くから知られており，和語では「あかがね」といいます。時代はぐっと下り，イエズス会が編纂した『日葡辞書』にも，銅が Acagane「アカガネ」として掲載されています。また「ドウ」そのものの見出しはありませんが，Dôxē「ドゥセン（銅銭）」や Dôtet「ドゥテツ（銅鉄）」などの複合語は掲載されています。「あかがね」の名は見た目の色から付けられたものでしょう（金属の和名と『日葡辞書』については，$_{26}Fe$ 鉄を参照）。

### 日本史上初の銅の産出

日本は「黄金の国・ジパング」として知られていたように，$_{79}Au$ 金を産出していたことは有名ですが，$_{79}Au$ 金だけでなく，$_{47}Ag$ 銀や銅も産出していました。飛鳥時代の698年3月5日に因幡国（現在の鳥取県東部）で，さらに9月25日に周芳（周防）国（現在の山口県東部）で銅が産出したことが，歴史書『続日本紀』（797年完成）巻第一に記されています。これらが，国内の銅の産出に関する最古の記録のようです。

さらに，708年1月11日，武蔵国秩父郡（現在の埼玉県秩父市）で自然銅（製錬を要しないほど純度が高い銅）が発見されました。この自然銅（和銅）が朝廷へ献上されたことを祝い，元号が「和銅」（708年–715年）に改元されました。その経緯が，『続日本紀』巻第四に記されています。

「聞し看す食国の中の東の方武蔵国に，自然に作成れる和銅出で在りと奏して献れり。」

日本で最初の流通貨幣といわれる和同開珎（わどうかいちん，わどうかいほう）には銅銭と銀銭とがありますが，銅銭は和銅元年（708年）7月26日から鋳造し，8月10日から使用を開始しました。

埼玉県秩父市の和銅遺跡。708年ここで自然銅が採掘され，日本最初の流通貨幣である和同開珎が発行されました。

### 漢字の成立ち

　漢字の「銅」は形声文字で，意符の金（金属）と，音符の同トウとから成ります。「同」は「彤トウ」に通じ，赤いことを意味するそうですので，「銅」の字は和語と同じく，赤い金属であることを表しています。

# ₃₀Zn 亜鉛

金属

英 zinc（ジンク）　　　　　独 Zink（ツィンク）

仏 zinc（ザーング）　　　　瑞 zink（シンク）

希 ψευδάργυρος（プセヴザルイロス），τσίγκος（ツィンゴス）

露 цинк（ツィーンク）

語源を遡ると…インド・ヨーロッパ祖語の「噛む」

発見の順番　中世には知られていた（古代から知られていた9元素
　　　　　　　に加えて，₃₀Zn 亜鉛，₃₃As ヒ素，₅₁Sb アンチモン，
　　　　　　　₇₈Pt 白金，₈₃Bi ビスマスの5元素）

### 名称の由来

　亜鉛は合金の形では古くから知られており，特に ₂₉Cu 銅との合金である真鍮（ブラス）として利用されていました（ブラスの語源に関しては，₂₆Fe 鉄を参照）。インドでは13世紀頃に金属亜鉛を得ていたようであり，ヨーロッパはインドや中国から亜鉛を輸入していました。1746年ドイツの化学者アンドレアス・ジギスムント・マルクグラーフ（Andreas Sigismund Marggraf, 1709–1782）は，金属亜鉛を単離する方法を開発し，実用化への道を開きました。このため，亜鉛の初めての単離は，マルクグラーフに帰されることがあります。

　ヨーロッパ諸語では，亜鉛の名称として zinc に類する語を用いています。その語源は明確ではありませんが，ドイツ語の「（フォークなどの）歯」zinke（ツィンケ）に由来するようであり，精錬の際に炉の底に沈積した亜鉛がギザギザの形を呈することから，そう呼ばれるようになったといわれています。zinke の語は，インド・ヨーロッパ祖語の「噛む」*denk- に遡ります。英語の「歯の」dental や「歯科医」dentist はこれから

派生しています。亜鉛の名称は, $_{50}$Sn スズのゲルマン諸語での名称（英語で tin, ドイツ語で Zinn）と関連があるのではないかともいわれています。

　ギリシャ語では亜鉛を ψευδάργυρος といいます。これは,「嘘の」ψευδής（pseudēs, プセウデース）と「$_{47}$Ag 銀」ἄργυρος（argyros, アルギュロス）とから成り, いってみれば「亜銀」です。また, 口語では, zinc に対応した τσίγκος ということもあります。

### 日本語の名称

　イエズス会が編纂した『日葡辞書』には, 亜鉛と思われる金属が Tōtan「タゥタン」として掲載されています（『日葡辞書』については $_{26}$Fe 鉄を参照）。これはトタンのことであり, 直接的にはポルトガル語から来ていますが, 元はペルシャ語に由来します。「亜鉛」の文字は, 江戸時代の百科事典『和漢三才図会』（1712 年完成）に登場したのが初めてのようです。ただし, 読みは「とたん」であり, どんな金属かは分からない, と記されています。「亜」は「次の」を意味しますので, 亜鉛という名称は, $_{82}$Pb 鉛に類似したものという意味になります。

# $_{31}$Ga ガリウム

金属

英 gallium（ギャリアム）　　　独 Gallium（ガリウム）
仏 gallium（ガリヨム）　　　　瑞 gallium（ガリウム）
希 γάλλιο（ガリヨ）　　　　　　露 галлий（ガーリイ）
**語源を遡ると…インド・ヨーロッパ祖語の「可能である」**
**発見の順番　63 番目**

### 名称の由来

1875 年フランスの化学者ポール゠エミール（フランソワ）・ルコック・ド・ボアボードラン（Paul-Émile (François) Lecoq de Boisbaudran, 1838–1912）が，当時の最新の技術であった分光学の手法を用いて発見しました（分光学的手法による元素発見については，$_{37}$Rb ルビジウムおよび $_{55}$Cs セシウムを参照）。

一般にいわれている名称の由来は，ボアボードランの出身地フランスの古名ガリア（ラテン語で Gallia）を語源とするというものです（ガリアについては次項を参照）。なお，現国名のフランスは，$_{87}$Fr フランシウムの語源となっています。

実は，ガリウムの名称の由来には逸話があります。彼自身は否定しているのですが，ボアボードランは自分の名前をこっそりと新発見の元素名に付けたといわれているのです。彼の名前に含まれるルコック（Lecoq）は，フランス語で「雄鶏」le coq（le は定冠詞）と読めます。雄鶏を意味するラテン語は gallus（ガッルス）なので，これにちなんで命名したというものです。

フランスの古名と雄鶏がラテン語では似た綴りであることもあって，雄鶏はフランスの国鳥です。フランスサッカー協会のエンブレムやスポーツ用品メーカー Le coq sportif のマークにも雄鶏の意匠が付いています。

### ガリア

現在のフランスを中心に，北イタリア・ベルギーとオランダ・ドイツ・スイスの一部を含む，古代ケルト人の地を，古代ローマ人はガリア（正確にはガッリア）と呼びました。古代ローマの政治家・軍人にして文筆家であるガイウス・ユリウス・カエサル（前 100–前 44）の著作『ガリア戦記』でお馴染みの地名です。現在でも，ギリシャ語でフランスのことを「ガリヤ」（Γαλλία）と呼びます。

後に，ケルト人はゲルマン人により，辺縁へ追いやられていきました。

ケルト人が移り住んだ地域は，古代ゲルマン語の「余所者」*walχaz（ワルハズ）に由来する地名で呼ばれるようになりました。イギリスのウェールズ（英語で Wales）やベルギーのワロン地方（フランス語でWallonie），ルーマニアのワラキア（英語で Wallachia）は，いずれも同じ語源に遡ります。

　さらには，イタリアのことをポーランド語で Włochy（ヴウォヒ），ハンガリー語で Olaszország（オラスオルサーグ；ország（オルサーグ）は「国」の意味）と呼びますが，これらの呼称も同じ語源から派生しているようです。なお，周期表上で一つ後の $_{32}$Ge ゲルマニウムの節で紹介しているように，ポーランド語とハンガリー語では，ドイツのことを，スラブ祖語で「異邦人」を意味する語で呼んでおり，ポーランド人とハンガリー人にとって近隣の国々は余所者だらけのようです。

　ガリアの名は，その地に住んでいた民族の名に由来し，その語源は，ケルト人の言葉で「可能である」*gal-n- に由来するようです。これは，インド・ヨーロッパ祖語の「可能である」*gal- に遡ります。


### 周期表で予見された元素

　ガリウムは科学史上きわめて重要な役割を果たしました。1869 年ロシアの化学者ドミートリイ・イヴァーナヴィチ・メンデレーエフ（Дмитрий Иванович Менделеев（Dmitrij Ivanovič Mendeleev），1834–1907）（$_{101}$Md メンデレビウムの名称の語源）が周期表を発表しました。彼の卓見により，当時見つかっていなかった元素については，「エカホウ素」「エカアルミニウム」「エカケイ素」など，仮名を付けて空白としておきました。その後，彼の予見通り，1875 年「エカアルミニウム」に該当する新元素としてガリウムが発見されました。この発見は，周期表が注目を浴びる契機となりました。

　周期表で予見された「エカホウ素」「エカアルミニウム」「エカケイ素」にはいずれも，発見者の出身地の古名に由来する名称が付けられました。「エカホウ素」は，スカンジナビア半島南部の古名スカンジアにちな

んで ₂₁Sc スカンジウムと命名され，「エカケイ素」は，ドイツの古名ゲルマニアにちなんで ₃₂Ge ゲルマニウムと命名されました。フランスとドイツが地図で左右に並んでいるのと同様，ガリウムと ₃₂Ge ゲルマニウムは周期表上で左右に並んでいるのです。

当時，フランス皇帝・ナポレオン 3 世（1808–1873）が鼓舞したナショナリズムが，ついにはイタリアとドイツの統一（それぞれ 1861 年と 1871 年）に至ったように，ヨーロッパ中でナショナリズムが高まりを見せており，そのような時代の風潮が元素の命名にも反映されているのかもしれません。

## ₃₂Ge ゲルマニウム

金属

英 germanium（ジャーメイニアム）　独 Germanium（ゲルマーニウム）
仏 germanium（ジェルマニヨム）　瑞 germanium（ゲルマーニウム）
希 γερμάνιο（イェルマニヨ）　　露 германий（ギルマーニイ）
語源を遡ると…ケルト語の「隣人」
発見の順番　72 番目（同年に ₉F フッ素と ₆₆Dy ジスプロシウムも発見）

### 名称の由来

1886 年ドイツの化学者クレメンス・アレクサンダー・ヴィンクラー（Clemens Alexander Winkler, 1838–1904）が発見し，出身地ドイツの古名ゲルマニア（ラテン語で Germania）にちなんで命名しました。ロシアの化学者ドミートリイ・イヴァーナヴィチ・メンデレーエフ（Дмитрий Иванович Менделеев（Dmitrij Ivanovič Mendeleev), 1834–1907）（₁₀₁Md メンデレビウムの名称の語源）が，周期表で「エカケイ素」として予見し

082

ていた元素であり，$_{31}$Ga ガリウム，$_{21}$Sc スカンジウムに続いて，周期表の発表（1869 年）から 15 年余りで空欄三つがすべて埋まることとなりました。

　古代ローマ帝国の時代には，ライン川（$_{75}$Re レニウムの名称の語源）の東，ドナウ川の北の地域，すなわち，現在のドイツおよびそれより東方に相当する地域をゲルマニア（正確にはゲルマーニア）と呼びました。この語源には諸説ありますが，飯島英一『ヨーロッパ各国・国名の起源』によると，西隣のガリア（現在のフランスを中心とした地域；$_{31}$Ga ガリウムの名称の語源）に住んでいたケルト人による「隣人」gair から派生したという説がもっとも妥当なのだそうです。

### ドイツの国名

　日本の国名を，英語やドイツ語，スウェーデン語では Japan（ドイツ語とスウェーデン語はヤーパン），フランス語で Japon（ジャポン），ギリシャ語で Ιαπωνία（ヤポニヤ），ロシア語で Япония（イポーニヤ）といいますが，これらはいずれも，「日本国」を中世の中国語で発音した「ジパング」に由来すると考えられており，結局は読み方の問題です。

　それに対し，現在のドイツの国名は，以下のように各言語でまったく異なります。これは，それぞれの民族がドイツ周辺で最初に接触した民族の呼び名が，後にドイツ全体を指すのに使われるようになったからです。

・ゲルマン祖語の「民衆」*þeud- に由来するもの（þ は，古いゲルマン語に用いられたルーン文字の一つ「ソーン」で，英語の th に相当）

| ドイツ語 | Deutschland（ドイチュラント） |
|---|---|
| オランダ語 | Duitsland（ダイツラント；日本語名の「ドイツ」は，オランダ語の呼び方から取り入れられたといわれています。） |
| スウェーデン語 | Tyskland（ティスクランド） |

・「ゲルマン人」に由来するもの。「ゲルマン」の語源は前項を参照。

| ラテン語 | Germania（ゲルマーニア） |
| 英語 | Germany |
| 現代ギリシャ語 | Γερμανία（イェルマニヤ） |
| ロシア語 | Германия（ゲルマーニヤ） |
| イタリア語 | Germania（ジェルマーニア） |

・「アラマンニ族」に由来するもの

| フランス語 | Allemagne（アルマーニュ） |
| スペイン語 | Alemania（アレマニア） |

・「ザクセン（サクソン）族」に由来するもの（「サクソン」の語源は ₈₇Fr フランシウムを参照）

| フィンランド語 | Saksa（サクサ） |
| エストニア語 | Saksamaa（サクサマー；maa（マー）は「国」の意味） |

・スラブ祖語の「異邦人」に由来するもの

| ポーランド語 | Niemcy（ニェムツィ） |
| ハンガリー語 | Németország（ネーメトオルサーグ；ország（オルサーグ）は「国」の意味） |

・その他

| リトアニア語[1] | Vokietija（ヴォーキエティヤ） |

1) インド・ヨーロッパ語族のバルト語派に属するリトアニア語は，インド・ヨーロッパ祖語の特徴をもっとも強く残した現代語といわれています。ただし，Vokietija の語源ははっきりとしていません。

# ₃₃As ヒ素

非金属

| | |
|---|---|
| 英 arsenic（アーセニク） | 独 Arsen（アルゼーン） |
| 仏 arsenic（アルスニク） | 瑞 arsenik（アシェニーク） |
| 希 αρσενικό（アルセニコ） | 露 мышьяк（ムィシヤーク） |

**語源を遡ると…** インド・ヨーロッパ祖語の「輝く，黄色い」

**発見の順番** 中世には知られていた（古代から知られていた9元素に加えて，₃₀Zn 亜鉛，₃₃As ヒ素，₅₁Sb アンチモン，₇₈Pt 白金，₈₃Bi ビスマスの5元素）

## 名称の由来

ヒ素は，発見者の候補が推定されている最初の元素のようです。1250年頃ドイツの神学者アルベルトゥス・マグヌス（Albertus Magnus, 1193頃-1280）が初めて単離したという説があります。彼はカトリック教会の聖人であり，スコラ哲学の大成者トマス・アクィナス（1225頃-1274）の師でもありました。錬金術も行なっており，そのため自然科学研究者の守護聖人でもあります。著書にヒ素の製法を記した記述があるといわれています。

ヒ素の硫化鉱物（$As_2S_3$）は，黄色の顔料として古くから用いられてきました。ヒ素の元素名は，この黄色顔料を指すギリシャ語の αρσενικόν（arsenicon，アルセニコン）に由来するといわれています。この語は，アラビア語を経由して遠くペルシャ語の「₇₉Au 金」zar（ザル）や「金色の」zargûn（ザルグーン）に由来し，₄₀Zr ジルコニウムと共通の語源から発しているようです。しかしながら，ヒ素の表記は，アラビア語を経由した段階で語頭に定冠詞 al が付いたりして，だいぶ形が変わってしまいました。なお，アラビア語ではヒ素を زرنيخ（zirnīkh，ジルニーフ）と

いい，古い形を留めています。

ペルシャ語の「$_{79}$Au 金」という語は，さらに遠く遡るとインド・ヨーロッパ祖語の「輝く，黄色い」*ghel- に行き着くようです。ゲルマン諸語での $_{79}$Au 金の名称（たとえば，英語で gold）や，$_{17}$Cl 塩素（英語でchlorine）の名前も同じく *ghel- から派生しており，ヒ素，$_{17}$Cl 塩素，$_{40}$Zr ジルコニウム，$_{79}$Au 金は，語源的には姉妹に当たることになります。

ヒ素の名はギリシャ語の「男性の」ἀρσενικός（arsenicos，アルセニコス）あるいは ἀρρενικός（arrenicos，アッレニコス）に由来する，と書いている文献もありますが，これは通俗語源でしょう。ただし，ヒ素の語源となった語が ἀρσενικόν という形になったのには，この混同も影響しているようです。

ロシア語名の мышьяк は，「ネズミ」мышь（ムィシ；英語の mouse と似ています）から派生したようです。これは，ヒ素が殺鼠剤として用いられるためです。


**日本でのヒ素の産出**

日本ではヒ素の硫化鉱物は「雄黄」として古くから知られており，顔料や医薬として用いられていたようです。歴史書『続日本紀』（797 年完成）巻第一に，698 年に伊勢国（現在の三重県北中部）から「雄黄」が献上されたことが記されています。

「雄黄」の「雄」の字は，ギリシャ語の通俗語源を連想させますが，何らかの関係があるのでしょうか。


**漢字の成立ち**

「ヒ素」を漢字で書くと「砒素」です。「砒」の字は形声文字で，意符の石（薬石）と，音符の比とから成ります。「比」は「貔」という猛獣に通じるそうですので，「砒」の字は，猛毒を含む薬石であることを表しています。

# ₃₄Se セレン

非金属

| | |
|---|---|
| 英 selenium（セリーニアム） | 独 Selen（ゼレーン） |
| 仏 sélénium（セレニヨム） | 瑞 selen（セレーン） |
| 希 σελήνιο（セリニヨ） | 露 селен（シリェーン） |

語源を遡ると…ギリシャ語の「輝き，光」
発見の順番　48番目（同年に ₃Li リチウムと ₄₈Cd カドミウムも発見）

### 名称の由来

1817 年スウェーデンの化学者イェンス・ヤーコブ・ベルセーリウス（Jöns Jacob Berzelius, 1779–1848）と友人でスウェーデンの化学者ユーハン・ゴットリープ・ガーン（Johan Gottlieb Gahn, 1745–1818）は，彼らが共有する硫酸製造工場の沈殿物のなかから，₅₂Te テルルと混在している新元素を発見しました。₅₂Te テルルは 30 年以上前に発見されていましたが，周期表上でセレンの一つ下に位置し，そのためこれら二つの元素は性質が互いに類似していて，セレンの存在がなかなか気づかれなかったようです。₅₂Te テルルの名称がラテン語の「大地」すなわち「地球」に由来することに倣い，ギリシャ語の「月」σελήνη（selēnē，セレーネー）にちなんでセレンと命名されました。σελήνη を大文字で始めた Σελήνη は，ギリシャ神話の月の女神セレーネーを表し，セレンの名称はこちらに由来すると考えることもできます。

　セレーネーは，狩猟と月の女神アルテミスと同一視されることもあります（オリュンポス十二神のコラムを参照）。セレーネーの父はヒュペリーオーンといい，ギリシャ神話の巨人の一族であるティーターン 13 柱の一人です（₂₂Ti チタンを参照）。セレーネーの兄は太陽神ヘーリオスで，₂He ヘリウムの名称の語源となっています。

セレーネーに関連して有名な神話は，エンデュミオーンとの悲話です。エンデュミオーンは，プロメーテウス（$_{61}$Pm プロメチウムの名称の語源）の子孫に当たる美青年です（ギリシャ民族の系譜については，$_{12}$Mg マグネシウムを参照）。セレーネーは，エンデュミオーンに一目惚れしました。神ならぬエンデュミオーンは，不老不死を願い，永遠に眠ることを選びました。セレーネーは夜ごと，眠れるエンデュミオーンのそばに寄り添っているといいます。

セレンは金属元素ではありませんが，英語やフランス語の名称では，金属元素名の共通語尾 -ium が付けられています。

セレンは，光が当たると電気伝導度が変化するという特性を持っており，これを利用して，コピー機の感光ドラムに用いられています。月が太陽の光を受けて満ち欠けをする様に似ているようでもあり，セレンが月に関連づけられているのは，ふさわしかったといえそうです。

### 周期表上で並ぶ元素の命名

セレンが命名された当時，周期表はまだ提案されていませんでしたが（周期表の発表は 1869 年），セレンと $_{52}$Te テルルは周期表上で上下に並んでおり，適切な命名であったといえます。このように，周期表上で隣接する元素が天体の配置になぞらえて命名された例として，$_{92}$U ウラン（天王星に由来）・$_{93}$Np ネプツニウム（海王星に由来）・$_{94}$Pu プルトニウム（冥王星に由来）の並びが挙げられます。

また，周期表の一つ下の元素がすでに見つかっていて，性質がよく似た上の元素が発見された際，下の元素名に絡めて命名した例として，$_{41}$Nb ニオブと $_{73}$Ta タンタルの組を挙げることができます。こちらは娘と父の関係です。

### プラトンによる名前の考察

月の女神セレーネーの名は，ギリシャ語に固有の語に由来し，インド・ヨーロッパ祖語に遡ることはできないようです。古代ギリシャの哲

学者プラトン（前427-前347）の著作『クラテュロス —— 名前の正しさについて —— 』では，セレーネーの名前の由来を，月は太陽の光を反射していることを踏まえたうえで，「輝き，光」σέλας（selas，セラス）に関連している，と考察しています。

## ₃₅Br 臭素

非金属（ハロゲン）

英 bromine（ブロウミーン）　　独 Brom（ブローム）
仏 brome（ブローム）　　　　瑞 brom（ブローム）
希 βρώμιο（ヴロミヨ）　　　　露 бром（ブローム）
語源を遡ると…ギリシャ語の「くさい」
発見の順番　53番目

### 名称の由来

　1826年フランスの化学者アントワーヌ゠ジェローム・バラール（Antoine-Jérôme Balard, 1802-1876）が発見しました。バラールは，臭素を海水から発見したことから，ラテン語の「塩水」muria（ムリア）にちなみ，新元素の名称として muride を提案しました。しかしながら，フランス科学アカデミーは muride ではなく，brome を採用しました。当時すでに，新元素や新化合物の命名が国際的な合意に基づいてなされるようになってきていたのです。

　採用された元素名は，臭素が激しい刺激臭を発することから，ギリシャ語の「くさい」βρῶμος（brōmos，ブローモス）に由来します。同じく悪臭から命名された元素に，₇₆Os オスミウムがあります。ただし，₇₆Os オスミウムの語源であるギリシャ語の「におい」ὀσμή（osmē，オ

ズメー）が悪臭にも香気にも用いられるのに対し，臭素の語源の βρῶμος には悪臭の意味しかありません。

brome という名称を提案したのは，フランスの化学者ルイ・ジョゼフ・ゲイ゠リュサック（Louis Joseph Gay-Lussac, 1778-1850）であったようです。周期表上で臭素の一つ下の $_{53}$I ヨウ素の名称を提案したのも彼でした。

臭素の英語の名称は，先に命名されていたハロゲン元素の $_{17}$Cl 塩素（chlorine）および $_{53}$I ヨウ素（iodine）に倣い，語尾に -ine が付けられました。日本語の名称は，元のギリシャ語を翻訳したものになっています。

バラールに先んじて臭素を得ていたといわれている人がいます。ドイツの化学者カール・ヤーコプ・レーヴィヒ（Carl Jacob Löwig, 1803-1890）です。レーヴィヒは 1825 年鉱泉から新元素を発見したのですが，指導教授からもっと大量に集めるように指示され，その作業をしているうちに，バラールが先に論文を発表してしまいました。レーヴィヒは臭素の発見当時 22 歳であり，バラールが発見当時 24 歳だったことも併せ，臭素には若い人々の寄与が目立ちます。

## $_{36}$Kr クリプトン

非金属（希ガス）

英 krypton（クリプタン）　　独 Krypton（クリュプトン）
仏 krypton（クリプトン）　　瑞 krypton（クリプトーン）
希 κρυπτό（クリプト）　　　露 криптон（クリプトーン）
語源を遡ると…インド・ヨーロッパ祖語の「隠す，隠れる」
発見の順番　78 番目（同年に $_{10}$Ne ネオン，$_{54}$Xe キセノン，$_{84}$Po ポロニウム，$_{88}$Ra ラジウムも発見）

## 名称の由来

　1898年イギリスの化学者ウィリアム・ラムジー（William Ramsay, 1852-1916）と助手でイギリスの化学者モーリス・ウィリアム・トラヴァーズ（Morris William Travers, 1872-1961）が，液体空気のなかからスペクトル分析により発見しました。この3年前（1895年）に，大量の液体空気を生産できる装置が発明されたばかりでした。ラムジーは1894年に $_{18}$Ar アルゴンを，その翌年には $_2$He ヘリウムを発見していて，これが三番目の希ガス元素の発見となります。この後，トラヴァーズとのペアで，$_{10}$Ne ネオン，$_{54}$Xe キセノンと，次々と希ガス元素を発見していきます。

　当時，希ガス元素は，$_2$He ヘリウムと $_{18}$Ar アルゴンだけが知られていましたが，ロシアの化学者ドミートリイ・イヴァーナヴィチ・メンデレーエフ（Дмитрий Иванович Менделеев（Dmitrij Ivanovič Mendeleev），1834-1907）（$_{101}$Md メンデレビウムの名称の語源）が発表した周期表により，その間に新元素が存在することが予見されていました。彼らがこの予見に触発されて発見したのは，周期表において $_{18}$Ar アルゴンの一つ上の元素ではなく，一つ下に来るクリプトンでした。それから1ヶ月もしないうちに彼らは，予見通り，$_{10}$Ne ネオンの発見にも成功しました。

　クリプトンは，その存在が空気のなかに隠れているようであったことから，元素名は「隠れた」という意味のギリシャ語 κρυπτός（kryptos, クリュプトス）に由来します。さらに，$_{18}$Ar アルゴンの命名法に倣い，語尾に -on が付けられました。ちなみに，「クリプトン」という名は，一度は $_2$He ヘリウムの名称として使われる可能性もありました。

　κρυπτός は，インド・ヨーロッパ祖語の「隠す，隠れる」*krāu- に遡ります。κρυπτός に関連した英単語には，「暗号」cryptogram や「隠れキリシタン」crypto-Christian があります。

　$_{57}$La ランタンも，「隠れた」と似た意味の言葉から命名されています。

# $_{37}$Rb ルビジウム

金属

英 rubidium（ルービディアム）　独 Rubidium（ルビーディウム）

仏 rubidium（リュビディヨム）　瑞 rubidium（ルビーディウム）

希 ρουβίδιο（ルヴィジヨ）　露 рубидий（ルビーヂイ）

語源を遡ると…インド・ヨーロッパ祖語の「赤い」

発見の順番　60番目（同年に $_{81}$Tl タリウムも発見）

### 名称の由来

　ドイツの化学者ローベルト・ヴィルヘルム・エバーハルト・ブンゼン（Robert Wilhelm Eberhard Bunsen, 1811–1899）とドイツの物理学者グスタフ・ローベルト・キルヒホッフ（Gustav Robert Kirchhoff, 1824–1887）は、炎光分光分析法を開発して、分光学的な手法で元素を発見する方法を開拓し、1861年ルビジウムを発見しました。ルビジウムの発光スペクトルの輝線が赤色であることから、ラテン語の「赤らんだ」rubidus（ルビドゥス）にちなんで名づけられました。

　ブンゼンとキルヒホッフの二人は前年、同じ手法を用いて新元素を発見し、やはり発光スペクトルの輝線の色を表すラテン語から $_{55}$Cs セシウムと命名しています。炎光分光分析法では、小学校の理科の実験でもお馴染みのブンゼンバーナーが重要な役割を果たしました。ブンゼンバーナーを発明したのは、元素の発見でも貢献したイギリスの化学者ハンフリー・デイヴィー（Humphry Davy, 1778–1829）とその弟子でイギリスの化学者・物理学者マイケル・ファラデー（1791–1867）ですが、ブンゼンが改良を加えたため、彼の名を冠するようになりました。現在使用されているガスコンロも、構造的にはブンゼンバーナーと類似のものです。

#### ラテン語の赤色

上述のように，ルビジウムの語源はラテン語で「赤らんだ」を意味する rubidus です。また，「赤い」という意味のもっとも一般的なラテン語は ruber（ルベル）といいます。これらは共に，英語の「赤い」red と同様，インド・ヨーロッパ祖語の「赤い」*reudh- に遡ります。ruber は，宝石の「ルビー」（英語で ruby）の語源となっています。ルビーの赤色は，コランダム（酸化アルミニウム）に不純物として混入した $_{24}Cr$ クロムによります。

ブンゼンとキルヒホッフは新元素の命名にあたり，古代ローマの作家アウルス・ゲッリウス（125 頃–180 以降）の随想『アッティカの夜』から引用して，rubidus の語を採用しました。この随想のなかで，rubidus は「暗い（濃い）赤色の」という意味で用いられており，ブンゼンとキルヒホッフも「もっとも暗い（濃い）赤色の」という意味で元素名に使っていますが，この語の一般的な意味は「赤らんだ，赤みをおびた」でした。辞書に載っている通例の用法とは異なるものであったかもしれませんが，あえて古典に言及することで，新手法による新元素発見の感慨を表現したかったのかもしれません（$_{55}Cs$ セシウムも参照）。

# $_{38}Sr$ ストロンチウム

金属

英 strontium（ストランシアム，ストロンティアム）

独 Strontium（ストロンツィウム，シュトロンツィウム）

仏 strontium（ストロンシヨム）　瑞 strontium（ストロンツィウム）

希 στρόντιο（ストロンディヨ）　露 стронций（ストローンツィイ）

**語源を遡ると…**スコットランド・ゲール語の「端」と「妖精が住む丘」

**発見の順番**　42 番目（同年に $_5B$ ホウ素，$_{12}Mg$ マグネシウム，$_{20}Ca$ カルシウム，$_{56}Ba$ バリウムも発見）

## 名称の由来

1789 年イギリスの化学者・医師アデアー・クロフォード（Adair Crawford, 1748–1795）は，スコットランド・ハイランドの小村で見つかった鉱石が，それまで知られていた鉱石（後に $_{56}$Ba バリウムの化合物であることが分かります）とは異なることを見いだしました。このことから，クロフォードをストロンチウムの発見者としている文献もありますが，当時はまだ $_{56}$Ba バリウムが認知されていなかったため，本書では，クロフォードによる解明を新元素の発見とは見なさないこととします。

イギリスの化学者ハンフリー・デイヴィー（Humphry Davy, 1778–1829）が 1808 年，電気分解の手法でストロンチウムを単離しました。元素名はデイヴィーが，原鉱石の産地であるイギリス・スコットランドの地名ストロンシアン（Strontian）にちなんで名づけました。デイヴィーは同年 $_5$B ホウ素，$_{12}$Mg マグネシウム，$_{20}$Ca カルシウムと並んで $_{56}$Ba バリウムも単離しています。

## 妖精

ストロンシアンという地名は英語の呼び方であり，現地のスコットランド・ゲール語では Sròn an t-Sìthein（ストローン・アン・チーエン）といいます。ゲール語は綴りと発音の乖離が大きいことで知られ，この地名もかなり難読です。sròn（綴りに t は入っていませんが，「ストローン」と読みます）は「鼻，先端」のことであり，an は定冠詞（英語の不定冠詞と紛らわしいです），また sithein は「妖精が住む丘の」という意味です。したがって，ストロンシアンは「妖精の丘の端」といった意味の地名です。「ストロンシアン」だとなんとなく強そうな名前に聞こえますが，本来の地名の意味はメルヘンチックです。

ちなみに，ゲール語で「妖精」を「シー」（sith または sìdh）といいます。猫の妖精ケット・シーや，詩人に霊感を与える女の妖精リャノン・シーが代表例です。

ストロンチウムと同様，ケルト語の単語に由来する元素名に $_{75}$Re レ

ニウム（ケルト人の言葉でのライン川に由来）があります。

# $_{39}$Y　イットリウム

金属

英　yttrium（イトリアム）　　　独　Yttrium（ユトリウム）

仏　yttrium（イトリヨム）　　　瑞　yttrium（イトリウム）

希　ύττριο（イトリヨ）　　　　露　иттрий（イートリイ）

**語源を遡ると…**インド・ヨーロッパ祖語の「外の」と「存在する」

**発見の順番**　29番目

## 元素発見史上もっとも重要な村

　周期表上で一つ前の $_{38}$Sr ストロンチウムに引き続き，小村の名に脚光が当たります。ただし今回は，多くの元素名が関係しています。

　イットリウムの名称は，原鉱石が発見されたスウェーデンのイッテルビー（Ytterby）村に由来します。この村は，スウェーデンの首都ストックホルム（$_{67}$Ho ホルミウムの名称の語源）から北東に 15 km ほどの島に位置します。この村の名は，イットリウムだけでなく，$_{65}$Tb テルビウム，$_{68}$Er エルビウム，$_{70}$Yb イッテルビウムと，合わせて 4 種類の元素の名前に採用されました。さらに，$_{64}$Gd ガドリニウム，$_{67}$Ho ホルミウム，$_{69}$Tm ツリウムの 3 元素も，この村で採掘された原鉱石から見つかっており，合計 7 種類の元素（いずれも希土類元素）がイッテルビー村に縁を持っています。

　村名イッテルビーは，スウェーデン語の「外の」yttre（イトレ）と「村落」by（ビー）とから成り，「外れの村」という意味です。スカンジナビア半島南部のヴァイキングが移り住んだ地域には -by が付く地名が見ら

れ，イギリスのダービー（Derby；「シカ（deer）の村」の意味）やラグビー（Rugby；「ライ麦の村」の意味）が代表例です（ダービーとラグビーの語源についてはいずれも異説があります）。

「外れの村」という一般的な意味の名前であるため，同名の村はスウェーデンに複数あります。それゆえ，学術雑誌でも混乱が見られたことがあり，とある学術論文に，ストックホルムからイッテルビーまでの行き方が地図付きで掲載されたことがあります。その地図によると，鉱山の近くの通りには，イットリウムや $_{65}$Tb テルビウム，$_{73}$Ta タンタルなどの元素や鉱物の名前が付けられているようです。

イッテルビーの名前の語源に戻ります。「外の」yttre は，英語の out と同語源に由来すると考えられます。これらは，インド・ヨーロッパ祖語の *ud- に遡ります。

「村」by は，「住むところ」ということであり，インド・ヨーロッパ祖語の「存在する」*bheuə- に遡って，英語の be 動詞や「建物」building と姉妹語です。


### 名称の由来

イットリウムは，最初に発見された希土類元素です。1794 年フィンランドの化学者・鉱物学者ヨハン・ガドリン（Johan Gadolin, 1760–1852）が新元素を含む酸化物を発見し，上述のイッテルビー村の名にちなんで命名しました。後に発見された希土類元素の一つである $_{64}$Gd ガドリニウムは，彼の功績を称えて命名されました。

イットリウムは当初，単一の物質と考えられていましたが，後に多数の希土類元素が含まれていることが判明し，最終的には，上述の通り，7 種類の新元素がイットリウムの鉱石から分別されることになります。いずれも，原鉱石の産地であるイッテルビー村や北欧を意識して名づけられています。

かつてはイットリウムの元素記号は Yt でしたが，現在では Y が使われています。

**希土類元素**

　第 3 族（周期表の左から 3 列目）に属する $_{21}Sc$ スカンジウムと $_{39}Y$ イットリウムの 2 元素に，$_{57}La$ ランタンから $_{71}Lu$ ルテチウムまでの 15 元素（ランタノイドのコラムを参照）を加えた合計 17 元素を総称して「希土類」といいます。希土類元素は英語の rare earth elements の訳で，rare は「希少な」，earth は「金属の酸化物」を意味します。希土類元素の存在量は必ずしも少ないわけではなく，むしろその多くは貴金属の $_{79}Au$ 金や $_{47}Ag$ 銀よりも豊富に存在するのですが，互いの化学的性質が非常によく似ており，分離精製が困難であるため，希少であると思われてきました。

　希土類元素の歴史は 1794 年のイットリウムの発見に始まりますが，それは苦難の歴史の始まりでもありました。天然に存在しない $_{61}Pm$ プロメチウムを除いたなかでは最後に得られた $_{71}Lu$ ルテチウムの発見（1907 年）までの 110 年あまりの間に，100 件以上もの「新元素発見」が報告されるなどの混乱が続いたのです。

# $_{40}Zr$ ジルコニウム

金属

英 zirconium（ザーコウニアム）

独 Zirconium, Zirkonium（ツィルコーニウム）

仏 zirconium（ジルコニヨム）　　瑞 zirkonium（シルコーニウム）

希 ζιρκόνιο（ジルコニヨ）　　　露 цирконий（ツィルコーニイ）

**語源を遡ると…**インド・ヨーロッパ祖語の「輝く，黄色い」

**発見の順番**　26 番目（同年に $_{92}U$ ウランも発見）

**名称の由来**

1789年ドイツの化学者マルティン・ハインリヒ・クラプロート（Martin Heinrich Klaproth, 1743–1817）が，ジルコン（風信子鉱）という宝石のなかに未知の金属元素が含まれていることを発見しました。この宝石の名が新元素の名前に採用されました。

ジルコンの名は，アラビア語を経由して遠くペルシャ語の「$_{79}$Au 金」zar（ザル）や「金色の」zargûn（ザルグーン）に由来し，$_{33}$As ヒ素と共通の語源から発しているようです。

ペルシャ語の「$_{79}$Au 金」という語は，さらに遠く遡るとインド・ヨーロッパ祖語の「輝く，黄色い」*ghel- に行き着くようです。ゲルマン諸語での $_{79}$Au 金の名称（たとえば，英語で gold）や，$_{17}$Cl 塩素（英語で chlorine）の名前も同じく *ghel- から派生しており，ジルコニウム，$_{17}$Cl 塩素，$_{33}$As ヒ素，$_{79}$Au 金は，語源的には姉妹に当たることになります。

**ジルコニウムと同時期の発見1：新元素**

ジルコニウムが発見された1789年は，フランス革命が勃発した年でもありました。

ジルコニウムを発見したクラプロートは同年，$_{92}$U ウランも発見しています。ジルコニウムは，原子炉の燃料棒の被覆材料として利用されていますが，原子炉の燃料の代表が $_{92}$U ウランであり，お互いに縁が深そうです。

**ジルコニウムと同時期の発見2：インド・ヨーロッパ祖語**

ジルコニウムが発見される3年前，本書でも非常に重要な位置を占めている言語学上の発見がありました。「インド・ヨーロッパ祖語」（はじめにを参照）の発見です。1786年イギリスの裁判官ウィリアム・ジョーンズ（1746–1794）が発表しました。

ジョーンズは，学生の頃から語学の才を示し，最終的には28もの言語に通じた異才でしたが，経済的な理由により法曹界に身を置きました。当時イギリスはインドの植民地化を進めており，ジョーンズはカルカッ

タ駐在の判事としてインドに赴任しました。インドのサンスクリット語の学習を始めて半年後，ラテン語やギリシャ語とサンスクリット語との間に類似点が多いことに気づきました。そこで彼は，これらの言語は共通の祖先の言語から派生して成立したと考えました。この共通の祖先が「インド・ヨーロッパ祖語」です。

　これらの語族の総称を「インド・ヨーロッパ」（Indo-European）と命名した（1813 年）のは，イギリスの物理学者トマス・ヤング（1773-1829）であるといわれています。彼は，光が波であることを美しい実験（「ヤングの実験」）で示したり，古代エジプトの象形文字（ヒエログリフ）の解読に尽力したりするなど，多才な人でした。一方，ドイツでは「インド・ヨーロッパ」よりも「インド・ゲルマン」（indogermanisch）といいます。これは，ドイツの東洋学者ユリウス・ハインリヒ・クラプロート（1783-1835）が提案した名称ですが，彼は，他ならぬジルコニウムと $_{58}$Ce セリウム，$_{92}$U ウランを発見し，$_{22}$Ti チタンと $_{52}$Te テルルの発見の確認ならびに命名を行なったマルティン・ハインリヒ・クラプロートの息子でした。

## $_{41}$Nb ニオブ

金属

英 niobium（ナイオウビアム）　　独 Niob（ニオーブ）
仏 niobium（ニヨビヨム）　　　　瑞 niob（ニオーブ）
希 νιόβιο（ニヨヴィヨ）　　　　　露 ниобий（ニオービイ）
**語源を遡ると…**ギリシャ神話の王女の名前
**発見の順番**　32 番目（同年に $_{23}$V バナジウムも発見）

### 発見の歴史

　ニオブ発見の歴史は紆余曲折を経ています。ちなみに，同年発見され

た $_{23}$V バナジウム（周期表上でニオブの一つ上）も，発見・誤認・再発見というよく似た経緯を辿りました。1801 年イギリスの化学者チャールズ・ハチェット（Charles Hatchett, 1765-1847）は，大英博物館に収蔵されていた北米産の鉱物標本中に新元素が存在することを発見しました。そのため，アメリカの雅称であるコロンビアにちなみ，コロンビウム（元素記号：Cb）と命名しました。

　その翌年，周期表上で一つ下に位置する $_{73}$Ta タンタルが発見されました。発見者であるスウェーデンの化学者アンデシュ・グスタフ・エーケベリ（Anders Gustaf Ekeberg, 1767-1813）と，彼の弟子で，元素記号の記法を提唱したスウェーデンの化学者イェンス・ヤーコブ・ベルセーリウス（Jöns Jacob Berzelius, 1779-1848）は，$_{73}$Ta タンタルが新元素であると主張しましたが，コロンビウム（後のニオブ）と $_{73}$Ta タンタルは性質が互いに類似しているため，長らく両者は同一の元素であると誤認されてきました。おそらく，ハチェットもエーケベリも，ニオブと $_{73}$Ta タンタルの混合物を見いだしていたものと想像されます。

　この混乱は 1844 年，ベルセーリウスの弟子であるドイツの鉱物学者・化学者ハインリヒ・ローゼ（Heinrich Rose, 1795-1864）によって解決されました。師弟三代にわたる研究でした。しかしながら，さらなる問題も生まれました。彼はコロンビウムを再発見してニオブと命名したのです。後にコロンビウムとニオブは同一元素であることが確認されます。

　このような経緯を経たため，第一の発見に関係が深いイギリスとアメリカ（それぞれ発見者の出身国と原鉱石の発見地）では，長い間，コロンビウムという名称が使われ続けてきました。1925 年（大正 14 年）発行された『理科年表』の第 1 冊には，ニオブの別名としてコロンビウムが掲載されています（しかも当時は，ニオブではなくニオビウムとして掲載されていました）。1950 年，国際純正・応用化学連合（IUPAC）により名称がニオブ（英語では niobium）に統一されました。この決定は以下のような折衷案によるものであったようです。すなわち，ニオブと同様，$_{74}$W タングステンもアメリカとヨーロッパとで名称が異なって

いた（ヨーロッパではウォルフラムと呼称することが多い）のですが，$_{74}$W タングステンはアメリカ側の名称を正式名とする代わりに，ニオブはヨーロッパ側の名称に統一するというものです。アメリカの産業界では，現在でもコロンビウムの名が使われています。

### 名称の由来

実はローゼは，$_{73}$Ta タンタルのなかから新元素を2種類発見したと主張していました。$_{73}$Ta タンタルの名称がギリシャ神話の王タンタロスに由来することから，彼の娘ニオベー（Νιόβη（Niobē））と息子ペロプスにちなんでそれぞれの新元素を命名しましたが，後者のペロピウムは後に，ニオブと$_{73}$Ta タンタルの混合物であることが判明しました。

ニオベー（英語読みは「ナイオビ」）に伝わる神話は悲しい話です。ニオベーは，都市国家テーバイ（$_{48}$Cd カドミウムを参照）の王である夫アムピーオーンとの間に七男七女をもうけましたが，女神レートーよりも子宝に恵まれていると自慢し，レートーの怒りを買ってしまいました。

アブラハム・ブルーマールト『ニオベーの子供たちの死』（油彩，1591年）
右上の雲の上からアポローンとアルテミスがニオベーの子供たちに矢を放っています。

レートーの子供は，芸術と太陽の神アポローン（$_2$He ヘリウムの名称と関係）と狩猟と月の女神アルテミス（$_{34}$Se セレンの名称と関係）の2柱で，彼らにニオベーの子を全員射殺させてしまいました（ちなみに，レートーはこれでも神々のなかでもっとも柔和といわれているそうです）。悲嘆のあまりニオベーは主神ゼウスに祈り，自らを石に変えましたが，石になってからも涙を流し続けています。

### コロンブス

　幻の元素名となったコロンビウムは，上述の通り，コロンビアにちなんでいます。コロンビアは，アメリカ海域に初めて到達した西洋人であるイタリアの航海者クリストファー・コロンブス（1451 頃–1506）の名に地名接尾辞 -ia を付けたものです。アメリカ大陸やアメリカ合衆国の雅称でもあり，南米のコロンビア共和国の国名の起源ともなっています。

　コロンブス（Columbus）はラテン語で「ハト」を意味する名前であり，イタリア語ではコロンボ（Colombo）になります。テレビ映画『刑事コロンボ』の主役であるコロンボ（Columbo）警部は，その苗字からイタリア系であり，「発見する」ことを示唆する，絶妙なネーミングです。

## $_{42}$Mo モリブデン

金属

| | |
|---|---|
| 英 molybdenum（モリブデナム） | 独 Molybdän（モリュプデーン） |
| 仏 molybdène（モリブデヌ） | 瑞 molybden（モリブデーン） |
| 希 μολυβδαίνιο（モリヴゼニヨ） | 露 молибден（マリブデーン） |

語源を遡ると…インド・ヨーロッパ語族アナトリア語派の言語の「暗い」

発見の順番　23番目

**名称の由来**

　古代ギリシャでは，擦ると書いた跡が残る $_{82}Pb$ 鉛や黒鉛（$_6C$ 炭素の結晶）のような物質を，μόλυβδος（molybdos，モリュブドス）と呼んでいました（「鉛」筆と呼ぶのは，黒鉛が $_{82}Pb$ 鉛と混同されていた名残であり，実際には鉛筆に $_{82}Pb$ 鉛は含まれていません）。ギリシャ語の $_{82}Pb$ 鉛の語源は，当該の節を見てください。

　モリブデンの鉱物である輝水鉛鉱（主成分は二硫化モリブデン $MoS_2$）は，$_{82}Pb$ 鉛の鉱物（方鉛鉱）と外観が似ているところから，μόλυβδος から派生して，ギリシャ語で μολύβδαινα（molybdaina，モリュブダイナ），ラテン語で molybdaena（モリュブダイナ）と呼ばれました。1778年スウェーデンの薬剤師・化学者カール・ヴィルヘルム・シェーレ（Carl Wilhelm Scheele, 1742-1786）は，輝水鉛鉱が $_{82}Pb$ 鉛の鉱物ではないことを明らかにしました。そして1781 年シェーレの友人でスウェーデンの化学者ペッテル・ヤーコブ・イェルム（Petter Jakob Hjelm, 1746-1813）がモリブデンの単離に成功しました。

　シェーレは，molybdaena にちなみ，新元素をモリブデンと呼びました。このような経緯のため，モリブデンの名は，ギリシャ語の $_{82}Pb$ 鉛 μόλυβδος（古典ギリシャ語でモリュブドス，現代ギリシャ語でモリヴゾス）によく似ています。

## $_{43}Tc$ テクネチウム

金属

| | |
|---|---|
| 英 technetium（テクニーシアム） | 独 Technetium（テヒネーツィウム） |
| 仏 technétium（テクネシヨム） | 瑞 teknetium（テクネーツィウム） |
| 希 τεχνήτιο（テフニティヨ） | 露 технеций（チフニェーツィイ） |

**語源を遡ると…**インド・ヨーロッパ祖語の「織る，作る」

**発見の順番**　89 番目

### 地球上にほとんど存在しない元素

$_{92}U$ ウランよりも原子番号が大きい元素を超ウラン元素と呼びます。超ウラン元素はいずれも不安定で，すぐに放射線を放出して放射性崩壊を起こしてしまうため，自然界には存在しません。$_{92}U$ ウランよりも原子番号が小さい元素のうち，安定同位体（放射性崩壊を起こさない同位体）が存在しない元素はテクネチウム，$_{61}Pm$ プロメチウムと $_{83}Bi$ ビスマス以降の元素のみです。すなわち，テクネチウムは地球上には非常にわずかしか存在しません（後述の通り，$_{92}U$ ウランが放射性崩壊を起こす過程で生成するテクネチウムがわずかに存在します）。

この元素が地上で発見される可能性がほとんどないことが判明するまで，43 番元素（周期表上で $_{25}Mn$ マンガンの一つ下にあることから，「エカマンガン」と呼ばれていました）を発見したという誤報は数多く伝えられてきました。ごく一部だけを紹介します。

1908 年，東北帝国大学の小川正孝（1865-1930）が 43 番元素を発見したと報告し，ニッポニウムと命名しました。現在ではこれは，周期表上で一つ下の $_{75}Re$ レニウムだったことが分かっています。当時 $_{75}Re$ レニウムは未発見で，下記のように，実際に発見されるのはこの 17 年後のことであり，正しい分析がなされていれば（そのために必要な X 線分析装置が当時日本にはありませんでした），日本人が発見した元素は，75 番元素と $_{113}Nh$ ニホニウムの 2 種類になっていたはずです。惜しいことをしました。ニッポニウムの元素記号に予定されていた Np は，現在では $_{93}Np$ ネプツニウムに用いられています。

1925 年にはドイツの化学者であるヴァルター・カール・フリードリヒ・ノダック（Walter Karl Friedrich Noddack, 1893-1960）とイーダ・エーヴァ・タッケ（Ida Eva Tacke, 1896-1978）（翌年ノダックと結婚）が，$_{75}Re$ レニウムと一緒に 43 番元素を発見したと報告しました。鉱石を発掘した，現在のポーランド北東部のマズルィ（Mazury；ドイツ語で Masuren（マズーレン），ポーランド民族舞踊のマズルカで有名）地方にちなみ，マスリウム（masurium）と命名しました（元素記号：Ma）。第

二次世界大戦直後の 1947 年（昭和 22 年）発行された『理科年表』には，マスリウムの名が掲載されています（当時の文献では「マズリウム」と表記しているものもあります）。その後，確認できなかったため，誤認だったとされていましたが，最近になって，ノダック等は本当に 43 番元素を検出していた可能性がある，と再評価されています。$_{92}$U ウランの核分裂生成物として，わずかながらも存在したものを検出することに成功していたようです。

　実際，テクネチウムは自然界で見いだされています。アメリカに帰化した地球化学者である黒田和夫（1917–2001）等が，1961 年アフリカの鉱石中に存在することを確認しました。

### 名称の由来

　テクネチウムを発見したのは，イタリア出身のアメリカの物理学者エミーリオ・ジーノ・セグレ（Emilio Gino Segrè, 1905–1989）とイタリアの鉱物学者カルロ・ペリエ（Carlo Perrier, 1886–1948）であり，1937 年のことでした。原子核物理学の実験装置であるサイクロトロン（$_{103}$Lr ローレンシウムを参照）の内部で，耐熱材として用いられていた $_{42}$Mo モリブデン製の部品に，たまたま重陽子が衝突してテクネチウムが生成していたのでした。セグレは 3 年後（1940 年），$_{85}$At アスタチンの作成にも成功しています。セグレは反陽子の発見という功績で，1959 年ノーベル物理学賞を受賞しました。

　テクネチウムは史上初めて人工的に作られた元素です。そのため，ギリシャ語の「人工の」τεχνητός（technētos，テクネートス）にちなみ，テクネチウムと命名されました（1947 年）。この語は，ギリシャ語の「技術，芸術，学問」τέχνη（technē，テクネー）から派生しており，「テクニック」（英語で technique）や「テクノロジー」（英語で technology）と類語です。これらは，インド・ヨーロッパ祖語の「織る，作る」*teks- に遡ります。この語根からは，英語の「テキスト」text や「織物」textile も派生しています。

# ₄₄Ru ルテニウム

金属

| | |
|---|---|
| 英 ruthenium（ルーシーニアム） | 独 Ruthenium（ルテーニウム） |
| 仏 ruthénium（リュテニョム） | 瑞 rutenium（ルテーニウム） |
| 希 ρουθήνιο（ルシニヨ） | 露 рутений（ルチェーニイ） |

語源を遡ると…インド・ヨーロッパ祖語の「漕ぐ」

発見の順番　58番目

### 名称の由来

1828年ドイツの化学者ゴットフリート・ヴィルヘルム・オーザン（Gottfried Wilhelm Osann, 1796–1866）は，スウェーデンの化学者イェンス・ヤーコブ・ベルセーリウス（Jöns Jacob Berzelius, 1779–1848）と共に研究を行ない，ロシアのウラル山脈の鉱石から3種類の新しい金属元素を見いだしたと考え，ルテニウム，プルラニウム，ポリニウムと命名しました。ルテニウムは，広義にはロシアを含む地域を表す中世ラテン語の「ルテニア」（Ruthenia）にちなみます。なお，プルラニウム（pluranium）は，「₇₈Pt白金」（英語でplatinum）と「ウラル山脈」（Ural）に，ポリニウム（polinium）は，ギリシャ語の「灰色の」πολιός（polios，ポリオス）に由来します。しかしながら高名な化学者だったベルセーリウスは新元素を確認できませんでした。

1844年バルト・ドイツ人でロシアの化学者・植物学者カール・エルンスト・クラウス（Karl Ernst Claus, 1796–1864）（ロシア風に Карл Карлович Клаус（Karl Karlovič Klaus）とも）は，オーザンの実験を追試して，新元素の単離に成功し，ルテニウムの名を残しました。このため，ルテニウムの命名者はオーザン，発見者はクラウスとされています。

なお，彼らに先立つこと20年以上前の1807年，ポーランドの化学者

イェンジェイ・シニャデツキ（Jędrzej Śniadecki, 1768–1838）が，南米産の鉱石から現在のルテニウムに相当する新元素を発見し，同年発見された小惑星ベスタにちなみ，ベスチウムと命名しました（オリュンポス十二神のコラムを参照）。しかしながら再確認できず，シニャデツキも新元素発見の主張を撤回してしまいました。

### ルテニア地方

ロシアの君主は，9世紀末から16世紀末に至るまで700年余りにわたって，リューリク（862–882）という半ば伝説的な人物の子孫が代々君臨し続けてきたと伝えられています。リューリクは，スウェーデンを出身地とするヴァイキングの一部族の首長であり，スラブ人はこの部族を「ルーシ」と呼びました。現在でも，フィンランド語でスウェーデンのことを「ルオツィ」（Ruotsi）といいます。ルーシは後にまた，ロシアの語源にもなりました（フィンランド語でロシアは「ヴェナヤ」といい，イタリアのヴェネツィアと同様，ヴェンド人という民族名から来ているようです）。ルーシとロシアのその後の歴史については，$_{115}$Mcモスコビウムの節を参照してください。

ルーシの語源は，ヴァイキングにふさわしく，スラブ人の言葉で「漕ぎ手」であったという説があります。これはさらにインド・ヨーロッパ祖語の「漕ぐ」*erə- に遡ります。

ルーシ族が移り住んだ，現在のウクライナとベラルーシおよびその周辺に相当する地域も，「ルーシ」（中世ラテン語で「ルテニア」）と呼ばれるようになりました。ルテニアと呼ばれる領域はしたがって，ルテニウムの原鉱石が発見されたウラル山脈までは本来は含みません（ウラル山脈は，ユーラシア大陸をヨーロッパとアジアとに分ける境界となっており，ルテニアよりもずっと東です）。命名者のオーザンも発見者のクラウスも，出自はドイツ系であるため，ルテニアやロシア（ラテン語でRussia）の地理にあまり詳しくなかったのかもしれません。

# ₄₅Rh ロジウム

金属

英 rhodium（ロウディアム）　　独 Rhodium（ローディウム）

仏 rhodium（ロディヨム）　　　瑞 rodium（ローディウム）

希 ρόδιο（ロジョ）　　　　　露 родий（ローヂイ）

語源を遡ると…ギリシャ語の「薔薇」

発見の順番　35番目（同年に ₄₆Pd パラジウム，₅₈Ce セリウム，
　　　　　₇₆Os オスミウム，₇₇Ir イリジウムも発見）

### 名称の由来

1803 年イギリスの化学者ウィリアム・ハイド・ウラストン（William Hyde Wollaston, 1766-1828）が，₄₆Pd パラジウムと同時に発見しました。ロジウム塩の水溶液が薔薇色であることから，古典ギリシャ語の「薔薇」ρόδον（rhodon，ロドン）あるいは「薔薇色の」ρόδεος（rhodeos，ロデオス）にちなんで名づけられました。なお現代ギリシャ語では，薔薇は τριαντάφυλλο（トリアンダフィロ；「30 枚の花びら」の意味）といいます。

　同年ウラストンの友人であるイギリスの化学者スミソン・テナント（Smithson Tennant, 1761-1815）が，₇₆Os オスミウムと ₇₇Ir イリジウムを同時に発見しています。彼らは，密輸入した ₇₈Pt 白金の鉱石（当時，南米の ₇₈Pt 白金は禁輸品でした）を王水で処理し，溶解部をウラストンが，不溶の残渣をテナントが，それぞれ分析し，共に新元素を 2 種類ずつ発見しました。

# $_{46}$Pd パラジウム

金属

英 palladium（パレイディアム）　独 Palladium（パラーディウム）

仏 palladium（パラディヨム）　瑞 palladium（パラーディウム）

希 παλλάδιο（パラジヨ）　露 палладий（パラーヂイ）

**語源を遡ると…**ギリシャ語の「若者」

**発見の順番**　35番目（同年に $_{45}$Rh ロジウム，$_{58}$Ce セリウム，$_{76}$Os オスミウム，$_{77}$Ir イリジウムも発見）

## 名称の由来

　1803 年イギリスの化学者ウィリアム・ハイド・ウラストン（William Hyde Wollaston, 1766–1828）が，$_{45}$Rh ロジウムと同時に発見しました。元素名の直接の語源は，パラジウム発見の前年に小惑星第二号として発見されたパラス（Pallas）です。なお，後述するケレスが，2006 年の惑星の再定義により，小惑星から準惑星に変更されたため，現在はパラスが小惑星帯で最大の小惑星です。パラジウムの発見当時，小惑星の発見が相次いだこともあって，天体に対する関心が高まっており，星の名前から元素名を付けることが流行していました。たとえば，同年発見された $_{58}$Ce セリウムの名前は，小惑星第一号（現在は準惑星）のケレスから採られています。

　通常，新元素の発見は，論文や学会での発表を通じて報告されるものですが，パラジウムはまず「新金属売ります」という匿名の広告で公表されたという点で，珍しい経緯を有しています。ウラストンがこのような広告を打った理由は，新元素発見の優先権を確保しつつ，発見の確証を得るための時間を稼ぐためであったようです（広告を打った時点では，まだパラジウムから $_{45}$Rh ロジウムが分離できていませんでした）。

新元素発見の変わった公表の仕方については，$_{95}$Am アメリシウムと $_{96}$Cm キュリウムの節も参照してください。

### アテナ

　小惑星パラスの名前の由来は，ギリシャ神話の知恵と戦争の女神アテーナーの異称の一つであるパラス（Παλλάς（Pallas））です。アテーナーは長母音を省略してアテナと呼ばれることも多く，車田正美の漫画『聖闘士星矢(セイントセイヤ)』の女神(アテナ)でもおなじみです。

　アテーナーは，古代ギリシャの都市国家アテーナイ（現在のギリシャの首都アテネ）の守護神でもありました。これには以下のような神話が伝えられています。ギリシャのアッティカ地方に新しく建設された都市の守護神の地位を巡り，アテーナーと海神ポセイドーン（$_{93}$Np ネプツニウムの名称と関係）とが名乗り出て，優劣を競うことになりました。まずポセイドーンが，三叉の戟(ほこ)でアクロポリス（都市国家の中心の小高い丘。アテネのものは世界文化遺産に指定されています）を打ち，塩水の泉を噴き出させました。一方，アテーナーは，オリーブの木を生やしました。新都市の王はアテーナーに軍配を上げ，以後，この都市はアテーナイと呼ばれるようになったといわれています。

　都市国家アテーナイ（Ἀθῆναι（Athēnai））の名は，形式的に，女神アテーナー（Ἀθηνᾶ（Athēnā））の複数形の形をしています。英語でアテーナイ（アテネ）を Athens と綴り，語尾に s が付いているのは，複数形が反映されたものです。

　アテーナーがパラスの二つ名で呼ばれるようになったのには，以下のような神話が伝えられています。アテーナーは，海神トリートーンの娘パラスと一緒に育てられていましたが，ある日，戦いの技を励んでいる最中に，誤ってパラスを死なせてしまいました。その死を悼んで，パラスに似せた木像（パラディオン）を造り，パラスの名を継ぎました。

　後に，パラディオンは天空からトロイア（英語ではトロイ）に出現しました。トロイア戦争時，パラディオンが城塞内にある限りトロイアは陥落

しないといわれていましたが，ギリシャ軍の知将オデュッセウスがパラディオンを盗み出すことに成功します。その後，オデュッセウスが立案した「トロイの木馬」によって，トロイアは陥落することとなります。

パラスの原義は，ギリシャ語の「若者」παλλαξ（pallax，パッラクス）であるともいわれています。パラジウムの綴り palladium に d が挿入されているのは，Παλλάς の語幹が pallad- であるためです。

---

**オリュンポス十二神**

ギリシャ神話でオリュンポス山の山頂に住むといわれている，主神ゼウスをはじめとした男女6柱ずつの神々を「オリュンポス十二神」といいます。古代ローマ人は，自分たちの古来の神々をギリシャ神話の神々と同一視したため，ギリシャ神話の神にはそれぞれ対応するローマ神話の神が存在します。

主要な天体の名前は，オリュンポス十二神に対応するローマ神話の神々の名前から採られています。

| 天体名<br>（括弧内は英語） | 対応する神 | | 関連する元素 |
|---|---|---|---|
| | ギリシャ神話での名 | ローマ神話での名 | |
| 太陽 | アポローン | アポロー | $_2$He ヘリウム[1] |
| 月 | アルテミス | ディアーナ | $_{34}$Se セレン[2] |
| 水星<br>（Mercury） | ヘルメース | メルクリウス<br>（Mercurius） | $_{80}$Hg 水銀<br>（英語で mercury） |
| 金星（Venus） | アプロディーテー | ウェヌス（Venus） | |
| 火星（Mars） | アレース | マールス（Mars） | |
| 木星<br>（Jupiter） | ゼウス | ユーピテル<br>（Jup(p)iter） | |
| 土星<br>（Saturn） | （クロノス）[3] | サートゥルヌス<br>（Saturnus） | |

1) アポローンは太陽神ヘーリオスと同一視されます。
2) アルテミスやディアーナは月の女神セレーネーと同一視されます。
3) クロノスはオリュンポス十二神には入っていません。

英語の読みで一般に知られている神々も多く，月の女神ディアー
ナはダイアナ，金星に対応する愛と美の女神ウェヌスはヴィーナ
ス，木星に対応する主神ユーピテルはジュピターの方が通りがよい
かもしれません。

　このように，古くから知られていた天体は，オリュンポス十二神
のなかの6柱が関連づけられていました。その後，小惑星が発見さ
れると，これまで惑星に関連づけられていなかった神々の名前が，
小惑星名に選ばれたようです。最初に発見された四つの小惑星を，
特に四大小惑星と呼ぶこともありますが，それらには以下の女神に
ちなんだ名前が付けられました（小惑星名と神名とでカタカナ書き
が異なるのは，慣用的な読み方かラテン語の読み方かの違いだけで
あり，アルファベットの綴りは同じです）。

| 発見順 | 小惑星名 | 対応する神 | | 関連する元素 |
|---|---|---|---|---|
| | | ギリシャ神話での名 | ローマ神話での名 | |
| 1 | ケレス (Ceres)[4] | デーメーテール | ケレース (Ceres) | $_{58}$Ce セリウム |
| 2 | パラス | アテーナー | ミネルウァ | $_{46}$Pd パラジウム |
| 3 | ジュノー (Juno) | ヘーラー | ユーノー (Juno) | __[5] |
| 4 | ベスタ (Vesta) | ヘスティアー | ウェスタ (Vesta) | __[6] |

4) 現在は準惑星。
5) $_{48}$Cd カドミウムに相当する元素に，ジュノーにちなんだユノニウムとい
　う元素名が提案されたことがありましたが，後に撤回されました。
6) $_{44}$Ru ルテニウムに相当する元素に，ベスタにちなんだベスチウムという
　元素名が提案されたことがありましたが，後に撤回されました。

　残ったオリュンポス十二神は，海神ポセイドーン（ローマ神話で
はネプトゥーヌス）と鍛冶の神ヘーパイストス（ローマ神話では
ウゥルカーヌス）です。前者は，海王星と$_{93}$Np ネプツニウムの名

称に採用されました。後者は，水星のさらに内側を公転していると想定された惑星の名称に，「バルカン」として用いられたことがあります。バルカンは，水星の軌道の移動（近日点移動）を説明するために導入され，太陽にもっとも近い惑星となることから，高温からの連想で，鍛冶の神の名が付けられました。しかしながら，水星の近日点移動は，ドイツの物理学者アルベルト・アインシュタイン（Albert Einstein, 1879–1955）（$_{99}$Es アインスタイニウムの名称の語源）の一般相対性理論で説明できることが示され，バルカンの存在は否定されました。

# $_{47}$Ag 銀

金属

英 silver（シルヴァー）　　　独 Silber（ジルバー）
仏 argent（アルジャン）　　　瑞 silver（シルヴェル）
希 ἄργυρος（アルイロス），ασήμι（アシミ）
露 серебро（シリブロー）　　　羅 argentum（アルゲントゥム）

**語源を遡ると…**インド・ヨーロッパ祖語の「輝く，白い」

**発見の順番**　古代から知られていた（$_6$C 炭素，$_{16}$S 硫黄，$_{26}$Fe 鉄，$_{29}$Cu 銅，$_{47}$Ag 銀，$_{50}$Sn スズ，$_{79}$Au 金，$_{80}$Hg 水銀，$_{82}$Pb 鉛の 9 元素）

**名称の由来：欧米語**

　ゲルマン諸語の silver（英語・スウェーデン語）や Silber（ドイツ語），さらにロシア語の серебро は，古代のアジアの言語に由来するといわれ

$_{47}$Ag 銀　　113

ています。古代メソポタミアで話されていた，記録が残る最古のセム語派の言語であるアッカド語で，「精錬された（銀）」をṣarpu（ツァルプ）といい，関連がありそうです。

一方，ラテン語の argentum や古典ギリシャ語の ἄργυρος（argyros，アルギュロス）は，インド・ヨーロッパ祖語の「輝く，白い」*arg- に遡ります。銀は，光の反射率が全元素中で最大であり，ギリシャ語の「輝く，白い」ἀργός（argos，アルゴス）に似た名前であるのは自然といえます（英語の「議論する」argue は，事柄を明白にするところから派生しています）。ἀργός は偶然にも，$_{18}$Ar アルゴンの語源である「何もしない」ἀργός（ārgos，アールゴス）とよく似た単語です（後者は否定辞 ἀ-（a-，アー）と「仕事」ἔργον（ergon，エルゴン）の合成語であり，語頭の a が長母音です）。

フランス語の argent は，ラテン語の語形をほぼ維持しています。銀色の粒状の製菓材料であるアラザンの名は，ここから来ています。

現代ギリシャ語では，ἄργυρος とも ασήμι ともいいます。前者は，古典ギリシャ語からほとんど変わっていません。後者は，「刻印を打っていない，地金のままの」を意味する ἄσημος（アシモス）から来ているようです。

銀の元素記号 Ag はラテン語から採られています。最初の 2 文字だと $_{18}$Ar アルゴンと重複してしまい，最初と 3 番目の文字が用いられています。もっとも，かつては $_{18}$Ar アルゴンの元素記号が A だった時代もあり，理由は不明ですが，$_{18}$Ar アルゴン発見（1894 年）以前から銀の元素記号には Ag が使われています。

### 元素名を国名とする唯一の国

元素名が国名に由来する例はいくつかあります（現存する国名に限っても，$_{84}$Po ポロニウム（＝ポーランド）と $_{87}$Fr フランシウム（＝フランス））が，逆に元素名が国名になった国が一つだけあります。アルゼンチンです。

イタリアの探検家セバスティアーノ・カボート（1474 頃–1557）は，南

アメリカ大陸を南下する大河を踏査し，ラ・プラタ川（Río de la Plata）「銀の川」と命名しました。これは，探索中に出会ったインディオが，銀とカボートの所持品とを交換してくれるという出来事があり，この流域で銀が産出するものと彼が速断したためです（実際には，銀の産出はありません）。その後，川沿いの肥沃な大草原はスペインの植民地になります。

後に，スペイン本国による圧政に対して独立運動が起こり，ついに1816年独立を宣言しました。新国名には，旧名ラ・プラタ「銀」に対し，ラテン語の「銀」argentum に地名接尾辞 -(i)a を添えたアルヘンティーナ（Argentina）が選ばれました。ラ・プラタは植民地時代を連想させるため，ラテン語由来の名前へと置き換えたのです。なお，スペイン語の「銀」plata（プラータ）は，$_{78}$Pt 白金（英語で platinum）の名称にも用いられています。

### 名称の由来：和語

銀は日本でも古くから知られており，和語では「しろかね」といいます。時代はぐっと下り，イエズス会が編纂した『日葡辞書』にも，銀がXirocane「シロカネ」や Guin「ギン」として掲載されています（ポルトガル人宣教師による辞書のおかげで，当時「しろがね」ではなく「しろかね」と清音で読んでいたことが分かります）。江戸時代以降，「しろがね」とも読まれるようになったようであり，江戸時代の百科事典『和漢三才図会』（1712 年完成）には，「しろがね」として掲載されています。「しろかね」の名は見た目から付いたものでしょう（金属の和名と『日葡辞書』については，$_{26}$Fe 鉄を参照）。

古典での銀への言及としてもっとも有名なものは，『萬葉集』巻第五（803）の歌でしょう。

　　銀も　金も玉も　なにせむに　優れる宝　子に及かめやも

　　　　　　　　　　　　　　　　　　　　　　山上臣憶良

銀も $_{79}$Au 金も宝石も，子供という宝物に比べれば取るに足りない，という古代から変わらない親の情愛を歌った短歌です。

### 日本史上初の銀の産出

日本で最初に銀が採掘されたことが，『日本書紀』（720年完成）巻第二十九に描かれています。飛鳥時代の674年3月7日のことです。対馬国（現在の長崎県対馬市）で，日本史上初めて銀が見つかったというのです。

「三月の庚戌の朔にして丙辰に，対馬国　司　守忍海　造　大国の言さく，『銀　始めて当国に出でたり。即ち貢上る』とまをす。（中略）凡そ銀の倭国に有ること，初めて此の時に出づ。」

701年には同じく対馬国から $_{79}Au$ 金が献上されたという記録が，歴史書『続日本紀』（797年完成）巻第二に記されており（これは詐欺であることが後に判明），749年には陸奥国（現在の東北地方東部）で $_{79}Au$ 金が大量に産出しました。これが，日本史上初めての産金とされています。このような状況を，歴史材料科学者の村上隆は，著書『金・銀・銅の日本史』のなかで，日本における「第一次鉱山ブーム」と呼び，律令に基づく国家体制の確立のために，鉱物資源を国内で調達しようとしたものと推測しています。

これら $_{79}Au$ 金・銀産出の事実は中国でも知られていたようで，中国の歴史書『宋史』（1345年完成）巻四九一　外国伝・日本国のなかで，以下のように記されています。

「東の奥洲は黄金を産し，西の別島は白銀を出だし，（以下略）」

このなかの「西の別島」とは対馬を指すようです。このような記述を核として，「黄金の国・ジパング」という伝説が形成されたのではないか，と考えられているようです。

### 漢字の成立ち

漢字の「銀」は形声文字で，意符の金（金属）と，音符の艮とから成ります。「艮」は「齦」に通じ，歯に関係して白いことを意味するそうですので，「銀」の字は和語と同じく，白い金属であることを表しています。

# ₄₈Cd カドミウム

金属

英 cadmium（キャドミアム）　独 Cadmium, Kadmium（カトミウム）

仏 cadmium（カドミヨム）　瑞 kadmium（カドミウム）

希 κάδμιο（カズミヨ）　露 кадмий（カードミイ）

**語源を遡ると…ギリシャ神話の王の名前**

**発見の順番**　48番目（同年に ₃Li リチウムと ₃₄Se セレンも発見）

## 名称の由来

　ギリシャ語で καδμεία（cadmeia, カドメイア），ラテン語で cadmia（カドミア）と呼ばれる鉱物があり，古くから医薬などに用いられてきました。これは主に ₃₀Zn 亜鉛を含む鉱物であり，その名称は，古代ギリシャの王カドモス（Κάδμος（Cadmos））が建設した都市国家カドメイア（後にテーバイと改名）から産出したことに由来するようです。

　1817年ドイツの化学者フリードリヒ・シュトロマイヤー（Friedrich Stromeyer, 1776–1835）が，この鉱物のなかから不純物としてカドミウムを発見しました。ドイツのハノーヴァー公国の全薬局の監督長官に任じられていたシュトロマイヤーは，査察の折，本来白いはずの薬用の ₃₀Zn 亜鉛の鉱物が，加熱すると黄色く変色することに気づき，不純物を調べたのでした。そのためカドミウムには，₃₀Zn 亜鉛の鉱物の名前が付けられてしまいました。₈₂Pb 鉛と混同されて，そのギリシャ語名にちなんで名づけられた ₄₂Mo モリブデンの命名も似ています。

## テーバイ

　カドミウムは有害な金属で，イタイイタイ病の原因物質にもなりました。カドミウムの語源となったカドモス王とその子孫の神話もまた，暗

い影に覆われています。

　カドモスが建設したテーバイは古代ギリシャの都市国家の一つであり，ギリシャ神話の数々の逸話の舞台となりました。カドモスは，もともとフェニキア（現在のレバノン）の都市国家テュロスの王子でした。妹エウローペー（$_{63}$Eu ユウロピウムの名称の語源）が主神ゼウスにさらわれ，父王はカドモスら三人の息子に，エウローペーを見つけるまで帰ってくるなと命じます。カドモスはギリシャにまで至りましたが，エウローペーを見つけ出すことはできません（エウローペーの行き先については，$_{63}$Eu ユウロピウムを参照）。

　そこで，神託所として有名だったデルポイに赴いたところ，エウローペーを探すのは諦めて，牝牛を道案内とし，牝牛が疲れて倒れたところに町を建設せよ，との神託が下りました。その託宣に従い，出くわした牝牛が横になるまで後を追いました。そして倒れた牝牛を，知恵と戦争の女神アテーナー（$_{46}$Pd パラジウムの名称と関係）に生贄として捧げようと，従者達を遣わして近くの泉に水を汲みに行かせました。しかしその泉は，軍神アレースの子ともいわれる竜が番をしていて，カドモスの従者達を殺してしまいました。怒ったカドモスはこの竜を退治します（一説では，この竜が天に昇り，星座のりゅう座になったといわれています）。アテーナーに生贄を捧げると，アテーナーはカドモスの行為を褒め，竜の歯を地面に撒くように命じました。神意に従ったところ，地中から武装した男達が現れて，互いに殺し合いを始めました。最後まで生き残った5人は，以後カドモスの忠実な部下になりました。

　こうして，カドモスは新しい都市国家カドメイア（テーバイ）の建国者となりました。古代ギリシャの歴史家ヘーロドトス（前485頃-前420頃）の著書『歴史』巻五には，カドモスはギリシャにアルファベット（もともとは，セム語派のフェニキア語を表記するための文字）をはじめとした多くの知識を伝えたと記しています。しかしながら，アレースの怒りにより，カドモスの子孫には悲劇が降りかかりました。もっとも有名な子孫は，カドモスの玄孫（孫の孫）であるオイディプース王でしょう。

オイディプースは，テーバイ王子として生を受けましたが，父を殺す
だろうという神託があり，産まれて間もなく遠くに捨てられました。成
長したオイディプースは，旅の途上，スフィンクス（<sub>93</sub>Np ネプツニウ
ムも参照）を退治してテーバイを救いました。スフィンクスは女の顔に
獅子の体と鷲の翼を持つ怪物で，「朝は四本足，昼は二本足，夕は三本足
になるものは何か？」という有名ななぞなぞを出しては，答えられない
テーバイの人々を食い殺していたのですが，オイディプースが「人間」
と答えると，山上から身投げして死んでしまいました。しかし運命の悪
戯で，それとは知らずに，オイディプースは父を殺し，母を妻とすると
いう禁忌を犯してしまいました。さらに，オイディプースの息子達は
テーバイの王位継承権を巡って殺し合い，悲劇の連鎖は続くのでした。

一説では，竜の歯から生まれた5人の部下の一人クトニオスの曾孫に
ゼートスとアムピーオーンという兄弟がいたとされています。彼らも王
位に就き，兄ゼートスの妻テーベーの名にちなみ，都市の名がカドメイ
アからテーバイに改名されました。弟アムピーオーンの妻は，<sub>41</sub>Nb ニ
オブの名称の語源となったニオベーです。

# <sub>49</sub>In インジウム

金属

| | |
|---|---|
| 英 indium（インディアム） | 独 Indium（インディウム） |
| 仏 indium（アンディヨム） | 瑞 indium（インディウム） |
| 希 ίνδιο（インジョ） | 露 индий（イーンヂイ） |

語源を遡ると…サンスクリット語の「川」
発見の順番　62 番目

### 名称の由来

1863 年ドイツの化学者フェルディナント・ライヒ（Ferdinand Reich, 1799–1882）と助手でドイツの化学者ヒエローニュムス・テオドール・リヒター（Hieronymus Theodor Richter, 1824–1898）が見つけました。インジウム発見のほんの 3 年ほど前に開発されたばかりの炎光分光分析法（$_{37}$Rb ルビジウムや $_{55}$Cs セシウムを参照）を用いて元素を確認するにあたり，ライヒは色覚障害者だったため，分析をリヒターに任せました。そのスペクトル中に未知の藍色の輝線を観測したため，藍色（インジゴ）にちなみ，インジウムと命名しました。

### インド

インジゴの名はインドに由来します。ヨーロッパは，古代ギリシャの時代よりインジゴの染料をインドから輸入していました。

インドの名は，サンスクリット語で「川」を意味する सिन्धु（sindhu, シンドゥ）に由来します。この語が固有名詞化して，インダス川を指すようになりました。中国では，インダス川流域の地名として，古くは「天竺」や「身毒」の字を当てました。「印度」の字を当てたのは，『西遊記』で知られる玄奘三蔵（602–664）ともいいます。

一方，ヨーロッパには，ペルシャ語の呼称「ヒンドゥ」を経由して，「インド」の名で伝わったようであり，古代ギリシャでもすでにその名で知られていたようです。

インドの公用語であるヒンディー語では，自国のことを「バーラト」と呼びます。これは，古代インドの部族であったバラタ族の名に由来します。古代インドの叙事詩『マハーバーラタ』は「偉大なるバラタ族（の物語）」という意味です。

もともとは普通名詞の「川」だったものが，ある特定の大河を指すようになり，それが巡り巡って元素名に行き着いた例としては，$_{73}$Re レニウムを挙げることができます。

インドを流れるもう一つの大河であるガンジス川の流域をベンガル地

方といい，その地名からは，赤色顔料のベンガラ（弁柄・紅殻）が派生しました。インドの地名は，極彩色と縁が深そうです。

---

## $_{50}$Sn スズ

金属

| | |
|---|---|
| 英 tin（ティン） | 独 Zinn（ツィン） |
| 仏 étain（エタン） | 瑞 tenn（テン） |
| 希 κασσίτερος（カシテロス） | 露 олово（オーラヴァ） |

羅 stannum, stagnum（スタンヌム）

語源を遡ると…不明

発見の順番　古代から知られていた（$_6$C 炭素，$_{16}$S 硫黄，$_{26}$Fe 鉄，$_{29}$Cu 銅，$_{47}$Ag 銀，$_{50}$Sn スズ，$_{79}$Au 金，$_{80}$Hg 水銀，$_{82}$Pb 鉛の 9 元素）

---

**名称の由来：欧米語**

どの言語も名称の由来の正確なところは不明です。

元素記号 Sn はラテン語の stannum から来ていますが，その語源は不詳です。ケルト語に由来するのではないかともいわれています。この語はもともと，$_{47}$Ag 銀と $_{82}$Pb 鉛の合金を指していましたが，4 世紀頃からスズに対して用いられるようになりました。フランス語の étain やイタリア語の stagno（スターニョ）は，stannum の異形 stagnum から派生しています。

英語の tin やドイツ語の Zinn の語源も不明です。$_{30}$Zn 亜鉛（英語でzinc，ドイツ語で Zink）と関連があるのではないかともいわれています。ラテン語名 stannum の語頭の s が脱落したものに似ているようにも見え

ますが，偶然のようです。

　ギリシャ語の κασσίτερος は，古代のイランで用いられていたエラム語（死語で，言語系統も不明；ベヒストゥンの磨崖碑に刻まれていたことで知られています）に由来するようです。一方，スズを産したという伝説の島カッシテリデスと関連づけられることもあります。この島の名は，古代ギリシャの歴史家ヘーロドトス（前485頃–前420頃）の著書『歴史』巻三にも登場し（ただし，彼自身は島の存在に疑念を抱いていますが），イギリスの南西部と見られています。スズとカッシテリデス島との関係は，$_{29}Cu$ 銅の名称（英語で copper）と地中海東部のキプロス島との関係に似ています。

　アラビア語の名称は，ギリシャ語から借入して قَصْدِير（qaṣdīr, カスディール）といいます。

　かつてスズと $_{82}Pb$ 鉛が混同されていたため，特に東欧の言語では，スズと $_{82}Pb$ 鉛を表す語が入れ替わっているようにも見えます。ロシア語ではスズを олово（olovo, オーラヴァ）といいますが，チェコ語の olovo（オロヴォ）やポーランド語の ołów（オウゥフ）は $_{82}Pb$ 鉛を意味します。これらの語は，ラテン語の「白い」albus（アルブス）と関連しているようであり，下で見る通り，漢字の「錫」と同じ発想です。


### 名称の由来：和語

　スズは日本でも古くから知られていました。$_{82}Pb$ 鉛と共に，数少ない大和言葉の元素名です。名称の語源は「スズナマリ（清鉛）」とも「ウスズミ（薄墨）色」ともいわれているようです。「あおがね」と呼ばれることもありますが，しばしば $_{82}Pb$ 鉛と混同されてきました。時代はぐっと下り，イエズス会が編纂した『日葡辞書』にも，スズが Suzu「スズ」として掲載されています（金属の和名と『日葡辞書』については，$_{26}Fe$ 鉄を参照）。

## 日本でのスズの産出

698年7月17日，伊豫（伊予）国（現在の愛媛県）から白鑞，7月27日，再び伊豫国から鑞の鉱石，11月5日，伊勢国（現在の三重県北中部）から白鑞，700年2月8日，丹波国（現在の京都府中部・兵庫県北東部・大阪府北部）から錫が献上されたという記録が，歴史書『続日本紀』（797年完成）巻第一に記されています。読みは「（しろき）なまり」ですが，スズと考えられています（$_{51}$Sb アンチモンであるという説もあります）。

## 漢字の成立ち

漢字の「錫」は形声文字で，意符の金（金属）と，音符の易とから成ります。「易」は「皙」に通じ，白いことを意味するそうですので，「錫」の字は白い金属であることを表しています。

## $_{51}$Sb アンチモン

金属

英 antimony（アンティモウニ）　独 Antimon（アンティモーン）
仏 antimoine（アンティムワン）　瑞 antimon（アンティモーン）
希 αντιμόνιο（アンディモニヨ）　露 сурьма（スリマー）
語源を遡ると…古代エジプト語の「アイシャドー」
発見の順番　中世には知られていた（古代から知られていた9元素
　　　　　　に加えて，$_{30}$Zn 亜鉛，$_{33}$As ヒ素，$_{51}$Sb アンチモン，
　　　　　　$_{78}$Pt 白金，$_{83}$Bi ビスマスの5元素）

## 名称の由来

アンチモンの純物質が得られた時期は定かではなく，一説では17世紀初めといわれています。一方，アンチモン鉱物の輝安鉱（主成分は三硫化二アンチモン $Sb_2S_3$）は，古代より化粧品（アイシャドー）や顔料として用いられてきました。古代エジプト語では sdm（セデム）として知られ，ギリシャ語に取り入れられて στίμμι（stimmi，スティンミ）や στίβι（stibi，スティビ）と呼ばれました。これがラテン語に stibium（スティビウム）という形で借入されました。元素記号 Sb はラテン語形から採られています。

アンチモンの元素記号の由来は上述の通りですが，元素名自体の語源は，様々な俗説も入り混じり，明確ではありません。妥当な説は，上述のギリシャ語の στίμμι がいったんアラビアに伝わり，アラビア語の定冠詞 al が語頭に付いたり転訛したりして al-'ithmid という形に変わったうえで[1]，西洋の言語に再輸入されて，antimonium（近代ラテン語）という形になったというものです。

現代のアラビア語でも，アンチモンを إِثْمِد（'ithmid，イスミド）といいます（أَنْتِيمُون（'antīmūn，アンティームーン）という，西洋の言語での

輝安鉱の標本（撮影協力：国立科学博物館）

名称を転写した形もあります)。

　一方，化粧品としてのアンチモン鉱物の粉末のことを，アラビア語で كُحْل （kuḥl，クハル）といいました。これに定冠詞 al が付いて派生した単語が，「アルコール」（英語で alcohol）です。このような意味の変化は，もともとアンチモン鉱物の粉末を指していた語が，「精製された粉末」→「精製されたもの」→「(蒸留によって精製する) アルコール」と転化していったためであるようです。

　アンチモンの名は，なまじ「反対の」を意味する接頭辞 anti- と同じ綴りで始まるため，その語源には，いくつもの俗説があります。曰く，anti と「僧侶」monk で，「医者要らず」というもの。当時，アンチモンの化合物は医薬品として用いられていたため，医療に携わっていた僧侶は要らない，ということから生まれた通俗語源です。また曰く，anti と「単一の」monos で，「単独では存在しない」というもの。アンチモンは天然では単独で存在せず，硫化物などの形で産出することからその名が付いたという説です。他にも類似した俗説がいくつか紹介されることがありますが，いずれも字面から付いたこじつけでしょう。

　ロシア語名の сурьма （sur'ma）は，テュルク諸語に属するタタール語の「白粉（おしろい）」sürmä から来ているようです。


### 日本でのアンチモンの産出

　かつて愛媛県西条市の市之川鉱山からは世界的にも高品質の輝安鉱を産出していました。698 年 7 月 17 日と 7 月 27 日，伊豫（伊予）国（現在の愛媛県）からそれぞれ白鑞（しろきなまり）と鑞（なまり）の鉱石が献上されたという記録が，歴史書『続日本紀（しょくにほんぎ）』（797 年完成）巻第一に記されています。これらは一般には $_{50}$Sn スズと考えられていますが，愛媛県にはアンチモンの市之川鉱山はあったものの $_{50}$Sn スズ鉱山はないことから，アンチモンのことではないかという説があります。

　市之川鉱山の輝安鉱結晶は世界的に名高く，イギリスの医師・作家オリヴァー・サックス （1933–2015）はエッセイ『タングステンおじさ

ん──化学と過ごした私の少年時代』のなかで，日本のことを「輝安鉱の国」と呼んでいます[2]。

　さらに，『日本書紀』（720 年完成）巻第三十には，691 年 7 月 3 日，伊予国の「宇和郡の御馬山の白銀」が献上されたことが記されています。ここは現在の愛媛県宇和島市三間町であり，この「白銀」もアンチモンである可能性があります。

---

1）　ギリシャ語の stimmi がアラビア語で 'ithmid になるのは，かなり変化しているように見えますが，アラビア語は，子音の連続，特に語頭の子音の連続を嫌うため，最初に母音が追加されたのです。たとえば，スタジアム（stadium）は，アラビア語に導入されると，إِسْتَاد（'istād，イスタード）になりました。

2）　日本鉱物科学会は 2016 年 9 月 24 日，日本の石（国石）を選定しました。輝安鉱も最終候補の五つに残っていましたが，選ばれたのはヒスイでした。

---

# $_{52}$Te　テルル

非金属

| | |
|---|---|
| 英 tellurium（テルアリアム） | 独 Tellur（テルーア） |
| 仏 tellure（テリュール） | 瑞 tellur（テルール） |
| 希 τελλούριο（テルリヨ） | 露 теллур（テルール） |

語源を遡ると…インド・ヨーロッパ祖語の「大地」
発見の順番　25 番目

## 名称の由来

　1783 年オーストリアの化学者フランツ゠ヨーゼフ・ミュラー・フォン・ライヒェンシュタイン（Franz-Joseph Müller von Reichenstein, 1740–1825）は，ルーマニアで産出した鉱石が $_{79}$Au 金を含むかどうかを調べているうちに，テルルを発見しました。発見当初は試料の量が少なくて

評価できなかったのですが，1798年ドイツの化学者マルティン・ハイン
リヒ・クラプロート（Martin Heinrich Klaproth, 1743–1817）が新元素であ
ることを確認し，ラテン語の「大地」tellus（テルース）にちなんで命名
しました。tellus を大文字で始めた Tellus は，ローマ神話の地母神テルー
スを表し，テルルの名称はこちらに由来すると考えることもできます。
tellus の語幹は tellūr- であり，この形で元素名に取り入れられました。

　クラプロートは，テルル命名の9年前に新元素を見つけ，当時発見さ
れたばかりの天王星（英語で Uranus）にちなんで $_{92}$U ウラン（英語で
uranium）と命名しました。天王星の名前は，ギリシャ神話の天空神ウー
ラノスに由来しており，「天」に続いて「地」の神の名を元素に与えたよ
うです。$_{22}$Ti チタンの命名も参照してください。

　30年以上後になってテルルとよく似た性質を持つ元素が発見された
際，テルルの名称が「大地」すなわち「地球」に由来するのに倣い，新
元素にはギリシャ語の「月」にちなんだ名称が付けられました。これが
$_{34}$Se セレンです。


#### 地球

　テルースの語源は，インド・ヨーロッパ祖語の「大地」*tel- に遡りま
す。地母神テルースは，「母なる大地」を意味するテッラ・マーテル
（Terra Mater）と呼ばれることもあります。また，ローマ神話のケレース
やギリシャ神話のデーメーテールと同一視されることもあります（ケ
レースとデーメーテールについては，$_{58}$Ce セリウムを参照）。

　テッラ（terra）は，SF などで地球を表すのに用いられます。こちらは，
インド・ヨーロッパ祖語の「乾いた」*ters- に遡ります。この語根から
は，英語の「領土」territory や「（喉が）渇いた」thirsty が派生していま
す。また，犬種のテリア（英語で terrier）は，地中の小動物を狩るため
の犬であるところから，その名が付いています。

# 53I ヨウ素

非金属（ハロゲン）

英 iodine（アイオダイン，アイオディーン）　独 Jod, Iod（ヨート）

仏 iode（ヨド）　瑞 jod（ヨード）

希 ιώδιο（ヨジヨ）　露 иод, йод（ヨート）

語源を遡ると…ギリシャ語の「ニオイスミレ」

発見の順番　47番目

### 名称の由来

1811年フランスの硝石製造業者・化学者ベルナール・クールトア（Bernard Courtois, 1777–1838）が，硝石（火薬の原料であり，$_7$N窒素の語源にもなりました）の製造工程で用いる海藻灰から見いだしました。海藻灰とは，海藻を蒸し焼きにして作った灰です。当時フランスはナポレオン戦争（1803年–1815年）の最中であり，火薬が必要でした。ヨウ素が発見された1811年は，フランス皇帝・ナポレオン1世（1769–1821）が「冬将軍」によって壊滅的な打撃を被ったロシア侵攻の前の年でした。

　クールトアはそれ以上の実験を行なうための設備を有していなかったため，友人達に分析を依頼しました。友人から試料を受け取ったフランスの化学者ルイ・ジョゼフ・ゲイ＝リュサック（Louis Joseph Gay-Lussac, 1778–1850）は，1813年ヨウ素が新元素であることを確認しました。さらに気体が紫色を示すことから，ギリシャ語の「ニオイスミレ」ἴον（ion, イオン）から派生した「スミレ色の」ιοειδής（ioeidēs, イオエイデース）にちなみ，iode と命名しました。特に英語では，$_{17}$Cl塩素（chlorine）の命名法に倣い，語尾に -ine が付けられました。$_{17}$Cl塩素に次いで2番目に発見されたハロゲン元素です。

　ἴον の同音異義語については，$_{66}$Dy ジスプロシウムの節を参照してく

ださい。

　日本語の「ヨウ素（沃素）」という名称は，ドイツ語の Jod の当て字です。ドイツでは元素記号として J が使われていたことがありました。

## $_{54}$Xe　キセノン

非金属（希ガス）

英 xenon（ジーナン，ゼノン）　独 Xenon（クセーノン）
仏 xénon（クセノン，グゼノン）　瑞 xenon（クセノーン）
希 ξένο（クセノ）　　　　　　露 ксенон（クシノーン）
語源を遡ると…インド・ヨーロッパ祖語の「余所者，敵」
発見の順番　78 番目（同年に $_{10}$Ne ネオン，$_{36}$Kr クリプトン，$_{84}$Po
　　ポロニウム，$_{88}$Ra ラジウムも発見）

### 名称の由来

　1898 年イギリスの化学者ウィリアム・ラムジー（William Ramsay, 1852-1916）と助手でイギリスの化学者モーリス・ウィリアム・トラヴァーズ（Morris William Travers, 1872-1961）が，液体空気のなかから発見しました。このペアで発見した三つ目の希ガス元素です。結局二人は，

　　5 月 30 日　$_{36}$Kr クリプトン
　　6 月 12 日　$_{10}$Ne ネオン
　　7 月 12 日　$_{54}$Xe キセノン

と，たった 1 ヶ月半の間に，空気中から相次いで希ガス元素を発見したことになります。

　キセノンが空気中にわずかしか存在しないことから，元素名は，「外国（人）の，無縁の」という意味のギリシャ語 ξένος（xenos, クセノス）より名づけられました。さらに，$_{18}$Ar アルゴンの命名法に倣い，語尾に -on

が付けられました。

ξένος は，インド・ヨーロッパ祖語の「余所者，敵」*ghos-ti- に遡ります。これに関連した英単語は，「客」guest（余所者は客でもあるから）や「（客を迎える）主人」host，「（客を泊める）ホテル」hotel，「敵の」hostile が挙げられます。また，ξένος から直接派生した英単語には，「外国（人）好き」xenophilia や「外国（人）嫌い」xenophobia があります。

日本語名のキセノンはドイツ語名に由来します。英語では「ジーナン」あるいは「ゼノン」と読みます。元素記号は Xe と表記されます。これは，他に同じ文字で始まる元素がないにもかかわらず，2 文字で書かれる元素記号の唯一の例です。元素記号が単に X では，未知の物質と勘違いされる恐れがあるためでしょうか。X といえば，$_{111}$Rg レントゲニウムの節も参照してください。

元素記号に 1 回しか使われていないアルファベットは，キセノンの X と $_{74}$W タングステンの W だけであり，1 回も使われていない文字は J と Q の 2 文字です（かつてドイツ語では $_{53}$I ヨウ素の元素記号が J だった時代があります）。フランス人の Jacques（ジャック）さんにちなんだ元素ができれば，アルファベットの文字をすべて使い切れるかもしれません。

## $_{55}$Cs セシウム

金属

英 caesium, cesium（シージアム）

独 Caesium, Cäsium, Zäsium（ツェージウム）

仏 césium, cæsium（セジヨム）　　瑞 cesium（セーシウム）

希 καίσιο（キェシヨ）　　　　　　露 цезий（ツェージイ）

語源を遡ると…インド・ヨーロッパ祖語の「明るい，輝く」

発見の順番　59 番目

## 名称の由来と科学史上の位置づけ

1860年ドイツの化学者ローベルト・ヴィルヘルム・エバーハルト・ブンゼン（Robert Wilhelm Eberhard Bunsen, 1811–1899）とドイツの物理学者グスタフ・ローベルト・キルヒホッフ（Gustav Robert Kirchhoff, 1824–1887）により，彼らが開発した炎光分光分析法を用いて発見されました。セシウムの発光スペクトルが2本の青い輝線を示すことから，ラテン語の「青灰色の」caesius（カイシウス）より名づけられました。caesius は，インド・ヨーロッパ祖語の「明るい，輝く」*keit- に遡ることができます。

セシウムは，当時の最新の技術であった分光学による元素発見の第一号です。18世紀後半に近代化学が発展して以降，元素が次々と発見され，特に19世紀に入ると，10年と間を空けず次の元素が見つかりました。しかしながら，1844年に $_{44}$Ru ルテニウムが発見されて以降，しばらく空白期間ができます。セシウムは16年ぶりの新元素発見であり，分光学的手法がこれまでの現状を打破する画期的な手法だったことを示しています。

それ以降，この手法により三つの元素が次々と発見され，いずれも発光スペクトル線の色から命名されています。まず，ブンゼンとキルヒホッフの二人が翌年，セシウムに続いて $_{37}$Rb ルビジウムを発見しました。同年 $_{81}$Tl タリウムが，さらに2年後には $_{49}$In インジウムが発見されます。発光スペクトル線の色による命名はこの4元素のみであり，当時，この手法のインパクトが非常に大きかったことが窺えます。その後，分光学的手法は元素の発見や同定においてきわめて重要な役割を果たしていくことになり，ついには地球外にある元素を見いだすに至ります（$_2$He ヘリウムを参照）。

## ラテン語の青色

上述のように，セシウムの語源は，ラテン語の青色に関連した caesius です。ブンゼンとキルヒホッフは新元素の命名にあたり，古代ローマの作家アウルス・ゲッリウス（125頃–180以降）の随想『アッティカの夜』

から引用して，caesius の語を採用しました。この随想のなかで，caesius は「空の青色の」という意味で用いられており，ブンゼンとキルヒホッフもその意味で元素名に使っていますが，この語は元来，ギリシャ神話の知恵と戦争の女神アテーナー（$_{46}$Pd パラジウムの名称と関係）の輝く目や碧い目を形容する語でした。辞書に載っている通例の用法とは異なるものであったかもしれませんが，あえて古典に言及することで，新手法による新元素発見の感慨を表現したかったのかもしれません（$_{37}$Rb ルビジウムも参照）。

### 金属の色

金属元素は程度の差はあっても銀白色をしているものですが，セシウムは黄色がかった色をしており，例外的な存在です。銀白色を示さない金属元素は，他には $_{29}$Cu 銅と $_{79}$Au 金があるくらいです。それにもかかわらず，青色に関連した名前が付けられたのは，ちょっとした運命のいたずらです。これは上述の通り，金属の色ではなくスペクトルの色から命名されたためです。

# $_{56}$Ba バリウム

金属

英 barium（ベアリアム）　　独 Barium（バーリウム）

仏 baryum（バリヨム）　　瑞 barium（バーリウム）

希 βάριο（ヴァリヨ）　　露 барий（バーリイ）

語源を遡ると…インド・ヨーロッパ祖語の「重い」

発見の順番　42番目（同年に $_5$B ホウ素，$_{12}$Mg マグネシウム，$_{20}$Ca カルシウム，$_{38}$Sr ストロンチウムも発見）

## 名称の由来

古くから知られていた硫酸バリウム（現在ではレントゲン検査の造影剤として用いられています。レントゲンについては $_{111}$Rg レントゲニウムを参照）をはじめとして，バリウムを含む化合物は，いずれも比重が大きいことから，ギリシャ語の「重い」βαρύς（barys，バリュス）にちなんだ名称で呼ばれていました。1789 年「近代化学の父」と称されるフランスの化学者アントワーヌ＝ローラン・ド・ラヴォアジエ（Antoine-Laurent de Lavoisier, 1743-1794）は，酸化バリウムを純物質と仮定して，baryte の名で元素表に記載しました。

イギリスの化学者ハンフリー・デイヴィー（Humphry Davy, 1778-1829）が 1808 年に電気分解でバリウムを単離し，これまでのバリウム化合物の名称を踏襲して，バリウムと名づけました。

ただし，金属バリウムの密度は 3.51 g/cm$^3$ であり，密度が 4 g/cm$^3$ 以上で定義される重金属には該当しません。そのため，名前が「重い」ではふさわしくないということで，1817 年頃，ギリシャ神話の冥界の神プルートーにちなんだ「プルトニウム」という名前が提案されたことがありました。現在この名は，$_{94}$Pu プルトニウムに採用されています。


### 重いもの

ギリシャ語の「重い」βαρύς は，インド・ヨーロッパ祖語の「重い」*gʷerə- に遡ります。語形はだいぶ異なって見えますが，英語の「重力」gravity や「悲しみ」grief，「グル（ヒンドゥー教の導師）」guru も同じ語源から発した単語です。

素粒子物理学では，三つのクォークから構成される粒子を総称して「バリオン」（baryon）といいます。原子核を構成する陽子や中性子が代表例です。バリオンの名も，βαρύς に由来します。これは，バリオンが電子やニュートリノなど（総称してレプトンと呼ばれます）よりも重いためです。元素名の語尾 -(i)um が，ラテン語の中性名詞の典型的な語尾であるのに対し，-ov（-on）は，ギリシャ語の中性名詞の典型的な語尾

です（中性名詞については金属元素名の共通語尾のコラムを参照）。

音楽用語で低音の声域およびそれを受け持つ歌手のことをバリトン（英語で baritone）といいます。これも，βαρύς と「音」（英語で tone）から来ています。

βαρύς はまた，「重い」から派生して「圧力」に関連した語にも用いられています。気圧計を英語で barometer といいます。気圧の単位として最近はヘクトパスカル（hPa）を使用することになっていますが，かつてはミリバール（mbar）が用いられていました。圧力の単位バール（bar）も βαρύς に由来しています。

なお，$_{74}$W タングステンは，スウェーデン語の「重い」tung（トゥング）にちなんで命名されました。

## $_{57}$La ランタン

金属

| 英 lanthanum（ランサナム） | 独 Lanthan（ランターン） |
| --- | --- |
| 仏 lanthane（ランタン） | 瑞 lantan（ランターン） |
| 希 λανθάνιο（ランサニヨ） | 露 лантан（ランターン） |

語源を遡ると…インド・ヨーロッパ祖語の「隠された」
発見の順番　55 番目

### 名称の由来

1839 年スウェーデンの化学者カール・グスタフ・ムーサンデル（Carl Gustaf Mosander, 1797-1858）が，$_{58}$Ce セリウムの酸化物のなかから発見しました。名称は，ギリシャ語で「気づかれない」を意味する λανθάνειν（lanthanein, ランタネイン）に由来します。これは，ランタンが $_{58}$Ce セ

リウム中に混在しながら，長年にわたり（$_{58}$Ce セリウムの発見から 36 年間）人々に気づかれなかったためです。命名は，ムーサンデルの師であるスウェーデンの化学者イェンス・ヤーコブ・ベルセーリウス（Jöns Jacob Berzelius, 1779–1848）によります。λανθάνειν は，分詞と組み合わせて構文を作る特殊な動詞の一つであり，ひょっとするとベルセーリウスは，学生時代の古典ギリシャ語の授業の内容を思い出して，ランタンという名前を付けたのかもしれません。

λανθάνειν は，インド・ヨーロッパ祖語の「隠された」*lādh- に遡ります。ギリシャ神話で，死者がその水を飲むと生前の記憶をなくすといわれる川，レーテー（Λήθη (Lēthē)）も同じ語源に由来します。

$_{36}$Kr クリプトンも，「気づかれない」と似た意味の言葉から命名されています。

---

### ランタノイド

$_{57}$La ランタンから $_{71}$Lu ルテチウムまでの 15 元素を総称してランタノイドといいます。これは，互いの化学的性質が非常によく似ているためであり，元素発見にあたっては，それぞれの分離は困難を極めました。

純粋な金属の単離どころか，酸化物の分離さえも困難であったことから，ランタノイドに関しては，酸化物が新物質であると判明した段階で，その元素の発見と見なすという慣習が定着しています。本書もそれに従い，実際には酸化物であったものを，その元素そのもののように記述しています。たとえば，$_{57}$La ランタンの場合，当初（1839 年）発見されたのは，実際には $_{57}$La ランタンの酸化物（ランタナ）でしたが，これを $_{57}$La ランタンの発見としています。

ランタノイド（lanthanoid）という名は，$_{57}$La ランタンと「〜のようなもの」を意味する -oid とから成ります。後者は，ギリシャ語の「外観」εἶδος（eidos, エイドス）から来ています。エイドスは，古

代ギリシャの哲学者アリストテレス（前 384–前 322）の哲学に，「形相」と「質料」という用語で登場します。

# 58Ce セリウム

金属

英 cerium（シアリアム）　　独 Cer, Zer（ツェーア）
仏 cérium（セリヨム）　　瑞 cerium（セーリウム）
希 δημήτριο（ジミトリヨ）　　露 церий（ツェーリイ）
語源を遡ると…インド・ヨーロッパ祖語の「成長する」
発見の順番　35 番目（同年に 45Rh ロジウム，46Pd パラジウム，76Os オスミウム，77Ir イリジウムも発見）

**元素の発見争いの始まり**

　セリウムは，1803 年二つのグループが独立に発見し，第一発見者を巡って争いとなった最初の元素となりました。発見者の一方は，ドイツの化学者マルティン・ハインリヒ・クラプロート（Martin Heinrich Klaproth, 1743–1817），もう一方は，スウェーデンの化学者イェンス・ヤーコブ・ベルセーリウス（Jöns Jacob Berzelius, 1779–1848）と彼の支援者でスウェーデンの化学者ヴィルヘルム・ヒーシンゲル（Wilhelm Hisinger, 1766–1852）です。ヒーシンゲルは資産家の出であり，セリウムを含んでいた原鉱石は，彼の一族が所有する鉱山から産出したものでした。

　新元素の名称として，クラプロートは terre ochroite（テッレ・オクロイテ；「黄土」の意味），ベルセーリウス等は「セリア」を提唱しました。現在では全員が発見者として認識されていますが，名称はベルセーリウ

ス等のものを基にしたものになりました。セリアは現在，酸化セリウムを指します。

## 名称の由来

名称の直接の語源は，セリウム発見の2年前に小惑星第一号として発見されたケレス（Ceres）です（2006年の惑星の再定義により，ケレスは準惑星に変更されました）。「ケレス」と「セリウム」，「ケ」か「セ」で発音が異なるのは，ラテン語の読み方か慣用的な読み方かの違いだけです。ケレスの発見日は1801年1月1日，すなわち19世紀最初の日でした。

セリウムの発見当時，小惑星の発見が相次いだこともあって，天体に対する関心が高まっており，星の名前から元素名を付けることが流行していました。たとえば，同年発見された $_{46}$Pd パラジウムの名前は，小惑星第二号のパラスから採られています。

準惑星ケレスの名前の語源は，ローマ神話の豊饒の女神ケレース（Ceres）です（綴りは同じで，慣習によって読み方が異なります）。ケレスはイタリア・シチリア島にあるパレルモ天文台で発見され，シチリア島が古代ローマ時代からの穀倉地帯だったことから，豊饒の女神の名を付けたそうです。女神ケレースは特に穀物の収穫を司り，英語の「シリアル」cereal やスペイン語の「ビール」cerveza（セルベッサ）はいずれも，ケレースが語源のようです。

ケレースの名は，インド・ヨーロッパ祖語の「成長する」*ker- に遡ります。英語の「創造する」create や音楽用語の「クレッシェンド」crescendo も同じ語源から派生しています。

## 短い名前

1803年に発見された5元素のうち3元素に，ギリシャ・ローマ神話の女神の名前に由来する名称が付けられました。セリウム，$_{46}$Pd パラジウム，$_{77}$Ir イリジウムの3元素です。$_{46}$Pd パラジウムと $_{77}$Ir イリジウムの名前が共に，女神の名前パラスとイーリスの語幹を基にしている（その

ため，綴りに d の字が追加されている）のに対し，セリウムは，単に短縮された綴りから命名されています。ケレースの語幹 Cerer- を基にすると cererium（セレリウム）であり，クラプロートはこの名前に変更しようとしましたが，用いられませんでした。

　ドイツ語ではセリウムの名称はさらに短く，Cer または Zer（ツェーア）といいます。ドイツ語の元素名は，特に近代化学の初期に発見された元素では，元素名に共通する語尾（金属元素の -ium やハロゲン元素の -ine）がしばしば欠落していますが，セリウムのドイツ語名は特に短くなっています（元素名の語尾のコラムを参照）。


### ケレースとデーメーテール

　ローマ神話のケレースは，ギリシャ神話ではデーメーテールに対応します（オリュンポス十二神のコラムを参照）。このため，ギリシャ語ではセリウムのことを「ジミトリヨ」と呼びます（デーメーテールという神名は，歴史を経て現代ギリシャ語ではジミトラに変化しています）。$_{93}$Np ネプツニウムのギリシャ語名と同様，ギリシャ神話の系譜に基づいた命名です。

　デーメーテール（Δημήτηρ（Dēmētēr））の「デー」は，「大地」Γῆ（Gē，ゲー）のドーリア方言 Δᾶ（Dā，ダー）に由来して，地母神ガイア（Γαῖα（Gaia））のことであり（ガイアはゲーの雅語），「メーテール」（μήτηρ（mētēr））は古典ギリシャ語で「母」のことです（松本零士の漫画・アニメ『銀河鉄道999』のヒロインであるメーテルが思い出されます）。すなわち，デーメーテールは「母なる大地」という意味の名前です。

　ロシアをはじめとするスラブ語圏でよく見かけるドミートリイという人名は，デーメーテールの男性形から派生したものです。周期表を発表したロシアの化学者メンデレーエフ（Дмитрий Иванович Менделеев（Dmitrij Ivanovič Mendeleev），1834–1907）（$_{101}$Md メンデレビウムの名称の語源）の名前もドミートリイです。

**四季の起源の神話**

デーメーテールの父は大地と農耕の神クロノスです。彼は，巨神族ティーターン（$_{22}$Ti チタンの名称の語源）の長でした。主神ゼウス，海神ポセイドーン（$_{93}$Np ネプツニウムの名称と関係），冥界の神ハーデース（$_{94}$Pu プルトニウムの名称と関係）は皆，デーメーテールの弟達です。また彼女にはコレーという娘がいました。

あるときコレーは，ハーデースに連れ去られてしまいます。デーメーテールはコレーを探し回って放浪し，地上は荒廃してしまいました。神々の説得により，ハーデースはコレーを返しますが，彼女はすでに冥界のザクロの実を食べてしまっていたため，一年のうち 1/3 を冥界で過ごさなければなりません。冥界にいるときのコレーは，冥府の女王ペルセポネーの名で呼ばれます。この間デーメーテールは，豊饒の神として実りをもたらすことを止めてしまいます。これがギリシャ神話における冬の起源譚です。

## $_{59}$Pr プラセオジム

金属

英 praseodymium（プレイジオウディミアム）　独 Praseodym（プラゼオデューメ）
仏 praséodyme（プラゼオディム）　　瑞 praseodym（プラセオディーム）
希 πρασεοδύμιο（プラセオジミヨ）　　露 празеодим（プラジアヂーム）
語源を遡ると…インド・ヨーロッパ祖語の「束」と「2」
発見の順番　70 番目（同年に $_{60}$Nd ネオジムも発見）

**名称の由来**

1841 年スウェーデンの化学者カール・グスタフ・ムーサンデル（Carl

Gustaf Mosander, 1797-1858）は，$_{57}$La ランタンの発見と併せて，もう一つ新元素を見つけたと考えました。その「元素」が $_{57}$La ランタンと性質がよく似ていることから，ギリシャ語の「双子の」δίδυμος（didymos，ディデュモス）にちなみ，ジジム（英語で didymium，ドイツ語で Didym；元素記号：Di）と命名しました。とある話によると，ムーサンデルが双子にちなんだ元素名を付けたのは，彼の子供が二組の双子だったのも要因の一つだそうです。当時ジジムは単一の金属元素と考えられており，1869 年に発表された周期表にもその名称で掲載されています。

　その後，ジジムは混合物ではないかと疑問視されるようになりましたが，長らく誰も分離に成功しませんでした。

　1885 年になってようやく，オーストリアの化学者・発明家カール・アウアー・フォン・ヴェルスバッハ（Carl Auer von Welsbach, 1858-1929）が，ジジムを 2 種類の新しい金属元素に分離することに成功しました。それがプラセオジムと $_{60}$Nd ネオジムです。もともとは $_{57}$La ランタンとの双子としてジジムと命名されたのですが，実は自身が双子だったというわけです。現在でも，プラセオジムと $_{60}$Nd ネオジムの混合物はジジムと呼ばれ，ジジムガラスなどとして用いられています。

　プラセオジムは，塩類が緑色を呈することから，ギリシャ語の「(セイヨウネギの) 緑色の」πράσιος（prasios，プラシオス）（または πράσινος（prasinos，プラシノス））とジジムとを組み合わせて命名されました。英語名は praseodymium であり，一方ドイツ語やフランス語名は Praseodym や praséodyme という，金属元素名の共通語尾 -ium が付かない形を採ります。日本では，ドイツ語名に基づいて「プラセオジム」を正式名としています。

　πράσιος の元になった「セイヨウネギ」πράσον（prason，プラソン）は，インド・ヨーロッパ祖語の「(穀物の穂の) 束」*perso- に遡るのではないかと考えられています。$_{58}$Ce セリウムの節に登場するデーメーテールの娘ペルセポネー（Περσεφόνη（Persephonē））の名も，同じ語源に由来すると想定されているようです。

## 双子

一方，δίδυμος は，インド・ヨーロッパ祖語の「2」*dwo- に遡ります。より具体的には，この語根を2回重ねた *dwi-du-mo- から来ています。数字の「2」（ギリシャ語で δύο (dyo, デュオ)，英語で two）や「双子」（英語で twin）が同じ語源から派生しています。

キリスト教の十二使徒の一人トマスは，イエス・キリストが話していたとされるアラム語（セム語派）で「双子」を意味する名前です。そのため，トマスは，ギリシャ語の「双子」δίδυμος にちなんだ名前でも記されており，『新約聖書』の『ヨハネによる福音書』には「デドモと呼ばれているトマス」という表現が出てきます（第11章第16節，第20章第24節，第21章第2節）。

使徒トマスが自分の目で見るまでキリストの復活を信じなかったことから，疑り深い人のことを doubting Thomas という言い回しがあります。英語の「疑う」doubt も *dwo- から派生しており，二つのうちで迷うところから来ています。トマスは何かと「2」に縁が深いようです。

---

# ₆₀Nd ネオジム

金属

英 neodymium（ニーオウディミアム）　独 Neodym（ネオデューム）
仏 néodyme（ネオディム）　　　　　瑞 neodym（ネオディーム）
希 νεοδύμιο（ネオジミヨ）　　　　　露 неодим（ネオヂーム）
**語源を遡ると…**インド・ヨーロッパ祖語の「新しい」と「2」
**発見の順番**　70番目（同年に ₅₉Pr プラセオジムも発見）

### 名称の由来

1885年オーストリアの化学者・発明家カール・アウアー・フォン・ヴェルスバッハ（Carl Auer von Welsbach, 1858-1929）が，$_{59}$Pr プラセオジムと同時に発見しました（幻の金属元素ジジムと新元素発見の経緯については，$_{59}$Pr プラセオジムを参照）。

それまでは単一の金属元素と考えられていたジジムから分離されたことより，ギリシャ語の「新しい，若い」νέος（neos，ネオス）とジジムとを組み合わせて命名されました（νέος については $_{10}$Ne ネオンを参照）。英語名は neodymium であり，一方ドイツ語やフランス語名は Neodym や néodyme という，金属元素名の共通語尾 -ium が付かない形を採ります。日本では，ドイツ語名に基づいて「ネオジム」を正式名としています。

## $_{61}$Pm　プロメチウム

金属

英 promethium（プロミーシアム）　独 Promethium（プロメーティウム）
仏 prométhium（プロメティヨム），prométhéum（プロメテオム）
瑞 prometium（プルメーツィウム）　希 προμήθειο（プロミシヨ）
露 прометий（プラミェーチイ）
語源を遡ると…インド・ヨーロッパ祖語の「前に」と「考える」
発見の順番　96番目

### 名称の由来

プロメチウムには安定同位体（放射性崩壊を起こさない同位体）が存在しないため，地球上には非常にわずかしか存在しません。安定同位体が存

在しない元素については，$_{43}$Tc テクネチウムの節を参照してください。

　周期表上で $_{92}$U ウランまでの元素のうち，最後まで空欄になっていた元素です。このため，いくつもの誤認や真偽が不明な報告がなされてきました。たとえば，イタリアのフィレンツェ大学によるフロレンチウム（元素記号：Fl；フィレンツェの英語名がフローレンス）（1924 年）や，アメリカのイリノイ大学によるイリニウム（元素記号：Il）（1926 年），原子核物理学の実験装置であるサイクロトロン（$_{103}$Lr ローレンシウムを参照）にちなんだサイクロニウム（元素記号：Cy）（1938 年）などです。イリニウムの名は，第二次世界大戦直後の 1947 年（昭和 22 年）発行された『理科年表』に，プロメチウムの代わりに掲載されています。

　1945 年いずれもアメリカの化学者であるジェイコブ・アキバ・マリンスキー（Jacob Akiba Marinsky, 1918–2005），ローレンス・エルジン・グレンデニン（Lawrence Elgin Glendenin, 1918–2008），チャールズ・ドゥボイス・コリエル（Charles DuBois Coryell, 1912–1971）の三人は，$_{92}$U ウランの核分裂生成物のなかから新元素を分離することに成功しました。核分裂という巨大なエネルギー源にちなみ，ギリシャ神話で天界の火を盗んで人類に与えたとされる巨神プロメーテウスの名を元素名に付けることを提案したのは，コリエルの妻だったそうです。彼女が提案した元素名は，神名の最後の一字だけ変えた prometheum でしたが，1949 年国際純正・応用化学連合（ＩＵＰＡＣ）が語尾を他の金属元素名に揃えて，promethium に綴りを変えました。

### プロメーテウス

　プロメーテウスは，ギリシャ神話に登場する男神です。Προμηθεύς（Promētheus）という名は，「前に」προ（pro，プロ）と「学ぶ，知る」μανθάνειν（manthanein，マンタネイン；しばしば math- の形を取ります）とから成り，「（行動に）先だって考える」という意味の名前です[1]。これらの語はそれぞれ，インド・ヨーロッパ祖語の「前に」*per- と「考える」*men- に遡ります。プロメーテウスは，巨神族ティーターン（$_{22}$Ti チ

タンの名称の語源）のイーアペトスの子であり，広義にはプロメーテウスもティーターンに含めることがあります。

　天界の火を人類に与えたことを知った主神ゼウスは怒り，プロメーテウスをコーカサス山脈（ギリシャ人は世界の東の端を支えていると考えていました）のスキュティア山頂に縛り付けて，生きながらにして毎日肝臓を鷲についばまれるという罰を与えました。鷲とはいっても怪鳥であり，兄弟姉妹は，$_{48}$Cd カドミウムの節に登場する怪物スフィンクス，地獄の番犬ケルベロス，九つの頭を持つ水蛇ヒュドラーなど，怪物ばかりです（$_{93}$Np ネプツニウムも参照）。不死であるプロメーテウスの肝臓は夜間に再生し，翌日にはまた苦痛が繰り返されるのでした。よく似た拷問は，$_{12}$Mg マグネシウムや $_{73}$Ta タンタルの節にも登場します。

　プロメーテウスを解放したのは，ギリシャ神話最大の英雄の一人であるヘーラクレース（長母音を省略してヘラクレスともいいます）です。ヘーラクレースは矢で鷲を射落とし，プロメーテウスを助け出しました。とある伝承では，このときの鷲と矢が，星座のわし座とや（矢）座になったといわれています。実際，ヘルクレス座・わし座・や座は天空で互いに隣接しています。

　プロメーテウスが人類に火を与えたことで，人類は文明を発展させることができるようになりました。このため，プロメーテウスは科学技術の象徴とされ，特に，新たなエネルギー源となった原子力のことを「プロメテウスの火」と呼ぶことがあります。また，イギリスの小説家メアリー・シェリー（1797–1851）が書いた有名な怪奇小説は，正式な題を『フランケンシュタイン；あるいは現代のプロメテウス』"Frankenstein; or, The Modern Prometheus"（1818 年）といい，科学技術が持つ正と負の側面の隠喩にプロメーテウスを用いています。

　古代ギリシャの三大悲劇詩人の一人アイスキュロス（前 525–前 456）に『縛られたプロメーテウス』という作品があります。このなかで，プロメーテウスは人類に，火だけでなく文化や技術を贈ったとされています。さらには，$_{79}$Au 金，$_{47}$Ag 銀，$_{29}$Cu 銅，$_{26}$Fe 鉄を見いだしたのもプ

ロメーテウスということになっています。

### パンドラの箱

　プロメーテウスの兄弟には，アトラースやエピメーテウスがいます。アトラースは，ゼウスに逆らった罰として天を支えねばならなくなりました。アフリカ大陸北西岸のアトラス山脈の名は彼に由来しており，ギリシャ神話では世界の西の端を支えていることになっています。アトラス山脈の西にある大海を英語でthe Atlantic Ocean（日本語では大西洋）と呼ぶのも，ここから来ています。さらに，世界を支えるところから地図帳の表紙にアトラースの絵が用いられ，以後「アトラス」は地図帳をも意味するようにもなりました。

　一方，エピメーテウスは，Ἐπιμηθεύς（Epimētheus）という名が示すように，「後に」ἐπι（epi，エピ）と「学ぶ，知る」，すなわち「（行動した）後で考える」を意味する名前であり，プロメーテウスとは好対照を成します。「コロンブスの卵」が示唆するように，事後に思い付くことは難しいことではありません。

　人類の手に火が渡ったことに怒った主神ゼウスは，プロメーテウスを罰するだけでは飽き足らず，人類に災いをもたらすべく，最初の女性パンドーラー（長母音を省略してパンドラとも呼ばれます）を作るように神々に命じました。パンドーラー（Πανδώρα（Pandōrā））は，神々から美貌や技能など，「すべての」πᾶν（pān，パーン）「贈り物（複数形）」δῶρα（dōra，ドーラ）を与えられました。そして最後に，決して開けてはならないという甕（後に箱と混同されます）を持たされました。エピメーテウスは，兄プロメーテウスの忠告を無視して，パンドーラーを妻とします。ある日，パンドーラーは好奇心に負けて甕の蓋を開けてしまいました。そのため地上にあらゆる災いが飛び出し，最後に「希望」だけが残ったというのは有名な神話です。

　エピメーテウスとパンドーラーとの間にはピュラーという娘が生まれました。プロメーテウスの息子デウカリオーンとピュラーとの子孫から

始まるギリシャ民族の話については，₁₂Mg マグネシウムの節を参照してください。

1) スイスの心理学者カール・グスタフ・ユング（1875–1961）は，プロメーテウスの名について，サンスクリット語で火を起こすための棒を意味する promantha に由来すると書いています。

# ₆₂Sm サマリウム

金属

英 samarium（サメアリアム）　独 Samarium（ザマーリウム）
仏 samarium（サマリヨム）　瑞 samarium（サマーリウム）
希 σαμάριο（サマリヨ）　露 самарий（サマーリイ）
語源を遡ると…キルギス語の「窪地」
発見の順番　66番目（同年に ₂₁Sc スカンジウムと ₆₉Tm ツリウムも発見）

## 名称の由来

1847 年ロシアの軍人・鉱山技師ヴァシーリイ・イヴグラーファヴィチ・サマールスキイ＝ビーハヴィェツ（Василий Евграфович Самарский-Быховец（Vasilij Evgrafovič Samarskij-Byhovec），1803–1870）は，ロシアのウラル山脈で新しい鉱石を発見しました。彼からその鉱石を受け取ったドイツの鉱物学者・化学者ハインリヒ・ローゼ（Heinrich Rose, 1795–1864）は，その鉱石を彼の名にちなみ，サマルスキー石と命名しました。

1879 年フランスの化学者ポール＝エミール（フランソワ）・ルコック・ド・ボアボードラン（Paul-Émile（François）Lecoq de Boisbaudran, 1838–1912）は，サマルスキー石に新元素が存在することを発見し，サマリウ

ムと命名しました。

　サマリウムの名称が，サマルスキー石（samarskite）から採られた理由については，以下のような説が唱えられています。発見・命名者のボアボードランは，この4年前に $_{31}$Ga ガリウムを発見・命名しています。その際，自分自身の名前を元素名に付けたという噂があり（詳細は $_{31}$Ga ガリウムを参照），それを打ち消すためにも，サマリウムの命名に際しては，鉱物名の典型的な語尾 -ite（$_3$Li リチウムを参照）を，金属元素名の共通語尾 -ium に置き換えるという単純な命名法を採用したというのです。

　この結果，直接的には鉱物の名に由来するとはいえ，人名が元素名の由来となった最初の元素となりました。一方，翌1880年に発見された $_{64}$Gd ガドリニウムは，人名そのものが元素名の由来となった最初の元素です。

　元素記号は当初 Sa でしたが，後に Sm に変更されました。


–スキー

　サマールスキイの語尾「–スキー」はロシア人の姓によく用いられる接尾辞であり，「〜の出身」を意味して，多くの場合，地名に添えられます。ですので，サマールスキイの先祖は，ヴォルガ川沿岸の都市サマーラの出身だったのかもしれません。サマーラの語源は，テュルク諸語に属するキルギス語で，「窪地」を意味するようです。

# ₆₃Eu ユウロピウム

金属

| | |
|---|---|
| 英 europium（ユロウピアム） | 独 Europium（オイローピウム） |
| 仏 europium（ウーロピヨム） | 瑞 europium（エウルーピウム） |
| 希 ευρώπιο（エヴロピヨ） | 露 европий（イヴローピイ） |

語源を遡ると…アッカド語の「日没，西」

発見の順番　77番目

## 名称の由来

1896年フランスの化学者ウジェーヌ＝アナトール・ドマルセ（Eugène-Anatole Demarçay, 1852–1903）が発見しました。新元素であるという確証を得て，1901年ヨーロッパ大陸にちなんで命名しましたが，なぜヨーロッパを選んだのかという理由は説明していません。そこで，ユウロピウムが発見・命名された19世紀末から20世紀初頭のフランスの雰囲気からあえて想像してみることにします。この時代は，普仏戦争（1871年終結）と第一次世界大戦（1914年開始）との間の久方振りの戦間期であり，近代オリンピックの創設（第1回が1896年にアテネで，第2回が1900年にパリで開催）や，パリオリンピックと同時に開催された万国博覧会など，特にフランスを中心とした「ベル・エポック（良き時代）」でした。このような汎ヨーロッパ的な時代の雰囲気に期待を込めて，ヨーロッパにちなんだ元素名にしたのかもしれません。

その期待がかなったのか，現代のヨーロッパ統合の象徴である欧州連合の通貨ユーロの紙幣には，偽造対策としてユウロピウムを用いた染料が使われています。

「ヨーロッパ」という語は，古代メソポタミアで話されていたアッカド語（セム語派）で「日没，西」を意味する erebu（エレブ）から派生した

148

といわれています。メソポタミアから見ると，ヨーロッパは確かに西方に当たります。なおアッカド語で「（日が）昇る」は aṣû（アツー）といい，それを基にした語に地名接尾辞 -ia が付いたものが，アジア（Asia）です。

エウローペー

ギリシャ神話では，ヨーロッパ（英語で Europe）の名の起源について，エウローペー（Εὐρώπη（Eurōpē））という女性の名に由来するという話を伝えています。エウローペーは，もともとフェニキア（現在のレバノン）の都市国家テュロスの王女でした。兄にカドモス（₄₈Cd カドミウムの名称の語源）がいます。主神ゼウスはエウローペーに一目惚れし，白い牡牛に変身してエウローペーに近づきました。エウローペーが牡牛の背に跨ると，牡牛は駆け出して海を渡り，地中海のギリシャ南方のエーゲ海（後述）に浮かぶクレタ島にエウローペーを連れ去ります。ゼウスは自分が生まれ育ったクレタ島に着くと，本来の姿を現しました。エウローペーが連れ去られた地域は，彼女の名にちなんで呼ばれるようにな

ティツィアーノ・ヴェチェッリオ『エウローペーの誘拐』（油彩，1560–1562 年）

り，やがて現在のヨーロッパ全域の呼称となったようです。ゼウスが変身した牡牛は，星座のおうし座になりました。これが，ギリシャ神話が伝えるヨーロッパの語源です。

### エウローペーの子孫達

エウローペーとゼウスとの間には，ミーノース，サルペードーン，ラダマンテュスの三人の息子が生まれました。ミーノースは後にクレタ島の王となりました。このため，クレタ島で栄えたヨーロッパ最古の文明を「ミノア文明」と呼びます。クレタ島は，「クレタ人が言った。『クレタ人はみな嘘つきだ。』」という自己言及のパラドックスの例でも有名です。

ミーノースとラダマンテュスは法を制定したといわれています。たとえば，正当防衛はラダマンテュスによるとされています。古代ギリシャの哲学者プラトン（前 427–前 347）は，対話編『ミノス —— 法について —— 』で，最古の立法者としてミーノースに言及しています。ミーノースとラダマンテュスに，もっとも敬虔な人間であったアイアコスを加えた三人は，死後，冥界の審判者となり，冥界の神ハーデース（$_{94}$Pu プルトニウムの名称と関係）を助けています。車田正美の漫画『聖闘士星矢』でも，同名（多少読み方を変えていますが）の人物達が「冥界三巨頭」として登場します。

ミーノースの曾孫には，トロイア戦争におけるギリシャ軍の総大将アガメムノーン（ドイツの考古学者ハインリヒ・シュリーマン（1822–1890）が発掘した黄金のマスクで有名）と，その弟メネラーオスがいます。メネラーオスの妻である絶世の美女ヘレネーがトロイアの王子パリスにさらわれたことから，トロイア戦争が始まりました。なお，$_{73}$Ta タンタルの語源となったタンタロスは，アガメムノーンやメネラーオスの曾祖父に当たります。

### ミーノータウロスとエーゲ海

ミーノース王は，牛頭人身の怪物ミーノータウロスにまつわる神話で

150

も知られています。ミーノースは，後で返すという約束で，海神ポセイドーン（$_{93}$Np ネプツニウムの名称と関係）から牡牛を借りました。しかし，その牡牛があまりにも美しかったので，惜しくなったミーノースは，その牡牛を自分のものとし，別の牡牛を生贄として捧げます。これに激怒したポセイドーンは，ミーノースの妻パーシパエー（父は太陽神ヘーリオス（$_{2}$He ヘリウムの名称の語源））に呪いをかけ，牡牛との間に子供を生ませました。これが「ミーノースの牛」，すなわちミーノータウロスです。

　ミーノータウロスは成長して凶暴となったため，ミーノース王は，名工のダイダロスに命じて「ラビュリントス」という名の迷宮を造らせ，ミーノータウロスをそこに閉じ込めました。そして王は，服属国アテーナイ（$_{46}$Pd パラジウムを参照）に対し，少年少女を七人ずつミーノータウロスの生贄として捧げるように要求しました。三度目の生贄の際，アテーナイの王子テーセウスは少年少女の一人として加わり，ミーノース王の娘アリアドネーの助けを得て，糸玉を手に入れました。テーセウスは迷宮の扉に糸の端を結び付け，糸を引きながら迷宮を進み，ミーノータウロスを撲殺すると，糸を辿って迷宮を脱出しました。

　このように糸玉が迷宮脱出の糸口となったのですが，英語でも「糸口」clue という語は，「糸玉」clew から派生しています。

　しかしながら，帰国にあたりテーセウスは，無事帰還した暁には船に掲げることになっていた白い帆を張るのを忘れてしまいました。そのため，テーセウスが死んだものとばかり思い込んだ父のアイゲウスは，絶望し海に身を投げて死んでしまいました。その海は，「アイゲウスの海」と呼ばれるようになりました。これが，クレタ島が浮かぶエーゲ海の名の由来といわれています。

金属

英 gadolinium（ギャドリニアム）　独 Gadolinium（ガドリーニウム）

仏 gadolinium（ガドリニヨム）　瑞 gadolinium（ガドリーニウム）

希 γαδολίνιο（ガゾリニョ）　　露 гадолиний（ガダリーニイ）

語源を遡ると…ヘブライ語の「大きい」

発見の順番　69番目

## 名称の由来

1880年スイスの化学者ジャン・シャルル・ガリサール・ド・マリニャック（Jean Charles Galissard de Marignac, 1817-1894）が発見しました。ガドリニウムは希土類元素の一つであり，最初の希土類元素（₃₉Y イットリウム，1794年）を発見したフィンランドの化学者・鉱物学者ヨハン・ガドリン（Johan Gadolin, 1760-1852）の功績を称えて命名されました。命名者は，ガドリニウムが新元素であることを確認した，フランスの化学者ポール＝エミール（フランソワ）・ルコック・ド・ボアボードラン（Paul-Émile (François) Lecoq de Boisbaudran, 1838-1912）であり，1886年のことです。

人名にちなんで命名された最初の元素です。

## 偉大な苗字

ガドリン（Gadolin）はフィンランド人ですが，フィンランド語にgで始まる固有語はなく，珍しい苗字に聞こえたはずです。それもそのはずで，ヘブライ語の単語から持ってきた苗字だからです。

ガドリンの先祖は，フィンランドの旧首都トゥルク（スウェーデン語名：オーボ）から遠くないマウヌラ（Maunula）というところの出身で

した。祖父が知識人階級に加わるために新たに苗字を名乗るにあたり，出身地の名前がラテン語の「偉大な」magnus（マグヌス）の読みに似ていることを基にしました。ラテン語と同じく古典語であるヘブライ語で「偉大な」を意味する גָּדוֹל（gāḏōl，ガドル；古典的な発音はガゾル）にちなみ，Gadolin と名乗ったのです。ヘブライ語の「偉大な」は，「大きい」という概念を表す三語根 g-d-l から派生しています。

　古典語に翻訳して苗字を名乗るケースについては，$_{83}$Bi ビスマスの節も参照してください。

　ガドリンは，トゥルク王立アカデミーの教授でした。トゥルク王立アカデミーはその後，ヘルシンキに移転し，現在のヘルシンキ大学の前身となりました。ヘルシンキ大学化学科の横の通りは，ガドリンを記念して「ガドリン通り」（Gadolininkatu）と名づけられています。

　本項の内容は，ヘルシンキ大学化学科名誉教授のペッカ・ピューッコ（1941–）に教えていただきました。ガドリンの教授職は 1908 年にフィンランドとスウェーデンに二分割され，ピューッコはフィンランド側の後継者でもあります。ピューッコは，現在までに発見されている元素のな

ヘルシンキ大学化学科の横のガドリン通り。フィンランド語で GADOLININKATU，スウェーデン語で GADOLINSGATAN と書かれています。

かで原子番号が最大である $_{118}$Og オガネソンに続く，119 番元素以降の計算を行ない，新しい周期表を提案しています。

# $_{65}$Tb テルビウム

| | |
|---|---|
| 英 terbium（タービアム） | 独 Terbium（テルビウム） |
| 仏 terbium（テルビヨム） | 瑞 terbium（テルビウム） |
| 希 τέρβιο（テルヴィヨ） | 露 тербий（テールビイ） |

**語源を遡ると…**インド・ヨーロッパ祖語の「外の」と「存在する」

**発見の順番** 56 番目（同年に $_{68}$Er エルビウムも発見）

### 名称の由来

1843 年スウェーデンの化学者カール・グスタフ・ムーサンデル（Carl Gustaf Mosander, 1797–1858）が，それまで単一の金属（$_{39}$Y イットリウム）の酸化物と考えられていた鉱石から，テルビウムと $_{68}$Er エルビウムを分離しました。

1860 年，いったんは $_{68}$Er エルビウムの存在が否定されたりするなど混乱が起こり，最終的には 1878 年テルビウムと $_{68}$Er エルビウムの名前が入れ替わってしまいました。

元素の名称は，$_{39}$Y イットリウムなどと同様，原鉱石が発見された，スウェーデンの首都ストックホルム（$_{67}$Ho ホルミウムの名称の語源）近郊の村イッテルビー（Ytterby）に由来します。この村名は，テルビウム，$_{39}$Y イットリウムに加えて，$_{68}$Er エルビウム，$_{70}$Yb イッテルビウムと，合わせて 4 種類の元素の名前に採用されました。

# 66Dy ジスプロシウム

金属

英 dysprosium（ディスプロウジアム）　独 Dysprosium（デュスプロージウム）

仏 dysprosium（ディスプロジヨム）　瑞 dysprosium（ディスプルーシウム）

希 δυσπρόσιο（ジスプロシヨ）　　　露 диспрозий（ヂスプロージイ）

**語源を遡ると…**インド・ヨーロッパ祖語の「悪い」と「前に」と「行く」

**発見の順番**　72 番目（同年に 9F フッ素と 32Ge ゲルマニウムも発見）

## 名称の由来

1886 年フランスの化学者ポール＝エミール（フランソワ）・ルコック・ド・ボアボードラン（Paul-Émile (François) Lecoq de Boisbaudran, 1838–1912）が発見しました。単離は難しく大変な労力を要したため，ギリシャ語で「近づきがたい」を意味する δυσπρόσιτος（dysprositos, デュスプロシトス）にちなんで命名されました。73Ta タンタルとよく似た名称の由来です。

δυσπρόσιτος は，困難や不快を表す接頭辞 δυς-（dys-, デュス−）と「近づきうる」προσιτός（prositos, プロシトス）とから成ります。さらに後者は，「〜に向かって」という意味の接頭辞 προσ-（pros-, プロス−）と「行く」ἰέναι（ienai, イエナイ；動詞根は i- と ei-）の派生形とから成ります。

## 「悪い」と「良い」

困難や不快を表す接頭辞 δυς- の対義語は εὐ-（eu-, エウ−）です。インド・ヨーロッパ祖語の語根では，それぞれ「悪い」*dus- と「良い」*(e)su- になります。

63Eu ユウロピウムの名称はたまたま eu- で始まっているだけで，接頭

辞の eu- が付いているのではありませんが，周期表上で δυς- と εὐ- が近接して並んでいるようにも見えます。

ギリシャ語に「神」を意味する δαίμων（daimōn，ダイモーン）という単語があります。英語の「デーモン」demon は，この語から派生したものです。この類語である「神的な力」δαιμόνιον（daimonion，ダイモニオン）に「良い」εὐ- が付いた εὐδαιμονία（eudaimoniā，エウダイモニアー）は「幸福」を意味し，古代ギリシャの哲学者アリストテレス（前 384–前 322）の哲学では，「理性の活動に基づく最高善としての幸福」という用語として用いられています。一方，「悪い」δυς- が付いた δυσδαιμονία（dysdaimoniā，デュズダイモニアー）は「不幸」という意味であり，イギリスの劇作家ウィリアム・シェイクスピア（1564–1616）の戯曲『オセロ』の登場人物であるデズデモーナ（Desdemona）の名前の由来になっています。

### イオン

接頭辞「〜に向かって」προσ- は，インド・ヨーロッパ祖語の「前に」*per- に由来します。英語の前置詞 for や「前に」に関連する接頭辞 pre- が類語です。

また「行く」ἰέναι は，インド・ヨーロッパ祖語の「行く」*ei- に由来します。電荷を帯びた原子や分子などをイオン（英語で ion）といいます。この語は，ἰέναι の現在分詞 ἰόν（ion，イオン）に由来し，イオンが陰極や陽極に引かれて動くことから，イギリスの化学者・物理学者マイケル・ファラデー（1791–1867）が命名しました。

# $_{67}$Ho　ホルミウム

金属

英 holmium（ホウルミアム）　　独 Holmium（ホルミウム）

仏 holmium（オルミヨム）　　　瑞 holmium（ホルミウム）

希 όλμιο（オルミヨ）　　　　　露 гольмий（ゴーリミイ）

**語源を遡ると…**インド・ヨーロッパ祖語の「突き出た，丘」

**発見の順番** 64番目（同年に $_{70}$Yb イッテルビウムも発見）

## 名称の由来

　1878年共にスイスの化学者であるマルク・ドラフォンテーヌ（Marc Delafontaine, 1837–1911）とジャック＝ルイ・ソレ（Jacques-Louis Soret, 1827–1890）は，後にホルミウムと呼ばれることになる未知の元素の存在に気づきました。1879年スウェーデンの化学者・地質学者ペール・テオドル・クレーヴェ（Per Teodor Cleve, 1840–1905）が，$_{69}$Tm ツリウムと同時にこの元素を見いだし，自身の出身地であるスウェーデンの首都ストックホルムのラテン語名ホルミア（Holmia）にちなみ，ホルミウムと命名しました。ホルミウムの原鉱石は，元を辿れば $_{39}$Y イットリウムの原鉱石から分別されたものであり，ストックホルム近郊のイッテルビー村で発見されたものでした。

　ストックホルム（Stockholm）という語の，後半の holm はスウェーデン語で「小島」を意味します。実際，ストックホルムの旧市街地ガムラ・スタンは，小さな島の上にあります。語の前半の stock の語源は定かではありませんが，古北欧語で「杭」または「入江」を表す語から来ているのではないかといわれています。

　holm は，インド・ヨーロッパ祖語の「突き出た，丘」*kel- に遡ります。英語の「丘」hill や「優れた」excellent も同じ語源から派生しました。

都市の古名にちなんで命名された元素には，他に $_{71}$Lu ルテチウム（フランス・パリから）と $_{72}$Hf ハフニウム（デンマーク・コペンハーゲンから）があります。ストックホルムは，ノーベル賞の授賞式が行なわれることでも知られています（ノーベル賞については $_{102}$No ノーベリウムを参照）。

## $_{68}$Er　エルビウム

金属

| | |
|---|---|
| 英 erbium（アービアム） | 独 Erbium（エルビウム） |
| 仏 erbium（エルビヨム） | 瑞 erbium（エルビウム） |
| 希 έρβιο（エルヴィヨ） | 露 эрбий（エールビイ） |

語源を遡ると…インド・ヨーロッパ祖語の「外の」と「存在する」

発見の順番　56 番目（同年に $_{65}$Tb テルビウムも発見）

### 名称の由来

$_{65}$Tb テルビウムの節を参照してください。

# $_{69}$Tm ツリウム

金属

| | |
|---|---|
| 英 thulium（スーリアム） | 独 Thulium（トゥーリウム） |
| 仏 thulium（テュリョム） | 瑞 tulium（テューリウム） |
| 希 θούλιο（スリョ） | 露 тулий（トゥーリイ） |

語源を遡ると…ギリシャ語での極北の地の名前

発見の順番　66番目（同年に $_{21}$Sc スカンジウムと $_{62}$Sm サマリウム
　　　　　　も発見）

### 名称の由来

　1879年スウェーデンの化学者・地質学者ペール・テオドル・クレー
ヴェ（Per Teodor Cleve, 1840–1905）が，$_{67}$Ho ホルミウムと同時に発見し
ました。ただし，$_{67}$Ho ホルミウムはすでに前年，その存在が推定され
ていました。

　ツリウムの語源となったトゥーレー（Thule）は，古代の航海者達が考
えた極北の地であり，現在のシェトランド諸島（スコットランド北方の
島），アイスランドあるいはノルウェーなどに当たると考えられるよう
です。ドイツの文豪ヨハン・ヴォルフガング・フォン・ゲーテ（1749–
1832）の『ファウスト』第一部に，トゥーレーの王にまつわる歌が出て
きます。

### 世界の果て

　トゥーレーは北半球での世界の果てでしたが，南半球にも世界の果て
に由来する地名があります。南米のチリ（公用語のスペイン語では「チ
レ」）です。先住民のアラウカン語で，インカ帝国の中心から離れている
ため，「地の果て」と呼ばれたそうです（異説もあります）。

トゥーレー（Thule）とチレ（Chile），偶然にしては名前が似ているような気もします。

## 奇妙な元素記号

ツリウムの元素記号は，thulium から最初と最後の文字を採って Tm であり，m の文字は金属元素名の共通語尾 -ium の最後の文字から採られています。当初は Tu であり，第二次世界大戦直後の 1947 年（昭和 22 年）発行された『理科年表』には，ツリウムの元素記号として Tm と共に Tu も掲載されています。一方，$_{74}$W タングステンの名称には wolfram と tungsten の二通りがあり（現在の元素記号は前者の頭文字から），後者の名前による元素記号が Tu になることから，混同を避けるためにツリウムの元素記号が Tu から Tm に変更されました。ただ，元素固有の名称からではなく，語尾から元素記号の文字を採るのは，奇妙にも思えます。元素名の共通語尾の綴りが元素記号に使われているのは，ツリウムと $_{96}$Cm キュリウムだけです。

| 1 文字目だけ　　　　　T | （元素記号 T は，現在は三重水素 $^3$H に用いられていますが，当時はその存在は知られていませんでした） |
|---|---|
| 1 文字目と 2 文字目　Th | $_{90}$Th トリウムがすでに存在 |
| 1 文字目と 3 文字目　Tu | $_{74}$W タングステンの元素記号としても提案されていました |
| 1 文字目と 4 文字目　Tl | $_{81}$Tl タリウムがすでに存在 |
| 1 文字目と 5 文字目　Ti | $_{22}$Ti チタンがすでに存在 |
| 1 文字目と 6 文字目　Tu | 再び Tu |
| 1 文字目と 7 文字目　Tm | 未使用 |

# $_{70}$Yb イッテルビウム

金属

英 ytterbium（イタービアム）　　独 Ytterbium（ユテルビウム）

仏 ytterbium（イテルビヨム）　　瑞 ytterbium（イッテルビウム）

希 υττέρβιο（イテルヴィヨ）　　露 иттербий（イテールビイ）

語源を遡ると…インド・ヨーロッパ祖語の「外の」と「存在する」

発見の順番　64番目（同年に $_{67}$Ho ホルミウムも発見）

## 名称の由来

　1878年スイスの化学者ジャン・シャルル・ガリサール・ド・マリニャック（Jean Charles Galissard de Marignac, 1817–1894）が，$_{68}$Er エルビウムの酸化物のなかから分離しました。元素の名称は，原鉱石が発見された，スウェーデンの首都ストックホルム（$_{67}$Ho ホルミウムの名称の語源）近郊の村イッテルビー（Ytterby）に由来します。この村名は，それまで $_{39}$Y イットリウムに加えて，$_{65}$Tb テルビウム，$_{68}$Er エルビウムの名前に採用されており，イッテルビウムは4度目にして最後の利用となりました。

　1925年（大正14年）発行された『理科年表』の第1冊には，「イテルビウム」（促音「ッ」は入っていません）という表記に加え，「ネオイテルビウム」という別名が掲載されています。「ネオイテルビウム」は，1907年フランスの化学者ジョルジュ・ユルバン（Georges Urbain, 1872–1938）がイッテルビウムのなかから $_{71}$Lu ルテチウムを分離した際に，それまでのイッテルビウムと区別するために提案した名前でしたが，最終的にはイッテルビウムに落ち着きました。

アルデバラニウム

第二次世界大戦直後の1947年（昭和22年）発行された『理科年表』には，さらなる別名としてアルデバラニウム（元素記号：Ad）の名が掲載されています。これは，オーストリアの化学者・発明家カール・アウアー・フォン・ヴェルスバッハ（Carl Auer von Welsbach, 1858–1929）が独立に発見し，命名したものでしたが，最終的には採用されませんでした。

アルデバラニウムの名称の由来はつまびらかではありません。オーストリア・ケルンテン州に，アウアー・フォン・ヴェルスバッハを記念した「アウアー・フォン・ヴェルスバッハ博物館」という博物館があります。そこの館長に問い合わせてみましたが，分からないとのことでした。

筆者が想像するに，彼の名前アウアー（Auer）にちなんだものと考えます。近世のドイツ語では，auer は，1627年に絶滅した野牛（オーロックス）を指しました（対応する現代ドイツ語の単語は Auerochse（アオアーオクセ）。後半の Ochse は「牡牛」の意味）。このようなアウアーと野牛との連想から，おうし座の1等星アルデバランの名を借りたのかもしれません（おうし座にまつわる神話については，$_{63}$Eu ユウロピウムを参照）。

アウアー・フォン・ヴェルスバッハがアルデバラニウムと同時に発見し，彼のイニシャルにちなんで命名した元素名については，$_{71}$Lu ルテチウムの節を参照してください。

# ₇₁Lu ルテチウム

金属

英 lutetium（ルーティーシアム）　　独 Lutetium（ルテーツィウム）

仏 lutécium, lutétium（リュテシヨム）　瑞 lutetium（ルテーツィウム）

希 λουτήτιο（ルティティヨ）, λουτέτιο（ルテティヨ）, λουτέτσιο（ルテツィヨ）

露 лютеций（リュテーツィイ）

語源を遡ると…インド・ヨーロッパ祖語の「泥」

発見の順番　85 番目

## 名称の由来

　1907 年フランスの化学者ジョルジュ・ユルバン（Georges Urbain, 1872–1938）が発見しました。元素名は，ユルバンの出身地であるパリの古名ルテティアに由来します。しかしながら，パリとルテティアとでは名称がまったく異なります。実際のところ，高校の世界史の授業でローマ帝国の話を聞いた際，ヨーロッパの都市の名称はその当時からあまり変わっていないものが多いと習いました。たとえば，以下の通りです。

| 現在の名称 | 当時の名称 |
|---|---|
| ロンドン（London） | ロンディニウム（Londinium）<br>（元素名としても通用しそうな名前です） |
| ナポリ（Napoli） | ネアーポリス（Neapolis）<br>ギリシャ語で「新しい都市」の意味 |
| ウィーン（Wien） | ウィンドボナ（Vindobona）<br>bona はケルト語で「集落，城砦」の意味 |

ところが，パリだけは大きく違っていると思った記憶があります。

　実は，パリの古名ルテティアは，正確にはルテティア・パリシオールム（Lutetia Parisiorum）といいました。「パリーシイー族の沼地」という

意味です。パリーシイー族は，ローマ人が来る以前の先住民であったケルト系の部族です。ルテティアは，ラテン語の「泥」lutum（ルトゥム）と地名接尾辞 -ia から作られた地名という説があり，そうだとするとルテティアは，刃物の生産で有名なドイツのゾーリンゲン（Solingen；古いドイツ語の「沼地」solunga に由来）や，ベルギーの首都ブリュッセル（Bruxelles；フラマン語の「沼地」broek と「建物」sali に由来）と同じ成立ちの地名といえそうです。

lutum は，インド・ヨーロッパ祖語の「泥」*leu- に遡ることができます。英語の「汚染」pollution が縁語です。

現在のパリ（Paris）という名称は，パリーシイー族（Parisii）から来ています。実際，イタリア語ではパリのことを「パリージ」（Parigi）と呼びます。

都市の古名にちなんで命名された元素には，他に $_{67}$Ho ホルミウム（スウェーデン・ストックホルムから）と $_{72}$Hf ハフニウム（デンマーク・コペンハーゲンから）があります。

### 名称の変遷

ルテチウムはかつて「ルテシウム（lutecium）」と呼ばれていました。1925 年（大正 14 年）発行された『理科年表』の第 1 冊には，「ルテシウム」の名で掲載されています。これは，最初，ルテティア（ラテン語）のフランス語名であるリュテス（Lutèce）を元素名に採用したためです。1949年ラテン語綴りの Lutetia に従い，ルテチウム（lutetium）に改められました。ただし，フランスでは lutécium も lutétium も共に用いられています。

### カシオペイウム

ユルバンがルテチウムを発見したのとほぼ同時期に，オーストリアの化学者・発明家カール・アウアー・フォン・ヴェルスバッハ（Carl Auer von Welsbach, 1858-1929）も同元素を独立に発見し，カシオペイウムと命名しました。星座のカシオペヤ座が W の字の形をしていることから，

ヴェルスバッハ（Welsbach）の頭文字に関連づけて命名したといわれています。カシオペイウムは，元素記号 Cp と併せて，ドイツ語圏では 1949 年まで使われていましたが，以後ルテチウムに統一されました。上述の『理科年表』の第 1 冊でも，別名として「カシオペイウム」が掲載されています。

アウアー・フォン・ヴェルスバッハがカシオペイウムと同時に発見し，彼の名前にちなんで命名したと考えられる元素については，$_{70}$Yb イッテルビウムの節を参照してください。

カシオペイウムの元素記号 Cp は，半世紀以上後の新元素の元素記号決定に影響を与えました。$_{112}$Cn コペルニシウムの節を参照してください。

## $_{72}$Hf ハフニウム

金属

| | | | |
|---|---|---|---|
| 英 | hafnium（ハフニアム） | 独 | Hafnium（ハーフニウム） |
| 仏 | hafnium（アフニヨム） | 瑞 | hafnium（ハフニウム） |
| 希 | άφνιο（アフニヨ） | 露 | гафний（ガーフニイ） |

**語源を遡ると**…インド・ヨーロッパ祖語の「握る」
**発見の順番** 87 番目

### 科学史上の位置づけ

ハフニウムは，一つ前の $_{71}$Lu ルテチウムまでと同様，希土類元素であろうと想定されていました。そのため，フランスの化学者ジョルジュ・ユルバン（Georges Urbain, 1872–1938）が，未発見の 72 番元素として希土類元素のセルチウム（元素記号：Ct）を発見したと誤認した（「発見」は 1907 年，発表は 1911 年）のも仕方のなかったことかもしれません。

事実，第二次世界大戦直後の 1947 年（昭和 22 年）発行された『理科年表』には，ハフニウムのフランス語での別名として「セルチウム」の名が掲載されています。なお，1925 年（大正 14 年）発行された『理科年表』の第 1 冊にはまだ名前が掲載されていませんでした。現在では，セルチウム（元素名は，かつて西ヨーロッパ全土に広がっていたケルト人に由来）の発見は誤りであったことが判明しています。

　ハフニウムは理論的予測に基づいて発見された最初の元素であり，20 世紀に誕生した物理学である量子力学の正しさを証明するものでした。量子力学の初期（前期量子論）を主導したのは，デンマークの理論物理学者ニールス・ヘンリク・ダヴィッド・ボーア（Niels Henrik David Bohr, 1885–1962）でした。1921 年，彼はデンマークの首都コペンハーゲンに理論物理学研究所（ニールス・ボーア研究所）を設立しました。ここに世界中から多くの物理学者が集い，コペンハーゲン学派と呼ばれる一派を形成しました。ボーアは，量子力学への貢献により 1922 年ノーベル物理学賞を受賞しました。また，$_{107}$Bh ボーリウムの命名は彼の功績を称えています。

　ボーアは，自身が確立した原子模型に基づき，72 番元素は希土類元素ではなく，その化学的な性質は $_{40}$Zr ジルコニウムに類似しているはずだと予測しました。その予想を受けて，ニールス・ボーア研究所にいたオランダの物理学者ディルク・コステル（Dirk Coster, 1889–1950）とハンガリーの化学者ヘヴェシ・ジェルジ（ハンガリー人なので，姓・名の順に記しています）（Hevesy György, 1885–1966）が 1922 年ハフニウムを発見しました。この発見は折よくも，ボーアのノーベル賞授賞式の直前のことであり，二人は授賞式が行われるストックホルム（$_{67}$Ho ホルミウムの名称の語源）に電報で知らせて，ボーアは受賞講演の最後に，ハフニウムの発見について報告しています。

　ハフニウムは希土類元素であろうと想定されていたのに反して，ボーアの予測が的中したことにより，彼の原子構造論の正しさが実証されました。この理論は，周期律に物理学的な根拠を与えるものでした。

ハフニウムは $_{40}$Zr ジルコニウムと性質がよく似ているため，単離は困難であり，天然元素としては最後から 3 番目に発見されました。最後から 2 番目は $_{75}$Re レニウム，最後に発見された天然元素は $_{87}$Fr フランシウムです。

　なお発見者の一人ヘヴェシは，第二次世界大戦で亡命中の1943年ノーベル化学賞を受賞しています。彼は亡命するにあたって，やはり亡命中の二人の科学者から預かっていたノーベル賞の $_{79}$Au 金製のメダルを王水で溶かして隠しました（ナチス・ドイツの下で，$_{79}$Au 金を国外に持ち出すことは禁じられていました）。終戦後，ヘヴェシはその溶液から $_{79}$Au 金を抽出し，ノーベル財団はその $_{79}$Au 金でメダルを作って二人に再贈呈したということです。


### 名称の由来

　ハフニウムの名称は，デンマークの首都コペンハーゲンのラテン語名ハフニア（Hafnia）に由来します。「コペンハーゲン」という名称は英語（Copenhagen）やドイツ語（Kopenhagen）での呼び方であり，現代デンマーク語ではケベンハウン（København）といいます。これは，「買う」købe（ケーブ）と「港」havn（ハウン）とから成り，「商港」を意味します。

　købe の語源は，ラテン語の「（ゲルマン人を相手にワインを商う）行商人」caupo（カウポー）です。偶然にも日本語の「買う」と発音が似てい

コペンハーゲン空港の出国スタンプ。デンマーク語でKØBENHAVNと書かれています。

ます。余談ながら，英語の「安い」cheap も，caupo から派生しています。

またデンマーク語の「港」havn の関連語として，ドイツ語の「空港」Flughafen（フルークハーフェン；Flug は「飛行」の意味）や，英語の「租税回避地，タックス・ヘイヴン」tax haven（haven は「港」から転じて「避難所」の意味）が挙げられます。これらの語は，インド・ヨーロッパ祖語の「握る」*kap- に遡り，英語の have と同語源に由来します。港とは，「船を握る場所」ということでしょう。*kap- と have とではだいぶ語形が違って見えますが，インド・ヨーロッパ祖語からゲルマン語派に分化した過程での規則的な音韻変化です。

シェラン島の東岸にあるコペンハーゲンは，1443年デンマークの首都に定められました。大陸に国土を有しているにもかかわらず首都が島に存在する，たった二つしかない国の一つです。

都市の古名にちなんで命名された元素には，他に $_{67}$Ho ホルミウム（スウェーデン・ストックホルムから）と $_{71}$Lu ルテチウム（フランス・パリから）があります。ただし，ハフニウムが研究所の所在地名に由来するのに対し，$_{67}$Ho ホルミウムと $_{71}$Lu ルテチウムは命名者の出身地にちなんでいます。

# $_{73}$Ta タンタル

金属

英 tantalum（タンタラム）　　独 Tantal（タンタル）

仏 tantale（タンタル）　　　瑞 tantal（タンタール）

希 ταντάλιο（タンダリヨ）　　露 тантал（タンタール）

語源を遡ると…ギリシャ神話の王の名前

発見の順番　34 番目

## 名称の由来

1802年スウェーデンの化学者アンデシュ・グスタフ・エーケベリ（Anders Gustaf Ekeberg, 1767–1813）が発見しました。タンタルは，周期表上で一つ上に位置する $_{41}$Nb ニオブと性質が互いに類似し，さらに融点が非常に高く，化学的に安定であることと相俟って，その分離は困難を極めました。この苦労に鑑み，ギリシャ神話で永遠の苦しみを受けている王タンタロス（Τάνταλος（Tantalos））にちなんでタンタルと命名しました。エーケベリは，元素記号の記法を提唱したスウェーデンの化学者イェンス・ヤーコブ・ベルセーリウス（Jöns Jacob Berzelius, 1779–1848）の師としても知られています。

ギリシャ神話によると，リューディア（現在のトルコ領のアナトリア半島の西部）の王であるタンタロスは，主神ゼウスの子であり，ペロプスという息子やニオベーという娘がいました。ペロプスはギリシャ南端のペロポネソス半島にその名を残し，ニオベーは $_{41}$Nb ニオブの名称の

目の前に水も果実もあるにもかかわらず，渇きも飢えも癒せないという罰を地獄で永遠に受け続けなければならないタンタロス（1733年以前に描かれた絵画）

語源となっています。

　タンタロスは人間でありながら，神々と食卓を囲む身分でしたが，神聖な食物を人間にも分け与えようとして神々の怒りを買い，地獄タルタロスで罰を受けることとなりました（同じくタルタロスに幽閉されている者に，$_{22}$Ti チタンの名称の語源となった巨神族ティーターンがいます）。タンタロスは，首まで湖に浸りながら，水を飲もうとすると湖水が引いてしまい，頭上に果実がなっているのに，取ろうとすると風で枝が吹き上げられてしまいます。目の前に水も食料もあるにもかかわらず，渇きも飢えも癒せないという罰を永遠に受け続けなければならないのです。

　タンタロスが苦しみ続けなければならないように，新元素の発見まで長らく焦らされたことから，タンタロスにちなんでタンタルという名が与えられました。$_{66}$Dy ジスプロシウムもよく似た命名法です。

　タンタロスの曾孫には，トロイア戦争におけるギリシャ軍の総大将アガメムノーン（ドイツの考古学者ハインリヒ・シュリーマン（1822–1890）が発掘した黄金のマスクで有名）と，その弟メネラーオスがいます。メネラーオスの妻である絶世の美女ヘレネーがトロイアの王子パリスにさらわれたことから，トロイア戦争が始まりました。なお，$_{63}$Eu ユウロピウムの節に登場するエウローペーは，アガメムノーンやメネラーオスの高祖母（祖父の祖母）に当たります。

### プラトンによる名前の考察

　タンタロスの名前の語源は，言語学的には不明とされます。古代ギリシャの哲学者プラトン（前 427–前 347）の著作『クラテュロス —— 名前の正しさについて —— 』では，タンタロスの名前の由来を，彼の頭上には大岩が吊り下げられ，これが揺れ動いて今にも落ちそうであるという伝承を踏まえて，「揺れ動き」ταλαντεία（talanteiā, タランテイアー）から来ているとしており，さらには「この上なく惨めな者」ταλάντατος（talantatos, タランタトス；「惨めな」τάλας（talās, タラース）の最上級の形）という意図も込められている，と考察しています。

# ₇₄W タングステン

金属

英 tungsten（タングステン）, wolfram（ウルフラム）

独 Wolfram（ヴォルフラム）　　仏 tungstène（タングステン）

瑞 volfram（ヴォルフラム）　　希 βολφράμιο（ヴォルフラミヨ）

露 вольфрам（ヴァリフラーム）

語源を遡ると…インド・ヨーロッパ祖語の「狼」と「暗色の」

発見の順番　24 番目

## 名称の由来

　タングステンにはウォルフラムという別名があります。『理科年表』には，1925 年（大正 14 年）発行された第 1 冊でも，第二次世界大戦直後の 1947 年（昭和 22 年）発行された版でも，「ウォルフラム」の名で掲載されていました。このように 2 種類の名称があるのは，スウェーデン人が「タングステン」と呼んでいた鉱石（灰重石；主成分は $CaWO_4$）と「ウォルフマライト」と呼ばれていた鉱石（鉄マンガン重石；主成分は $(Fe,Mn)WO_4$）とから，それぞれ独立にタングステンが見いだされたためです。

　1781 年スウェーデンの薬剤師・化学者カール・ヴィルヘルム・シェーレ（Carl Wilhelm Scheele, 1742–1786）は，当時「タングステン」と呼ばれていた鉱石から新元素の酸化物の分離に成功し，タングステン酸と命名しました。タングステンの名の由来は，スウェーデン語の「重い」tung（トゥング）と「石」sten（ステーン）であり，比重が大きいために古くからスウェーデン人の間でそう呼ばれていました。タングステンという呼び名が新元素の名前に転用されたため，鉱石はシェーレにちなんでシェーライト（日本語では灰重石）と呼ばれるようになりました。

　一方，1783 年スペインの化学者・鉱物学者ファン・ホセ・デ・エルヤ

ル・イ・デ・スビセ（Juan José de Elhuyar y de Zubice, 1754–1796）とファウスト・デ・エルヤル・イ・デ・スビセ（Fausto de Elhuyar y de Zubice, 1755–1833）のデ・エルヤル兄弟は，当時「ウォルフラマイト」と呼ばれていた鉱石から新元素を単離して，ウォルフラムと命名しました。鉱石ウォルフラマイト（wolframite）の名前の由来については，この鉱石が$_{50}$Sn スズの鉱石に混在していると，狼が貪り食うように $_{50}$Sn スズの精練を阻害することから，古いドイツ語の「狼」wolf（ウォルフ）と「汚れ」râm（ラーム）とを組み合わせて命名されたといわれています。

「狼」を意味するインド・ヨーロッパ祖語の語根は *wl̥kʷo- です。英語の wolf やドイツ語の Wolf，ラテン語の lupus（ルプス）は，この語根に遡ります。また，「汚れ」râm は，インド・ヨーロッパ祖語の「暗色の」*rē- に遡るようです。

ドイツなどでは，新元素を単離したデ・エルヤル兄弟の命名に沿って，ウォルフラムと呼んでいます。タングステンの元素記号 W は，ウォルフラムの頭文字から採っています。一方，フランスの化学者ルイ＝ベルナール・ギトン・ド・モルヴォー（Louis-Bernard Guyton de Morveau, 1737–1816）は，化学物質の体系的な命名法をまとめた際に，タングステンの名を採用し，フランスとイギリスではこちらが用いられています。

# $_{75}$Re レニウム

金属

| | |
|---|---|
| 英 rhenium（リーニアム） | 独 Rhenium（レーニウム） |
| 仏 rhénium（レニヨム） | 瑞 rhenium（レーニウム） |
| 希 ρήνιο（リニヨ） | 露 рений（リェーニイ） |

語源を遡ると…インド・ヨーロッパ祖語の「流れる，走る」

発見の順番　88 番目

## 名称の由来

1925年いずれもドイツの化学者であるヴァルター・カール・フリードリヒ・ノダック（Walter Karl Friedrich Noddack, 1893–1960）とイーダ・エーヴァ・タッケ（Ida Eva Tacke, 1896–1978），オットー・ベルク（Otto Berg, 1873–1939）の三人が発見しました。発見の翌年，ノダックとタッケは結婚しました。レニウムは，天然元素としては最後から2番目に発見されました。最後に発見された天然元素は $_{87}$Fr フランシウムです。ただし，$_{87}$Fr フランシウムには安定同位体が存在せず，安定同位体が存在する元素のなかではレニウムが最後に発見されました。

レニウムの名称の語源は，ドイツの大河であるライン川のラテン語名レーヌス（Rhenus）です。タッケの出身地がライン川沿いの，ライン地方ヴェーゼルであったことも命名に影響したかもしれません。ドイツの河川の大部分は女性名詞であるのに対し，ライン川は数少ない男性名詞の河川であり，「父なるライン」と呼ばれることもある，ドイツで特に重要な川です。

ラインの名は，ライン川の西岸に居住していたケルト人の言葉で「川」を意味する語から生まれた，というのが定説であり，フランス南部を流れて地中海に注ぐローヌ川と同じく，インド・ヨーロッパ祖語の「流れる，走る」*reiə- に遡るといわれています。そのため，「走る」（英語でrun）とも同根です。ライン川を挟んで東岸はゲルマン人の居住地（$_{32}$Ge ゲルマニウムの名称の語源）でした。後にローマ人がケルト人を征服すると，ライン川はローマ帝国とゲルマン人との国境となりました。

もともとは普通名詞の「川」だったものが，ある特定の大河を指すようになり，それが巡り巡って元素名に行き着いた例としては，$_{49}$In インジウムを挙げることができます。また，ケルト語の単語に由来する元素名には，$_{38}$Sr ストロンチウム（スコットランド・ゲール語の地名に由来）があります。

### 幻の元素発見

　ノダック等によるレニウム発見に先立つ20年ほど前の1908年，東北帝国大学の小川正孝（1865-1930）が，周期表上でレニウムの一つ上の43番元素（現在の $_{43}$Tc テクネチウム）を発見したと報告し，ニッポニウム（元素記号：Np）と命名しました。現在ではこれは，レニウムだったことが分かっています。元素の同定に必要なX線分析装置が当時日本にはなく，正しい分析を行なうことができなかったのです。当時の最新の設備があれば，この元素は， $_{113}$Nh ニホニウムに先んじて，日本人が発見した初の元素になっていたはずです。残念なことでした。

　ノダック等も，レニウムの発見と一緒に，小川が誤認した43番元素を発見したと報告しました。彼らはマスリウムと命名しましたが，認められませんでした（ $_{43}$Tc テクネチウムを参照）。

東北大学片平キャンパスに隣接した，小川正孝を記念する庭園

# $_{76}$Os オスミウム

金属

| | |
|---|---|
| 英 osmium（アズミアム） | 独 Osmium（オスミウム） |
| 仏 osmium（オスミヨム） | 瑞 osmium（オスミウム） |
| 希 όσμιο（オズミヨ） | 露 осмий（オースミイ） |

語源を遡ると…インド・ヨーロッパ祖語の「におう」

発見の順番　35番目（同年に $_{45}$Rh ロジウム，$_{46}$Pd パラジウム，$_{58}$Ce セリウム，$_{77}$Ir イリジウムも発見）

### 名称の由来

1803年イギリスの化学者スミソン・テナント（Smithson Tennant, 1761–1815）が，$_{77}$Ir イリジウムと同時に発見しました。揮発性の四酸化オスミウム（$OsO_4$）が特有の刺激臭を放つことから，ギリシャ語の「におい」όσμή（osmē，オズメー）にちなんで名づけられました。しかしながら，命名の理由を実感するためにこのにおいを嗅ごうとしてはいけません。きわめて猛毒だからです。

同年テナントの友人であるイギリスの化学者ウィリアム・ハイド・ウラストン（William Hyde Wollaston, 1766–1828）が，$_{45}$Rh ロジウムと $_{46}$Pd パラジウムを同時に発見しています。彼らは，密輸入した $_{78}$Pt 白金の鉱石（当時，南米の $_{78}$Pt 白金は禁輸品でした）を王水で処理し，溶解部をウラストンが，不溶の残渣をテナントが，それぞれ分析し，共に新元素を2種類ずつ発見しました。

### におい

オスミウムの他に，においに由来して命名された元素に $_{35}$Br 臭素があります。オスミウムが「におい」という名詞に由来するのに対し，「にお

う」ὄζειν（ozein, オゼイン）という動詞に由来する名称にオゾン（英語で ozone）があります。これも，オゾンが特有のにおいを発することから名づけられました。

　「におい」ὀσμή も「におう」ὄζειν も共に，インド・ヨーロッパ祖語の「におう」\*od- に遡ります。「消臭剤」（英語で deodorant）は，「におい」（英語で odor）に除去を意味する接頭辞 de- が付いてできた語です。

## $_{77}$Ir　イリジウム

金属

| | |
|---|---|
| 英 iridium（イリディアム） | 独 Iridium（イリーディウム） |
| 仏 iridium（イリディヨム） | 瑞 iridium（イリーディウム） |
| 希 ιρίδιο（イリジョ） | 露 иридий（イリーヂイ） |

語源を遡ると…インド・ヨーロッパ祖語の「曲がる」
発見の順番　35番目（同年に $_{45}$Rh ロジウム，$_{46}$Pd パラジウム，
　　　　　　　$_{58}$Ce セリウム，$_{76}$Os オスミウムも発見）

### 名称の由来

　1803年イギリスの化学者スミソン・テナント（Smithson Tennant, 1761–1815）が，$_{76}$Os オスミウムと同時に発見し，イリジウムの化合物が虹のように多彩な色を示すことから，ギリシャ神話の虹の女神イーリス（Ἶρις（Īris））にちなんで名づけました。名称の由来が $_{24}$Cr クロムのそれとよく似ています。

　ギリシャ神話の系譜の上では，イーリスの父方の祖母は地母神ガイア（$_{52}$Ie テルルの名称と関係）であり，母方の祖父母は巨神族ティーターン（$_{22}$Ti チタンの名称の語源）のオーケアノスとテーテュースであると

されています。

　現在でも，南欧の言語では，イーリスに由来する言葉で虹を表すことがあります（ギリシャ語の ίριδα（イリザ）やイタリア語の iride（イーリデ）など）。英語では，花の「アイリス」や目の「光彩」（共に英語で iris）の語源になっています。

　イリジウムの綴り iridium に d が挿入されているのは，*Ιρις の語幹が irid- であるためです。イーリスの語自体は，虹の形から，インド・ヨーロッパ祖語の「曲がる」*wei- の派生形 *wī-ri- に遡ります。

---

# ₇₈Pt 白金

金属

英 platinum（プラティナム）　　　独 Platin（プラティーン）
仏 platine（プラティヌ）　　　　　瑞 platina（プラーティナ）
希 λευκόχρυσος（レフコフリソス），πλατίνα（プラティナ）
露 платина（プラーチナ）
**語源を遡ると…**インド・ヨーロッパ祖語の「平らな」とスペイン語
　　　　　　　の縮小辞（「小さい」）
**発見の順番**　中世には知られていた（古代から知られていた 9 元素
　　　　　　　に加えて，₃₀Zn 亜鉛，₃₃As ヒ素，₅₁Sb アンチモン，
　　　　　　　₇₈Pt 白金，₈₃Bi ビスマスの 5 元素）

---

**西洋で知られる前に南米で用いられていた金属**

　白金は，ヨーロッパでは長らく知られていませんでしたが，南米では 10 世紀頃には装身具として利用されていたようです。そのため本書では，白金の発見時期を，一般的な文献に見られる 1748 年ではなく，中世

としています。

スペインの海軍士官・探検家アントニオ・デ・ウジョーア（1716–1795）は，1735年から1744年にかけて南米を探検し，その間，コロンビアで $_{47}$Ag 銀に似た金属を目にしました。帰国後の1748年に旅行報告書を発表したのを契機に，白金は急速にヨーロッパ人に注目されることとなりました。

### 琥珀金と電子

白金のことを当初，古代ギリシャ人が ἤλεκτρον（ēlectron, エーレクトロン），古代ローマ人が electrum（エーレクトルム）と呼んだ金属と考える人もいました。実際にはこれは，$_{79}$Au 金と $_{47}$Ag 銀の自然合金であったようです。エーレクトロンはもともと，ギリシャ語で「琥珀」を意味する語であり，この合金が琥珀色をしているところからそう呼ばれました。日本語では「琥珀金」と訳されます。

一方，琥珀を毛皮で擦ると静電気が発生することから，「電気」（英語で electricity）の語は，琥珀から派生しました。原子は原子核と電子から構成されています。電子の名称（英語で electron）は，electricity とギリシャ語の中性名詞の典型的な語尾 -ov (-on) とから成り，元に戻って，琥珀と同じような単語になっています（現代ギリシャ語で電子は ηλεκτρόνιο（イレクトロニヨ）といいます）。

ギリシャ語の「琥珀」ἤλεκτρον は，「太陽」ἤλιος（hēlios, ヘーリオス）の縁語であり（琥珀は，太陽の光が海に当たってできたものと古代の人は考えていたそうです），ギリシャ語の「太陽」からは $_2$He ヘリウムが命名されているため，電子と $_2$He ヘリウムとは，語源的には近縁に当たることになります。

### 名称の由来

白金の名称は，スペイン語に由来します。そのため，まずはスペイン語での $_{47}$Ag 銀の名称を見ていきます。

スペイン語では $_{47}$Ag 銀を plata（プラータ）といいます。これは，ギリシャ語で「平らな」を意味する πλατύς（platys, プラテュス）から俗ラテン語（文語としての古典ラテン語に対し，民衆が口語として用いていたラテン語）の *plattus を経てできた語で，「平らな」→「金属板」→「$_{47}$Ag 銀」と意味が転化していったといわれています。英語の「皿，板」plate も同じ語源に由来し，この語にも「貴金属（特に $_{47}$Ag 銀の地金）」という語義があります。

スペイン人は白金のことを，産地の名を採り，「ピント川の小さな $_{47}$Ag 銀」（platina del Pinto）と呼びました（ピント川は，コロンビアのチョコ県を流れるサン・フアン川の支流であるようです）。この語は，plata に，縮小辞 -ina（女性形）を付けたものです。縮小辞とは，名詞などに付いて「小さい」を表す接辞です。スペイン語の姉妹語であるイタリア語から，縮小辞の例を挙げてみます。スパゲッティ（spaghetti）は，イタリア語の「紐」spago（スパーゴ）に縮小辞 -etto が付いたものです（-o ではなく -i で終わっているのは，複数形であるため）。さらに縮小辞 -ino が付いたスパゲッティーニ（spaghettini）は，スパゲッティよりも細いものを指します。縮小辞が二重に付いた例でした。

ギリシャ語では白金のことを，スペイン語からの借入で πλατίνα ともいいますが，λευκόχρυσος ともいいます。これは，古典ギリシャ語の「輝く，白い」λευκός（レウコス；明るさの単位「ルクス」と縁語）と「$_{79}$Au 金」χρυσός（クリューソス）とから成り，日本語の「白金」と同じ語構成です。


## プラトン

白金の語源となった πλατύς は，インド・ヨーロッパ祖語の「広がる」*plat- に遡ります。この語根は，$_{84}$Po ポロニウムの節に登場する語根「平らな」*pelə- から派生しています。「広がる」*plat- から派生した単語は多く，英語の「平らな」flat や「場所」place，「植物」plant を挙げることができます。

πλατύς には，「平らな」の他にも「肩幅の広い」という意味がありま

す。古代ギリシャの哲学者プラトン（Πλάτων（Platōn），前427-前347）
は，本名をアリストクレスといいました。体格が立派で肩幅が広かった
ため，「プラトン」という綽名で呼ばれ，以後，その名が定着したといわ
れています。

## 79Au 金

金属

英 gold（ゴウルド） 　　　独 Gold（ゴルト）
仏 or（オール） 　　　　瑞 guld（グルド）
希 χρυσός（フリソス），χρυσάφι（フリサフィ）
露 золото（ゾーラタ） 　　羅 aurum（アウルム）
**語源を遡ると…**インド・ヨーロッパ祖語の「輝く，黄色い」
**発見の順番**　古代から知られていた（6C 炭素，16S 硫黄，26Fe 鉄，
　　　　　　　29Cu 銅，47Ag 銀，50Sn スズ，79Au 金，80Hg 水銀，
　　　　　　　82Pb 鉛の9元素）

### 名称の由来：欧米語

　ゲルマン諸語の gold（英語）や Gold（ドイツ語），guld（スウェーデ
ン語）は，インド・ヨーロッパ祖語の「輝く，黄色い」*ghel- に遡るこ
とができます。そのため，「黄色い」（英語：yellow，古英語：geolu（ヨ
ル），ドイツ語：gelb（ゲルブ），スウェーデン語：gul（ギュール））と似
た名称になっています。さらに，語形が違うようにも見えますが，ロシ
ア語の золото も同じ語源に由来しています。*ghel- は，日本語の「ギラ
ギラ」と同様，擬態語だと考えられます。

　ついでながら，17Cl 塩素（英語で chlorine）や 33As ヒ素（英語で

arsenic），$_{40}$Zr ジルコニウムの名称も同じく *ghel- から派生しており，金，$_{17}$Cl 塩素，$_{33}$As ヒ素，$_{40}$Zr ジルコニウムは，語源的には姉妹に当たることになります。

一方，ラテン語の aurum はインド・ヨーロッパ祖語の「輝く（特に，夜明けについて）」*aus- に遡り，「オーロラ」aurora や英語の「東」east も同語源です。元素記号 Au はラテン語から採られています。フランス語の or はだいぶ擦り切れていますが，aurum に由来します。

ギリシャ語では金を χρυσός と書き，古典ギリシャ語では「クリューソス（chrȳsos）」，現代ギリシャ語では「フリソス」と読みます。これは，セム語派の言語に由来する外来語といわれています。古代メソポタミアで話されていた，記録が残る最古のセム語派の言語であるアッカド語では，金を hurāṣu（フラーツ）といいました。「菊」を英語で chrysanthemum といいますが，これは χρυσός とギリシャ語の「花」ἄνθεμον（anthemon, アンテモン）とから成り，「金の花」という意味です。

ギリシャ語にはまた χρυσάφι という呼び方もあり，現代ではこちらの方が一般的のようです。


### 名称の由来：和語

金は日本でも古くから知られており，和語では「こがね」といいます。時代はぐっと下り，イエズス会が編纂した『日葡辞書』にも，金が Cogane「コガネ（黄金）」や Magane「マガネ（真金）」，Qin「キン（金）」として掲載されています。「こがね」は「黄金」のことであり，見た目から付いたものでしょう（金属の和名と『日葡辞書』については，$_{26}$Fe 鉄を参照）。

日本に現存する最古の金製品は，福岡市の志賀島で江戸時代に出土した金印です。時の中国の王朝であった後漢が，紀元 57 年に奴国に贈ったものでした。


### 日本史上初の金の産出

日本が，「黄金の国・ジパング」として知られていたように，金を産出

していたことは有名ですが，日本史上初めて金が産出したのは奈良時代の749年2月22日のことでした。陸奥国（現在の東北地方東部）で大量に金が産出し，東大寺の大仏の鍍金に用いる金の不足に悩んでいた聖武天皇（第45代）を大いに喜ばせ，元号も「天平感宝」に改元されました。

4月1日，聖武天皇は東大寺に感謝報告する詔を発しました。歴史書『続日本紀』（797年完成）巻第十七に以下のように記されています。

「此の大倭国は天地開闢けてより以来に，黄金は人国より献ることはあれども，斯の地には無き物と念へるに，聞こし看す食国の中の東の方陸奥国守従五位上百済王敬福い，部内の少田郡に黄金在りと奏して献れり。」

金が産出した場所は，現在の宮城県遠田郡涌谷町涌谷に相当します。その詔書のなかに，諸家代々の忠誠を称揚する箇所があり，特に一族が名指しで讃えられていることに感激して，『萬葉集』最大の歌人である大伴宿禰家持（718頃–785）が答えた歌が，『萬葉集』巻第十八の長歌「陸奥国に金を出だす詔書を賀く歌一首」（4094）に掲載されています。

ただし，この歌のなかではちょっと奇妙なことを言っています。「遠き代に かかりしことを 朕が御代に 顕はしてあれば」（遠い昔 このように金を産したことを 我が御代にも 再現したので）と歌っているのです。つまり，上述の天皇の詔では，これまで日本で金が採掘できるとは思わなかったと述べているにもかかわらず，大伴家持の長歌では，以前にも金を産出したことがあったかのような表現になっているのです。

実は，半世紀ほど前の701年3月21日に対馬国（現在の長崎県対馬市）から金が献上されたという記録が，『続日本紀』巻第二に記されています。このときも，これを祝して「大宝」という元号が制定されました（これ以降，元号制度は途切れることなく今日に至るまで続いています）。しかしながら，このときの報告は，上記の歌の作者・大伴家持の大伯父である大伴宿禰御行（646?–701）が派遣した三田首五瀬（生没年不

詳）という者による詐欺であったのです。御行はこの事件の直前に亡くなっていたのですが，家持は大伯父の名誉を考えて，強いて真偽を詮索せず，以前にも産金の事実があったことにしたのではないかと考えられています。

　大伴御行は，日本最古の物語『竹取物語』において，かぐや姫に求婚する五人の貴公子の一人・大納言大伴御行のモデルとされています。彼が，かぐや姫から持ってくるように言われたものは，金ではなく「龍の頸(くび)の玉」でした。


### 漢字の成立ち

　漢字の「金」は形声文字で，土中にある光り輝くものを表しているそうです。確かに，「土」の字から何かが出てきているようではあります。


# $_{80}$Hg 水銀

金属

英 mercury（マーキュリ）

独 Quecksilber（クヴェクジルバー），Merkur（メルクーア）

仏 mercure（メルキュール）　　瑞 kvicksilver（クヴィクシルヴェル）

希 υδράργυρος（イズラルイロス）　露 ртуть（ルトゥーチ）

羅 argentum vivum（アルゲントゥム・ウィーウゥム），
　　hydrargyrus（ヒュドラルギュルス）

**語源を遡ると…**インド・ヨーロッパ祖語の「水」と「輝く，白い」

**発見の順番**　古代から知られていた（$_6$C 炭素，$_{16}$S 硫黄，$_{26}$Fe 鉄，
　　　　　　$_{29}$Cu 銅，$_{47}$Ag 銀，$_{50}$Sn スズ，$_{79}$Au 金，$_{80}$Hg 水銀，
　　　　　　$_{82}$Pb 鉛の 9 元素）

### 名称の由来

　水銀は，以下のように奇妙な性質を示します。①常温で液体状態にある唯一の金属です。②他の金属と合金を作り，溶かし込みます。化学的に非常に安定な $_{79}$Au 金をも溶かし，液体状態にしてしまいます。この溶液を物質の表面に塗布して加熱すると，水銀だけが蒸発し，表面に $_{79}$Au 金の薄膜を形成することができます。奈良時代の人々はこのようにして，東大寺の大仏の表面に金箔を施しました。③硫化物である辰砂（主成分は硫化水銀 HgS）は鮮やかな赤色を呈します。「朱色」は，元来，辰砂の色を指しました。辰砂を加熱すると金属水銀が得られ，その変化も不可思議と認識されてきました。

　これらの特異な性質により，古来水銀は，不思議な力を持つと考えられてきました。そのため，不老不死の薬として珍重されたり，錬金術で三原質の一つと考えられてきたりしました。現在では，水銀は毒性を持つことが分かっています。

　水銀は，このように古くから知られているのですが，多くの言語で単一の語では表されず，日本語と同様，$_{47}$Ag 銀の名称に別の語を加えて水銀を表しています。

　古典ギリシャ語では，水銀を ὑδράργυρος（hydrargyros，ヒュドラルギュロス）や ἄργυρος χυτός（argyros chytos，アルギュロス・キュトス）といいました。前者は，ギリシャ語の「水」ὕδωρ（hydōr，ヒュドール）と「$_{47}$Ag 銀」ἄργυρος（argyros，アルギュロス）とから成り，日本語名の「水銀」と同じ意味になります。元素記号 Hg はここから来ています。後者は，「流れる $_{47}$Ag 銀」という意味です。現代ギリシャ語では，綴りは ὑδράργυρος からほとんど変わらず（最初の文字が ὑ から υ に変化），発音は多少変化して「イズラルイロス」と読みます。

　ラテン語では，水銀のうち特に自然水銀を「生きている $_{47}$Ag 銀」（argentum vivum）と呼びました。また，辰砂などの鉱物から人工的に分離した水銀は，上述の自然水銀とは別のものと考えられており，こちらをギリシャ語からの借用で hydrargyrus といいました。

ドイツ語名の Quecksilber は，「活発な」quEck と「$_{47}$Ag 銀」Silber とから成ります。そのため，Quecksilber には「水銀」の意味の他に，「落ち着きのない人」という比喩的な意味もあります。スウェーデン語のkvicksilver も同じ表現です。これらは，ラテン語の「生きている $_{47}$Ag 銀」の翻訳借用であるようです。オランダ語でも同じように水銀をkwikzilver（クヴィクジルヴェル）といいますが，こちらは kwik（クヴィク）だけでも水銀を意味します。英語の quick に対応するこれらの語は，インド・ヨーロッパ祖語の「生きる」*g$^w$eiə- に遡ります。この語根から派生した語は，フランス語などで $_7$N 窒素を指す azote（アゾト）にも見ることができます。

### メルクリウス

古代から知られていた金属の数と，やはり古代から知られていた「惑星」（ここでいう惑星とは，水星・金星・火星・木星・土星に，太陽と月も含めます）の数とが，たまたま同じであり，古代に神聖な数と考えられていた 7 だったことから，中世の錬金術では，互いを以下のように対比させました（オリュンポス十二神のコラムも参照）。

| 天体名 | 対応する金属 |
|---|---|
| 太陽 | $_{79}$Au 金 |
| 月 | $_{47}$Ag 銀 |
| 水星 | $_{80}$Hg 水銀 |
| 金星 | $_{29}$Cu 銅 |
| 火星 | $_{26}$Fe 鉄 |
| 木星 | $_{50}$Sn スズ |
| 土星 | $_{82}$Pb 鉛 |

$_{79}$Au 金と太陽，$_{47}$Ag 銀と月が対応するのは，金属の色から来ていると思われます。一方，水銀は水星と関連づけられ，また水星がローマ神話の商人や旅人の神メルクリウスに対応していたところから，水銀とメ

ルクリウス（Mercurius）が関連づけられるようになりました。水銀の英語名 mercury は，14世紀末から錬金術師が使用しだしたようです。メルクリウスは，ギリシャ神話のヘルメースと同一視されます。ヘルメースは，神々の使者であり，商人や旅人の守護神であり，雄弁や俊足，賭博や盗み，死者の案内など，様々な事柄を司る神です。これらはいずれも，素早さや抜け目のなさに関連しており，ヘルメースが，ギリシャ神話におけるトリックスターといわれる理由です。

　常温で液体状態にある唯一の金属である水銀の変幻自在な様は，メルクリウスやヘルメースにふさわしいと錬金術師は考えたようです。また，水星は太陽にもっとも近い惑星で，公転周期が87日と短く，太陽系のなかを素早く運行することから，同じくメルクリウスに関連づけられたようです。

　なお，メルクリウス（Mercurius）の神名は，商業の神らしく，ラテン語の「商品」merx（メルクス）に関係しているといわれています。そうであれば，英語の「市場」market や「商人」merchant とも類語となります。

### 日本語の名称

　水銀は日本でも古くから知られていました。辰砂を用いた顔料を「丹<ruby>に</ruby>」と呼び，その鮮やかな朱色は神秘的な力を持つと考えられ，このため，鳥居や古墳の壁画の彩色に用いられてきました。『三国志・魏志』第三〇 東夷伝・倭人の条（いわゆる『魏志倭人伝』；280年以降完成）に，卑弥呼の時代に丹を化粧に用いていたことが記されています。

　それ以降になると，「水銀」という記述が登場します。歴史書『続日本紀<ruby>しょくにほんぎ</ruby>』（797年完成）巻第一に，698年に伊勢国（現在の三重県北中部）から「水銀<ruby>みづかね</ruby>」が献上されたことが記されています。時代はぐっと下り，イエズス会が編纂した『日葡辞書<ruby>にっぽじしょ</ruby>』にも，水銀が Suiguin「スイギン」や Mizzucane「ミヅカネ」として掲載されています（『口葡辞書』については 26Fe 鉄を参照）。

## ロマンス諸語の曜日の語源

　英語やフランス語では，$_{80}$Hg 水銀を水星と同じ単語で表します。ついでに，ラテン語およびラテン語から派生したロマンス諸語の曜日名の由来を見てみます。これらの言語では，火・水・木・金・土曜日の名称はそれぞれ，火星・水星・木星・金星・土星（すなわち，それらの星を司る，軍神マールス・商人や旅人の神メルクリウス・主神ユーピテル・愛と美の女神ウェヌス・農耕神サートゥルヌス）に由来しています。**ゲルマン諸語の曜日の語源**と**オリュンポス十二神**のコラムも併せて参照してください。

| | ラテン語[1] | フランス語 | イタリア語 |
|---|---|---|---|
| 日曜日<br><br>太陽 | solis dies<br>（ソーリス・ディエース）<br>sol<br>（ソール） | dimanche[2]<br>（ディマンシュ）<br>le Soleil<br>（ル・ソレイユ） | domenica[2]<br>（ドメーニカ）<br>il sole<br>（イル・ソーレ） |
| 月曜日<br><br>月 | lunae dies<br>（ルーナイ・ディエース）<br>luna<br>（ルーナ） | lundi<br>（ランディ）<br>la Lune<br>（ラ・リュヌ） | lunedì<br>（ルネディ）<br>la luna<br>（ラ・ルーナ） |
| 火曜日<br><br>火星 | Martis dies<br>（マールティス・ディエース）<br>Mars<br>（マールス） | mardi<br>（マルディ）<br>Mars<br>（マルス） | martedì<br>（マルテディ）<br>Marte<br>（マルテ） |
| 水曜日<br><br>水星 | Mercurii dies<br>（メルクリイー・ディエース）<br>Mercurius<br>（メルクリウス） | mercredi<br>（メルクルディ）<br>Mercure<br>（メルキュール） | mercoledì<br>（メルコレディ）<br>Mercurio<br>（メルクーリオ） |
| 木曜日<br><br>木星 | Jovis dies<br>（ヨウィス・ディエース）<br>Jup(p)iter<br>（ユーピテル）[3] | jeudi<br>（ジュディ）<br>Jupiter<br>（ジュピテール） | giovedì<br>（ジョヴェディ）<br>Giove<br>（ジョーヴェ） |
| 金曜日<br><br>金星 | Veneris dies<br>（ウェネリス・ディエース）<br>Venus<br>（ウェヌス） | vendredi<br>（ヴァンドルディ）<br>Vénus<br>（ヴェニュス） | venerdì<br>（ヴェネルディ）<br>Venere<br>（ヴェーネレ） |

| 土曜日 | Saturni dies<br>(サートゥルニー・ディエース) | samedi[4)]<br>(サムディ) | sabato[4)]<br>(サーバト) |
| 土星 | Saturnus<br>(サートゥルヌス) | Saturne<br>(サテュルヌ) | Saturno<br>(サトゥルノ) |

1) ラテン語は語順の自由度が高く，各曜日の名称で，dies が先に来る形もありえます。
2) 「主の日」の意味。
3) 神名の Jup(p)iter は，本来の名 Jou に「父」pater が結合した形。
4) 「安息日」の意味。

# ₈₁Tl タリウム

金属

英 thallium（サリアム）　　　　独 Thallium（タリウム）

仏 thallium（タリヨム）　　　　瑞 tallium（タリウム）

希 θάλλιο（サリヨ）　　　　　露 таллий（ターリイ）

語源を遡ると…インド・ヨーロッパ祖語の「咲く」

発見の順番　60 番目（同年に ₃₇Rb ルビジウムも発見）

## 名称の由来

1861 年イギリスの化学者ウィリアム・クルックス（William Crookes, 1832–1919）が発見しました。その前年に開発されたばかりの炎光分光分析法を用いて見つかったもので，この手法による三番目の元素発見となります（₅₅Cs セシウムと ₃₇Rb ルビジウムも参照）。タリウムの発光スペクトルの輝線が緑色であることから，ギリシャ語の「（オリーブの）若枝」θαλλός（thallos, タッロス）より名づけられました。新元素発見の報告は 3 月末になされており，ちょうど草木が芽生える時節でした。θαλλός

は，インド・ヨーロッパ祖語の「咲く」*dhal- に遡ります。「若枝」という爽やかな名前が付けられていますが，タリウムは猛毒です。

　タリウム発見に加え，クルックスは，低い圧力中で放電を起こさせるための装置を開発しました。この装置は，彼の名を採り「クルックス管」と呼ばれています。発明から 20 年ほど後の 1895 年，ドイツの物理学者ヴィルヘルム・コンラート・レントゲン（Wilhelm Conrad Röntgen, 1845–1923）は，クルックス管から X 線が放射されることを発見しました。そのおよそ 100 年後に発見された元素は，レントゲンの名にちなみ，$_{111}$Rg レントゲニウムと命名されました。

## $_{82}$Pb 鉛

金属

英 lead（レッド）　　　　　独 Blei（ブライ）

仏 plomb（プロン）　　　　瑞 bly（ブリー）

希 μόλυβδος（モリヴゾス），μολύβι（モリヴィ）

露 свинец（スヴィニェーツ）　羅 plumbum（プルンブム）

**語源を遡ると…** インド・ヨーロッパ祖語の「流れる」

**発見の順番** 古代から知られていた（$_6$C 炭素，$_{16}$S 硫黄，$_{26}$Fe 鉄，$_{29}$Cu 銅，$_{47}$Ag 銀，$_{50}$Sn スズ，$_{79}$Au 金，$_{80}$Hg 水銀，$_{82}$Pb 鉛の 9 元素）

### 名称の由来：欧米語

　どの言語も名称の由来の正確なところは不明です。

　元素記号 Pb はラテン語の plumbum から来ていますが，その語源は不明です。一説には，ケルト語由来ともいわれています。そうであれば，

「流れるように柔らかい金属」に由来するようであり，さらにインド・ヨーロッパ祖語の「流れる」*pleu- に遡って，$_{94}$Pu プルトニウムと同じ語源から生じたことになります。plumbum 自体の語源はさておき，フランス語の plomb やイタリア語の piombo（ピオンボ）は，plumbum から派生しています。古代ローマでは日常的に鉛を多用しており，上下水道の管は鉛でできていました。英語でも，「鉛管工，配管工」plumber や「おもり」plumb といった単語に，黙字の b まで含めて伝わっています。

英語で鉛を意味する lead も，ラテン語の plumbum と同じケルト語に由来し，語頭の p が脱落したようです。

ドイツ語では中世まで鉛を blî（ブリー）とも lôt（ロート；英語の lead の類語）とも呼んでいましたが，現在では前者に由来する Blei といい，後者から派生した Lot は，水深を測るための鉛の錘（おもり）に限定されています。Blei は「青い」（英語で blue，ドイツ語で blau（ブラオ））と同根で，鉛が「青く光る」ところから来ているようです。なお，「青い」を表すインド・ヨーロッパ祖語の語根は「輝く」*bhel- です。

ギリシャ語の名称 μόλυβδος は，$_{42}$Mo モリブデン（ギリシャ語で μολυβδαίνιο（モリブゼニョ））によく似ています。それもそのはずで，かつて $_{42}$Mo モリブデンの鉱物が鉛と混同されていた名残で，鉛にちなんだ名称が付けられたためです。μόλυβδος は，リューディア（現在のトルコ領のアナトリア半島の西部）にあったインド・ヨーロッパ語族アナトリア語派の言語で「暗い」を意味する語の借用（「暗い金属」という意味でしょう）ではないかといわれています。なお，ギリシャ神話でリューディアの王と伝わるタンタロスは，$_{73}$Ta タンタルの語源となっています。

### 名称の由来：和語

鉛は日本でも古くから知られており，白粉（おしろい）（主成分は鉛化合物 $2PbCO_3 \cdot Pb(OH)_2$）として使われていました。$_{50}$Sn スズと共に，数少ない大和言葉の元素名です。「なまり」の名称は，柔らかく加工しやすい性質から「生り」の読みを当てたものだそうです。「あおがね」と呼ばれるこ

ともありますが，しばしば $_{50}$Sn スズと混同されてきました。時代はぐっと下り，イエズス会が編纂した『日葡辞書』にも，鉛が Namari「ナマリ」として掲載されています（金属の和名と『日葡辞書』については，$_{26}$Fe 鉄を参照）。

### 漢字の成立ち

漢字の「鉛」は形声文字で，意符の金（金属）と，音符の㕣(エン)とから成ります。「㕣」は塩の旧字体「鹽」に通じ，白いことを意味するそうですので，「鉛」の字は白い金属であることを表し，白粉の色に由来していると思われます。

## $_{83}$Bi ビスマス

金属

英 bismuth（ビズマス）

独 Bismut（ビスムート），Wismut（ヴィスムート）

仏 bismuth（ビスミュト）　　瑞 vismut（ヴィスムト）

希 βισμούθιο（ヴィズムシヨ）　露 висмут（ヴィースムト）

語源を遡ると…ギリシャ語の「白粉(おしろい)」

発見の順番　中世には知られていた（古代から知られていた9元素に加えて，$_{30}$Zn 亜鉛，$_{33}$As ヒ素，$_{51}$Sb アンチモン，$_{78}$Pt 白金，$_{83}$Bi ビスマスの5元素）

### 発見者の名前

ビスマスの文献での初出は，ドイツの鉱山学者で「鉱山学の父」と呼ばれるゲオルギウス・アグリコラ（Georgius Agricola, 1494–1555）が，そ

の著書にビスマスをラテン語で bisemutum と記したもの（1546 年）とされています。アグリコラは，本名をゲオルク・バウアーといいます。姓の「バウアー」はドイツ語で「農夫」という意味であり（フィギュアスケートのイナ・バウアーでも知られる苗字です），これをラテン語に翻訳して「アグリコラ」と名乗っていました。

　当時，自分の名前をラテン語やギリシャ語に翻訳して自称することが流行っていました。たとえば，ドイツの人文主義者フィリップ・メランヒトン（1497-1560）は，本来の姓をシュバルツェルト（Schwartzerd）といいました。彼の姓は schwarz（ドイツ語で「黒い」）と Erde（同じく「大地」）に綴りが類似し，それらのギリシャ語訳 μέλας（melās, メラース）と χθών（chthōn, クトーン）から，Melanchthon（メランヒトン）と名乗っていたといわれています。


### 名称の由来

　ビスマスはかつて $_{82}$Pb 鉛や $_{50}$Sn スズと混同されており，ビスマスは plumbum cinereum（プルンブム・キネレウム；「灰色の $_{82}$Pb 鉛」の意味），$_{50}$Sn スズは plumbum candidum（プルンブム・カンディドゥム；「白い $_{82}$Pb 鉛」の意味），$_{82}$Pb 鉛は plumbum nigrum（プルンブム・ニグルム；「黒い $_{82}$Pb 鉛」の意味）と呼ばれることがありました。

　その後，ビスマスは $_{82}$Pb 鉛や $_{50}$Sn スズと別種の金属であることが分かってきて，固有の名前で呼ばれるようになったのですが，その語源ははっきりしていません。以下のような説が挙げられています。

①古いドイツ語の「白い」wîʒ（ウィース）と「金属の塊」messe（メセ）に由来するという説。ビスマス鉱が銀白色であることからそう呼ばれるようになったというものです。

②ドイツ語の「牧草地」Wiese（ヴィーゼ）と「採掘権申請」mut（ムート）とから成るという説。牧草地における鉱物の採掘許可権から命名されたというものです。

③ドイツとチェコの国境となっているエルツ山地を流れるヴィーゼント

（Wiesent）川と「採掘権申請」mut とから成るという説。エルツはドイツ語で「鉱石」という意味であり，ヴィーゼント川における鉱物の採掘許可権から命名されたというものです。なお，キュリー夫妻（$_{96}$Cm キュリウムの名称の語源）が $_{84}$Po ポロニウムと $_{88}$Ra ラジウムを発見した原鉱石が，エルツ山地の町ヨアヒムスタールで採掘されたものでした。さらに余談ながら，ヨアヒムスタールで採掘された $_{47}$Ag 銀で作られた銀貨は，産地名の語尾タール（ドイツ語で「谷」の意味）から「ターラー」（thaler）と呼ばれ，これは後に，通貨単位のドル（dollar, 英語の発音では「ダラー」）の語源となりました。

④アラビア語起源で，「融けやすいもの」を意味する言葉から来たという説。

以上がよく紹介される説ですが，最近（2003 年）発表された論文によると，ギリシャ語の「白粉」ψιμύθιον（psimythion, プシミュティオン）がアラビア語に取り入れられ，語形変化（たとえば，アラビア語にない［p］の音は［b］に変化）した後，西洋の言語に再輸入されて，ラテン語の bisemutum になったと考えるのが妥当であるとのことです。

ビスマスがかつて $_{82}$Pb 鉛と混同されていたことから，$_{82}$Pb 鉛の代表的な用途であった白粉がビスマスの語源となったという可能性はあります。


### 日本語の名称

ビスマスは，かつて日本語で「蒼鉛」と呼ばれていたことがありました。「蒼い $_{82}$Pb 鉛」という意味で，ビスマスが $_{82}$Pb 鉛と混同されていた名残を留めていました。1925 年（大正 14 年）発行された『理科年表』の第 1 冊には，ビスマスではなく「蒼鉛」の名で掲載されていました。名称がまったく変わってしまった元素はきわめて異例です。

# ₈₄Po ポロニウム

金属

| 英 polonium（ポロウニアム） | 独 Polonium（ポローニウム） |
|---|---|
| 仏 polonium（ポロニヨム） | 瑞 polonium（ポルーニウム） |
| 希 πολώνιο（ポロニヨ） | 露 полоний（パローニイ） |

語源を遡ると…インド・ヨーロッパ祖語の「平らな」

発見の順番　78番目（同年に ₁₀Ne ネオン，₃₆Kr クリプトン，₅₄Xe キセノン，₈₈Ra ラジウムも発見）

## 名称の由来

　ポーランド出身のフランスの物理学者・化学者マリ・スクウォドフスカ＝キュリー（Marie Skłodowska-Curie, 1867–1934）と夫でフランスの物理学者ピエール・キュリー（Pierre Curie, 1859–1906）が 1898 年，₉₂U ウランの鉱石から発見しました。異常に強い放射線が鉱石から発せられていることに着目し，新元素の抽出に成功しました。彼らは同じ鉱石から後に ₈₈Ra ラジウムも発見します（キュリー夫妻については ₉₆Cm キュリウムを参照）。

　マリ・キュリーの祖国は，ロシア帝国支配下のポーランドでした。祖国の独立を願い，ポーランドのラテン語名ポロニア（Polonia）を，新しく発見した元素の名に付けたのです。ポロニウムは，命名者の政治的な意図が込められた最初の元素です。

## ポーランド

　ポーランド（ポーランド語で Polska（ポルスカ））の語源はポーランド語の「平原，耕地」pole（ポレ）です。実際，ポーランドの国土の 3/4 は海抜 200 m 以下です。「平原」や「耕地」を意味する地名には，フランス

のシャンパーニュ地方，イタリアのナポリがあるカンパーニア州，アメリカのラス・ベガス（砂漠のなかの緑地であることから）があります。

pole は，インド・ヨーロッパ祖語の「平らな」*pelə- に遡ることができます。さらにこの語根からは，$_{78}$Pt 白金の節に登場する語根「広がる」*plat- が派生しています。

11 世紀に成立したポーランド王国は，1569 年リトアニア大公国と合同し，中世においてヨーロッパで最大の領土を有するポーランド・リトアニア共和国を形成しました。この時代，$_{44}$Ru ルテニウムの語源となったルテニア地方も，ポーランド・リトアニア共和国の領土となりました。文化的にも盛期を迎え，地動説を唱えた天文学者ニコラウス・コペルニクス（Nicolaus Copernicus, 1473–1543）（$_{112}$Cn コペルニシウムの名称の語源）などを輩出しました。

しかしながら近世になると，周囲のロシア帝国，プロイセン王国，オーストリア大公国（ハプスブルク家領）に圧迫され，1772 年，1793 年，1795 年の三度にわたる領土分割で，国土を失いました。タデウシュ・コシチュシュコ（1746–1817）による蜂起（1794 年）をはじめとした独立運動は，いずれも鎮圧されて失敗に終わりました。ナポレオン戦争後の 1815 年，ポーランド立憲王国というロシア帝国の従属国となり，ポーランド語の使用は制限されてロシア化政策が進められました。マリ・キュリーが生まれたのは，このような状況下でのポーランドでした。第一次世界大戦中の 1917 年にロシア革命が起こるまでこの情勢は続き，ポーランドとリトアニアが再び独立を手にするのは，第一次世界大戦後の 1918 年のことでした。

# 85At アスタチン

非金属（ハロゲン）

英 astatine（アスタティーン）　独 Astat（アスタート）, Astatin（アスタティーン）

仏 astate（アスタト）　　　　　瑞 astat（アスタート）

希 άστατο（アスタト）　　　　露 астат（アスタート）, астатин（アスタチーン）

語源を遡ると…インド・ヨーロッパ祖語の否定辞（「〜ない」）と
　　　　　　　「立つ」

発見の順番　91 番目（同年に 93Np ネプツニウムも発見）

## 名称の由来

1931 年アメリカの物理学者フレッド・アリソン（Fred Allison, 1882–1974）は，天然の鉱石中から 85 番元素を発見したと発表しました。彼は，アラバマ工科大学（現在はオーバーン大学と改名）に勤めており，アラバミン（元素記号：Ab）と命名しましたが，その発見は後に否定されました。アスタチンは自然界にはほとんど存在せず，地殻中の存在量がもっとも少ない元素なのです。彼は，87 番元素（現在の 87Fr フランシウム）も「発見」し（後に否定），出身地のアメリカ・バージニア州からバージニウム（元素記号：Vi）と命名しています。

1940 年アメリカの物理学者デイル・レイモンド・コーソン（Dale Raymond Corson, 1914–2012）とケネス・ロス・マッケンジー（Kenneth Ross MacKenzie, 1912–2002），イタリア出身のアメリカの物理学者エミーリオ・ジーノ・セグレ（Emilio Gino Segrè, 1905–1989）の三人が，83Bi ビスマスにアルファ粒子（2He ヘリウムの原子核）を照射し，アスタチンを作るのに初めて成功しました。

当時は第二次世界大戦の最中であり，研究を継続することはできませんでした。戦後，彼らは研究を再開し，1947 年ギリシャ語の「不安定な」

ἄστατος (astatos, アスタトス) に由来してアスタチンと命名しました。これは，アスタチンのもっとも長寿命の同位体（$^{210}$At）でも，その寿命（正確には，半減期）が 8.1 時間しかないためです。特に英語では，それまでに見つかっていたハロゲン元素（$_9$F フッ素（fluorine），$_{17}$Cl 塩素（chlorine），$_{35}$Br 臭素（bromine），$_{53}$I ヨウ素（iodine））の命名法に倣い，語尾に -ine が付けられました。

　ἄστατος は，否定辞 ἄ-（a-，アー）と「立っている」στατός（statos，スタトス）とから成ります。否定辞については，$_{18}$Ar アルゴンの節を参照してください。στατός は，インド・ヨーロッパ祖語の「立つ」*stā- に遡り，英語の「立つ」stand や「ステージ」stage と同根です。$_{110}$Ds ダームスタチウムの節にもこの語根が登場します。

# $_{86}$Rn ラドン

非金属（希ガス）

英 radon（レイダン）　　　　独 Radon（ラードン，ラドーン）
仏 radon（ラドン）　　　　　瑞 radon（ラドーン）
希 ραδόνιο（ラゾニヨ）　　　露 радон（ラドーン）
**語源を遡ると…**インド・ヨーロッパ祖語の「枝，根」
**発見の順番**　84 番目

### 名称の由来

　放射性元素である $_{88}$Ra ラジウムの化合物に接した空気が放射能を持つことは，フランスの物理学者ピエール・キュリー（Pierre Curie, 1859–1906）とポーランド出身のフランスの物理学者・化学者マリ・スクウォドフスカ゠キュリー（Marie Skłodowska-Curie, 1867–1934）の夫妻が気づ

いていました。この現象の要因が明らかにされたのは，1900年ドイツの物理学者フリードリヒ・エルンスト・ドルン（Friedrich Ernst Dorn, 1848–1916）が，$_{88}$Ra ラジウムが壊変して生じた気体によるものであることを発見したことによります。ドルンはこの気体を，$_{88}$Ra ラジウム（radium）からの「放射」emanation（エマネーションまたはエマナチオン）にちなみ，radium emanation と呼びました。

1902年イギリスで活躍した物理学者アーネスト・ラザフォード（Ernest Rutherford, 1871–1937）は，$_{90}$Th トリウムが壊変して生じた気体を「エマネーション」または「エマナチオン」（元素記号：Em）と命名しました。これ以降も類似の報告が続き，様々な名称が登場しますが，ラザフォードや，希ガス元素の多くを発見したイギリスの化学者ウィリアム・ラムジー（William Ramsay, 1852–1916）らは，エマネーションが新しい希ガス元素であることに気づき，改めてニトン（niton）と命名しました（元素記号：Nt）。これは，ラテン語の「光る」nitere（ニテーレ）に，希ガス元素の共通語尾 -on を付けたものです。

1910年ラムジーらはニトンを単離し，$_{88}$Ra ラジウムの語尾 -ium を -on に変えて，現行のラドンと命名しました。命名の根拠が，$_{89}$Ac アクチニウムと $_{91}$Pa プロトアクチニウムの関係に似ています。希ガス元素は，ここまですべてギリシャ語を基に命名されてきました。特に，$_{10}$Ne ネオン，$_{18}$Ar アルゴン，$_{36}$Kr クリプトン，$_{54}$Xe キセノンの名称は，いずれもギリシャ語の形容詞に由来しましたが，ラドンでその傾向から外れました。

1925年（大正14年）発行された『理科年表』の第1冊には，86番元素は「ニトン」の名前で掲載されており，脚注で「ラヂウム・エマネーション」に言及したうえで，1910年「ラドン」と改名されたと記されています。命名の複雑な経緯が垣間見られます。

ラドンの実態がよく分かっていなかった時代は，同位体ごとに別の気体と考えられ，それぞれ元素名と元素記号が付与されていました。$_{90}$Th トリウムの崩壊生成物（$^{220}$Rn）はトロン（元素記号：Tn），$_{89}$Ac アクチ

ニウムの崩壊生成物（$^{219}$Rn）はアクチノン（元素記号：An）と呼ばれ，現在でも外国語辞典にラドンの旧称として掲載されていますし，トロン温泉にその名を留めています。$_{88}$Ra ラジウムの崩壊生成物（$^{222}$Rn）がもっとも長寿命であり，研究対象として用いられることが多かったため，最終的に 1923 年，元素名をラドンとすることが国際的に決まりました。

　ところで，東宝映画『空の大怪獣ラドン』やゴジラシリーズに登場する怪獣ラドンの名は，中生代に実在した翼竜プテラノドンに由来するそうです。プテラノドン（Pteranodon）は，ギリシャ語の「翼」πτερόν（pteron，プテロン）と否定辞 ἀν-（an-，アン–）と「歯」ὀδούς（odūs，オドゥース；語幹は odont-）とから成り，「翼があり歯がない」という意味の名前です。

# $_{87}$Fr　フランシウム

金属

英　francium（フランシアム）　　独　Francium, Franzium（フランツィウム）
仏　francium（フランシヨム）　　瑞　francium（フランシウム）
希　φράγκιο（フランギヨ）　　　露　франций（フラーンツィイ）
語源を遡ると…古ドイツ語の「投槍」
発見の順番　90 番目

### 名称の由来

　87 番元素を発見する努力は古くからなされ，多くの報告がありましたが，いずれも確証を得るまでには至っていませんでした。1939 年フランスの物理学者で，当時パリのキュリー研究所に在籍していたマルグリット・カトリーヌ・ペレー（Marguerite Catherine Perey, 1909-1975）が発見

しました。

ペレーの師であるマリ・スクウォドフスカ゠キュリー（Marie Skłodowska-Curie, 1867–1934）が，祖国ポーランドの独立を願い，新元素を $_{84}Po$ ポロニウムと名づけたのに対して，ペレーは，自身の母国フランスの名を新元素に付けました。なお，フランスの古名ガリアは，$_{31}Ga$ ガリウムとして元素名に用いられています。

元素記号は当初 Fa でしたが，後に Fr に変更されました。

### 最後に発見された天然元素

フランシウムは自然界から発見された最後の元素です。フランシウム発見の2年前（1937年）には史上初めての人工元素である $_{43}Tc$ テクネチウムが発見されており，フランシウムよりも後の元素は，いずれも人工的に合成することで発見された元素になります。

そのため，フランシウムはいくつかの意味で元素発見史上の節目の元素となりました。まず，個人的な研究による元素の発見は，これが最後です。さらに，これ以降は元素の合成が国家的なプロジェクトとなったことにより，新元素発見はアメリカ・ソビエト連邦（ロシア）・ドイツの三ヶ国に独占されることになりました。現時点での唯一の例外は，日本による $_{113}Nh$ ニホニウムだけです。

なお，（中世以前に知られていた元素を除くと）それまでアメリカ大陸で元素が発見されたことはなく，ロシアで発見された元素は $_{44}Ru$ ルテニウムただ一つだったので[1]，新元素の発見場所もこれ以降，まったく変わってしまいました。

### フランス

フランスの語源は，5世紀にフランク王国を建てたゲルマン人のフランク族に由来します。フランク族は投槍（古いドイツ語で franko（フランコ））を武器としていたため，古代ローマ人がその特徴的な武器の名称で彼らを呼んだのです。

200

ちなみに，ゲルマン人の一派であるサクソン族（英語で Saxon）の名称は，彼らがナイフ（古英語で seax（サアクス））を武器としていたことに由来しており，武勇を重んじるゲルマン人の気風を今に伝えています。

1)　$_{44}$Ru ルテニウムが発見された場所は，現在のロシアの連邦構成主体の一つタタールスタン共和国の首都でもあるカザンでした。$_{62}$Sm サマリウムは，原鉱石こそロシアのウラル山脈で採掘されましたが，元素の発見地はフランスです。

---

# $_{88}$Ra ラジウム

金属

英 radium （レイディアム）　　独 Radium （ラーディウム）
仏 radium （ラディヨム）　　　瑞 radium （ラーディウム）
希 ράδιο （ラジヨ）　　　　　露 радий （ラーヂイ）
**語源を遡ると…**インド・ヨーロッパ祖語の「枝，根」
**発見の順番**　78 番目（同年に $_{10}$Ne ネオン，$_{36}$Kr クリプトン，$_{54}$Xe キセノン，$_{84}$Po ポロニウムも発見）

---

**名称の由来**

　ポーランド出身のフランスの物理学者・化学者マリ・スクウォドフスカ゠キュリー（Marie Skłodowska-Curie, 1867–1934）と夫でフランスの物理学者ピエール・キュリー（Pierre Curie, 1859–1906）が 1898 年，$_{92}$U ウランの鉱石から発見しました。同じ鉱石からすでに $_{84}$Po ポロニウムも発見していました（キュリー夫妻については $_{96}$Cm キュリウムを参照）。

　強い放射線を出し，暗所で青く光ることから，ラテン語の「光線」radius （ラディウス）にちなんで命名されました。なお，周期表上で一つ後の $_{89}$Ac アクチニウムの名称は，ギリシャ語の「光線」に由来します。

radius という語は、「棒，竿」が第一義であり，次いで「車輪の輻（スポーク），（円の）半径」を意味し，転じて「光線，放射（輻射）」をも意味するようになりました。この語は，インド・ヨーロッパ祖語の「枝，根」*wrād- に遡ります。

この語根から，英語の「根」root や「大根」radish，「根本的な，急進的な」radical などの語が派生しています。「光線」ray や「ラジオ，無線放送」radio，「放射能」radioactivity（マリ・キュリーによる造語）といった科学用語も同じ語根に由来します。この，「語根」のことも英語で root といいます。ドイツ語では「語根」を Wurzel（ヴルツェル）といい，両者は一見似てなさそうに見えるのですが，共に *wrād- から派生したと考えると，納得がいきそうです。

## 89Ac アクチニウム

金属

英 actinium（アクティニアム）　独 Actinium, Aktinium（アクティーニウム）
仏 actinium（アクティニヨム）　瑞 aktinium（アクツィーニウム）
希 ακτίνιο（アクティニヨ）　　露 актиний（アクチーニイ）
語源を遡ると…インド・ヨーロッパ祖語の「鋭い」
発見の順番　83 番目

### 名称の由来

1899 年フランスの化学者アンドレ゠ルイ・ドビエルヌ（André-Louis Debierne, 1874–1949）が発見しました。放射能を持つことから，ギリシャ語の「光線」ἀκτίς（actīs，アクティース；語幹は actīn-）にちなんで命名されました。なお，周期表上で一つ前の 88Ra ラジウムの名は，ラテン

語の「光線」に由来します。

ἀκτίς は，太陽光の鋭さに由来して，インド・ヨーロッパ祖語の「鋭い」*ak- に遡ると考えられています。そうであるならば，$_8$O 酸素（英語で oxygen）の名称の前半と同じということになります。

actīn- は，動物学の分野では「放射状の」という意味で用いられ，イソギンチャクを英語で actinia（アクティニア）といいます（日常語では「海のアネモネ」sea anemone）。

---

### アクチノイド

$_{89}$Ac アクチニウムから $_{103}$Lr ローレンシウムまでの 15 元素を総称してアクチノイドといいます。アクチノイドという名は，$_{89}$Ac アクチニウムと「〜のようなもの」を意味する -oid とから成ります（-oid についてはランタノイドのコラムを参照）。

アクチノイドという名称は，アメリカの化学者グレン・セオドア・シーボーグ（Glenn Theodore Seaborg, 1912–1999）（$_{106}$Sg シーボーギウムの名称の語源）が提案しました。超ウラン元素（$_{92}$U ウランよりも原子番号が大きい元素）を周期表のどこに位置づけるかという問題に対して，シーボーグは，アクチノイドがランタノイドと並列関係にあると主張しました。そしてその関係を強調するため，彼らが発見した 95 番元素と 96 番元素を，それらに対応するランタノイドである $_{63}$Eu ユウロピウムと $_{64}$Gd ガドリニウムの名前がそれぞれ大陸名と人名に由来しているところから，$_{95}$Am アメリシウムと $_{96}$Cm キュリウムと命名しました。

## $_{90}$Th トリウム

金属

英 thorium（ソーリアム）　　　独 Thorium（トーリウム）

仏 thorium（トリヨム）　　　　瑞 torium（トゥーリウム）

希 θόριο, θώριο（ソリヨ）　　　露 торий（トーリイ）

語源を遡ると…インド・ヨーロッパ祖語の「雷」

発見の順番　54番目

### 名称の由来

1815年スウェーデンの化学者イェンス・ヤーコブ・ベルセーリウス（Jöns Jacob Berzelius, 1779–1848）は，北欧産の鉱石中から新元素を発見したと考え，北欧神話の雷神トールにちなんでトリウムと命名しました。10年後誤認であったとして撤回しましたが，トリウムという名前が気に入っていたのか，1828年に本当に新元素を発見したとき，再度トリウムと命名しました。

トール（Þórr）の最初の文字Þは，古いゲルマン語に用いられたルーン文字の一つ「ソーン」（英語で thorn）であり，音価は［θ］に当たります。そのため，もともとの古ノルド語では，「トール」よりも「ソール」という発音に近いです。元素名への採用に際しても，多くの言語で th に翻字されています。

### 雷神トール

トールは北欧神話の雷神であり，ドイツ語ではドンナーと呼びます。ドンナーは，ドイツの作曲家リヒャルト・ワーグナー（1813–1883）の楽劇『ニーベルングの指輪』四部作の序夜『ラインの黄金』にも登場します。また，ゲルマン諸語の木曜日の名称の元になっていることについて

は，ゲルマン諸語の曜日の語源のコラムを参照してください。トールの名は，インド・ヨーロッパ祖語の「雷」*(s)tenə- に遡り，英語の「雷」thunder も同じ語源に由来します。

　トールは，北欧神話の主神オーディンの息子であり，最強を誇る戦いの神です。雷が鳴るのは，トールがミョルニルという名の槌を振るったからだと，古代の北欧の人々は信じていました。雷が鳴ると雨が降るため，トールは農耕神としても崇拝されていました。トールはミョルニルを武器に巨人族と戦い，多くの武勇伝を残しましたが，最終戦争ラグナロク（「神々の黄昏」）では，世界を取り囲むほどに巨大な蛇ヨルムンガルド（ミズガルド蛇とも）と戦い，相打ちになりました。

　スカンジナビアの農民の間では，農耕神であるトールが崇拝されていましたが，南方に発したオーディン信仰が戦士や貴族階級を中心に北へと広がり，いつの間にかトールはオーディンの子とされたようです。

　トールが広く信仰されたことは，その名が地名や人名に多く残されていることからも分かります。トールは，デンマークの自治領であるフェーロー諸島の中心都市の名にも使われています。フェーロー諸島は，シェトランド諸島（スコットランド北方の島）とアイスランドとノルウェーとの中間にあり，古代の航海者達が考えた極北の地トゥーレー（$_{69}$Tm ツリウムの名称の語源）にも該当しそうなところです。その中心都市はトウシュハウン（Tórshavn）といい，これは「トールの港」を意味します（「港」havn については，$_{72}$Hf ハフニウムも参照）。

英 protactinium（プロウタクティニアム）

独 Protactinium, Protaktinium（プロタクティーニウム）

仏 protactinium（プロタクティニヨム）瑞 protaktinium（プルタクツィーニウム）

希 πρωτακτίνιο（プロタクティニヨ）　露 протактиний（プラタクチーニイ）

語源を遡ると…インド・ヨーロッパ祖語の「前に」と最上級の接尾
辞と「鋭い」

発見の順番　86 番目

### 悲劇の発見者

　91 番元素発見の栄誉は後述の人々に帰されることが多いのですが，彼らに先んじて発見していたというべき人達がいました。ポーランド出身のアメリカの化学者カジミェシュ・ファヤンス（Kazimierz Fajans, 1887–1975）とドイツの化学者オスヴァルト・ヘルムート・ゲーリング（Oswald Helmuth Göhring, 1889–1915?）は 1913 年，91 番元素を発見し，その寿命が短いことから，ラテン語の「短い，束の間の」brevis（ブレウィス）にちなみ，ブレビウム（元素記号：Bv）と命名しました。しかしながら，1914年に始まった第一次世界大戦で研究は中断されてしまいました。不幸にもゲーリングは戦死したようですが，いつ亡くなったのかさえ定かではありません。この発見が確定していれば，ゲーリングは 24 歳の若さで新元素を発見したことになり，₇N 窒素の発見者であるイギリスの化学者・植物学者ダニエル・ラザフォード（Daniel Rutherford, 1749–1819）（発見当時 23 歳）に次いで，₃₅Br 臭素の発見者であるフランスの化学者アントワーヌ＝ジェローム・バラール（Antoine-Jérôme Balard, 1802–1876），₅₈Ce セリウムの発見者でもあるスウェーデンの化

学者イェンス・ヤーコブ・ベルセーリウス（Jöns Jacob Berzelius, 1779–1848），$_{94}$Pu プルトニウムの共同発見者であるアメリカの化学者アーサー・チャールズ・ワール（Arthur Charles Wahl, 1917–2006），$_{95}$Am アメリシウムと $_{96}$Cm キュリウムの共同発見者であるラルフ・アーサー・ジェイムズ（Ralph Arthur James, 1920–1973）（いずれも発見当時 24 歳）と並び，もっとも若い元素発見者の一人の栄誉を得ていたはずだったのですが。

### モーズリーの法則

第一次世界大戦で亡くなった科学者といえば，イギリスの物理学者ヘンリー・グウィン・ジェフリーズ・モーズリー（Henry Gwyn Jeffreys Moseley, 1887–1915）のことを忘れるわけにはいきません。モーズリーは 1913 年，X 線の波長と原子核中の陽子の個数（原子番号）との関係を見いだし，原子番号の物理的意味を明らかにしました。本書の元素も，原子番号の順に掲載されています。ノーベル賞受賞は確実といわれる業績だったのですが，第一次世界大戦が始まると，師であるアーネスト・ラザフォード（Ernest Rutherford, 1871–1937）（$_{104}$Rf ラザホージウムの名称の語源）の制止を振り切って従軍し，トルコのガリポリ半島で戦死しました（ノーベル賞は故人には授与されません）。26 歳の若さでした。これ以降，イギリスをはじめ多くの国で，科学者が戦争の前線に出ることを禁止するようになりました。

なお，モーズリーの法則によって，当時未発見だった 43 番元素（現在の $_{43}$Tc テクネチウム）をはじめとしたいくつかの元素の存在が予見されました。そのため，まだ見ぬ 43 番元素をモーズリウム（元素記号：Ms）と命名しようという提案がなされたことがありました。発見の前に名前だけが決まっているという奇妙な話でしたが，43 番元素がなかなか見つからないうちに，立ち消えになってしまいました。

## 名称の由来

さて，現在の名称であるプロトアクチニウムという名前を付けたのは，実質的な発見者とされるドイツの化学者オットー・エミール・ハーン（Otto Emil Hahn, 1879–1968）とオーストリアの物理学者リーゼ・マイトナー（Lise Meitner, 1878–1968）の二人です。発見は 1917 年のことであり，また，イギリスの化学者フレデリック・ソディ（Frederick Soddy, 1877–1956）とジョン・アーノルド・クランストン（John Arnold Cranston, 1891–1972）の二人組も，同年独立に発見したとされています。

ハーンは，原子核分裂の発見という功績で，第二次世界大戦中の 1944 年ノーベル化学賞を受賞しました。しかしながら，共同受賞者となるべきであったマイトナーは，ユダヤ系で大戦中に亡命していたこともあり，受賞を逃しました。その代わり，109 番元素は彼女の功績を称えて，$_{109}$Mt マイトネリウムと命名されました。

91 番元素が放射性崩壊を起こして $_{89}$Ac アクチニウムになることから，$_{89}$Ac アクチニウムに先立つ元素という意味で，ギリシャ語の「第一の，最初の」πρῶτος（prōtos，プロートス）を $_{89}$Ac アクチニウムの前に付けて，プロトアクチニウムと命名されました。命名の根拠が，$_{88}$Ra ラジウムと $_{86}$Rn ラドンの関係に似ています。

πρῶτος は，$_{61}$Pm プロメチウムや $_{66}$Dy ジスプロシウムの節に登場する「前に」προ（pro，プロ）や接頭辞「〜に向かって」προσ-（pros-，プロス-）の最上級形に相当します。これは，インド・ヨーロッパ祖語の「前に」*per- と最上級を示す接尾辞 *-is-to- とに由来します（英語の「第一の」first や，最上級の接尾辞 -est を参照）。

$_1$H 水素原子の原子核である「プロトン」（英語で proton）の名称も，πρῶτος に由来します。また，本書でたびたび登場している「インド・ヨーロッパ祖語」は，英語では Proto-Indo-European と表記され，この Proto も同様です。

かつては protoactinium と綴っていましたが，1949 年に二つ目の o を省いた現在の綴りに変更されました。

第二・第三

　プロトアクチニウムやプロトンの名前が，ギリシャ語で「第一の，最初の」を意味する πρῶτος に由来することは見てきた通りです。ギリシャ語の「第二の」δεύτερος (deuteros，デウテロス) と「第三の」τρίτος (tritos，トリトス) からはそれぞれ，$_1$H 水素の同位体である，重水素 (元素記号は D または $^2$H；英語で deuterium (デューティアリアム)) と三重水素 (元素記号は T または $^3$H；英語で tritium (トリティアム)) が命名されています。

　ノーベル賞の受賞対象となった元素などのコラムで記しているように，重水素の発見者であるアメリカの化学者ハロルド・クレイトン・ユーリー (Harold Clayton Urey, 1893-1981) は，この功績で 1934 年ノーベル化学賞を受賞しました。ユーリーは，地球上での生命の発生についての「ユーリー・ミラーの実験」(1953 年) でも知られています。


プロトウラン？

　悲劇の発見者であるファヤンスとゲーリングの組が発見した 91 番元素は，ハーンとマイトナーの組が発見したものと，少し異なっていました。共に原子番号，すなわち原子核中の陽子の個数は 91 個なのですが，中性子の個数が違い，前者は「プロトアクチニウム 234m ($^{234m}$Pa)」と呼ばれるもの，後者は「プロトアクチニウム 231 ($^{231}$Pa)」と呼ばれるものだったのです。

　前者 ($^{234m}$Pa) の寿命 (正確には半減期) は 1.17 分であり，確かにファヤンスとゲーリングが名づけた通り，「束の間」の寿命しかありませんが，後者 ($^{231}$Pa) はもっとも長寿命の同位体であって，その寿命は 3 万 2760 年であり，これならば人間の寿命よりは充分長いといえます (地球の寿命から見ると束の間ですが)。

　そして後者が命名の通り，放射性崩壊を起こして $_{89}$Ac アクチニウム (正確には「アクチニウム 227」) になるのに対し，前者はアクチニウムではなく $_{92}$U ウラン (正確には「ウラン 234」) になります。こうして見

ると,「プロトアクチニウム」という名は,必ずしも91番元素の本質を言い当てたものではなかったのかもしれません。

## $_{92}$U ウラン

金属

| | |
|---|---|
| 英 uranium（ユレイニアム） | 独 Uran（ウラーン） |
| 仏 uranium（ユラニヨム） | 瑞 uran（ウラーン） |
| 希 ουράνιο（ウラニヨ） | 露 уран（ウラーン） |

語源を遡ると…インド・ヨーロッパ祖語の「水,ミルク」

発見の順番　26番目（同年に $_{40}$Zr ジルコニウムも発見）

### 名称の由来

1789年ドイツの化学者マルティン・ハインリヒ・クラプロート（Martin Heinrich Klaproth, 1743–1817）が発見しました。当時はまだ放射能という性質は知られていませんでした（放射能の発見は約100年後のことになります）が,結果的に最初に発見された放射性元素です。

ウラン発見の8年前（1781年）に,近世になって見つかった初めての惑星である天王星が発見されました。天王星の発見者はドイツ出身のイギリスの天文学者フレデリック・ウィリアム・ハーシェル（1738–1822）であり,命名者はドイツの天文学者ヨハン・エラート・ボーデ（1747–1826）でした。ウランの発見者クラプロートはボーデの同僚であり,天王星（英語で Uranus）の名を新元素に付けたようです。

なお,ボーデは,太陽系の惑星の太陽からの距離を表す簡単な関係式（「ボーデの法則」）でも知られています。この法則からの予測を元にして,小惑星第一号であるケレス（$_{58}$Ce セリウムの名称の語源；現在は準

210

惑星）が見つかりました（ただし，この法則は現在では偶然と考えられています）。

### 天王星

土星までの惑星は古代から知られていました。その外側に新たに見つかった惑星の名称は，以下のような連想で付けられたようです。

木星（英語で Jupiter）の名はローマ神話の主神ユーピテル（Jup(p)iter）に由来し，土星（英語で Saturn）の名は同じくローマ神話のサートゥルヌス（Saturnus）に由来します。一方，ローマ神話の系譜では，サートゥルヌスはユーピテルの父に当たります。そうすると，その外側の新惑星には，サートゥルヌスの父の名がふさわしいことになります。ところが，サートゥルヌスの父の名は伝わっていません。そこで，ローマ神話のサートゥルヌスと同一視されたギリシャ神話のクロノスに目を付け，その父である天空神ウーラノス（Οὐρανός（Ūranos））の名を，新惑星の名前に付けたという次第です。天空神であることから雨に関連し，その名は，インド・ヨーロッパ祖語の「水，ミルク」*wē-r- に遡ると考えられているようです。なお，οὐρανός と小文字で始めると，普通名詞で「天，空」を意味します。

天空神は宇宙を創造して以降は活躍することもなく，「暇な神」と呼ばれることもあります。対となる地母神が世界中の種々のものを生み出していくのとは対照的です。地母神の名に由来する元素には，$_{52}$Te テルルと $_{58}$Ce セリウムがあります。$_{52}$Te テルルも，クラプロートによる命名です。

# $_{93}$Np ネプツニウム

金属

英 neptunium（ネプトゥーニアム）　独 Neptunium（ネプトゥーニウム）

仏 neptunium（ネプテュニヨム）　瑞 neptunium（ネプトゥーニウム）

希 ποσειδώνιο（ポシゾニヨ）　露 нептуний（ニプトゥーニイ）

語源を遡ると…インド・ヨーロッパ祖語の「雲」

発見の順番　91番目（同年に $_{85}$At アスタチンも発見）

### 科学史上の位置づけ

　1940年アメリカのカリフォルニア大学バークリー校で，アメリカの化学者エドウィン・マティソン・マクミラン（Edwin Mattison McMillan, 1907-1991）とアメリカの物理学者フィリップ・ハウゲ・エイベルソン（Philip Hauge Abelson, 1913-2004）が，$_{92}$U ウランに中性子を照射して得た人工元素です。エイベルソンは，たまたま一週間ほどバークリーを訪問していたときにマクミランから解析を依頼され，3日で新元素であることを示しました。ネプツニウムの発見は，超ウラン元素（$_{92}$U ウランよりも原子番号が大きい元素）の第一号として，科学史の上で画期的な意味を持ちます。超ウラン元素はいずれも不安定で，すぐに放射線を放出して放射性崩壊を起こしてしまうため，自然界には存在せず，ネプツニウム以降の元素はいずれも人工元素です。

　マクミランはこの功績により，アメリカの化学者グレン・セオドア・シーボーグ（Glenn Theodore Seaborg, 1912-1999）と共に，1951年のノーベル化学賞を受賞しました。共同受賞者であるシーボーグは，$_{94}$Pu プルトニウムから $_{102}$No ノーベリウムまでと $_{106}$Sg シーボーギウムの，合計10元素の合成を主導あるいは発見に寄与し，$_{106}$Sg シーボーギウムに自身の名を残しました。

ネプツニウム以降，カリフォルニア大学バークリー校の活躍が続きます（発見に関与した元素 16 種類は，$_{97}$Bk バークリウムを参照）。同校の名は，$_{98}$Cf カリホルニウムと $_{97}$Bk バークリウムとして元素名に採用されています。

## 名称の由来

ネプツニウムの名称は海王星（英語で Neptune）に由来します。周期表上で一つ前の $_{92}$U ウランが天王星（英語で Uranus）の名を採って命名されたのに倣い，天王星の一つ外側を運行する海王星の名が付けられました。

元素記号 Np はかつて，日本人による幻の元素発見となった「ニッポニウム」（$_{75}$Re レニウムを誤認）の元素記号として提案されたことがあります。

## いまひとつぱっとしない海神

海王星の名は，ローマ神話の海神ネプトゥーヌス（Neptunus）に由来します。天王星がギリシャ神話の天空神ウーラノスに由来することからの連想です。

ローマ神話の海神ネプトゥーヌスは，英語読みのネプチューンの名でも知られています。ギリシャ神話の海神ポセイドーン（オリュンポス十二神のコラムを参照）と同一視され，海神とされましたが，ネプトゥーヌスが古代ローマで本来どのような神であったのかは不明です。ネプトゥーヌスの名は，インド・ヨーロッパ祖語の「雲」*nebh- に遡ると考えられており，「星雲」（英語で nebula）と同語源に由来するようです。ドイツの作曲家リヒャルト・ワーグナー（1813–1883）の楽劇『ニーベルングの指輪』のタイトルにもなっている，北欧神話の小人のニーベルング族（Nibelung；「霧」に関連）の名も同じ語源から来ています。

ギリシャ神話において，ポセイドーンは大神ゼウスの兄であり，くじ引きで海の支配権を得ました。海を操れる三叉の戟がシンボルです。し

かしながら，その高い地位と強大な力に比して，ポセイドーンが活躍した逸話は，巨神族ティーターン（$_{22}$Ti チタンの名称の語源）との覇権を巡る戦い（ティーターノマキアー）の話を除けば，ほとんどありません。都市の守護神の地位を巡って他の神々と争った際も，いずれも敗れています。一例を $_{46}$Pd パラジウムの節で紹介しています。

加えて，ポセイドーンの縁者は怪物や乱暴者ばかりです。たとえば，見た者を石にするという女の怪物メドゥーサはポセイドーンの愛人でした。メドゥーサはもともと，髪が美しい美少女でしたが，知恵と戦争の女神アテーナー（$_{46}$Pd パラジウムの名称と関係）の呪いにより怪物になってしまいました。ギリシャ神話の英雄ペルセウスがメドゥーサの首を切り落としたところ，ポセイドーンとの間の子である天馬ペーガソス（英語読みでペガサス）とクリューサーオールが生まれました。クリューサーオール（Χρυσάωρ（Chrȳsāōr））の名は，ギリシャ語の「$_{79}$Au 金」χρυσός（chrȳsos，クリューソス）と「剣」ἄορ（aor，アオル）とから成り，「黄金の剣を持つ者」を意味します（車田正美の漫画『聖闘士星矢』に登場する同名の海将軍は，なぜか黄金の槍を持っていましたが）。ある伝承では，クリューサーオールにはエキドナという娘がおり，このエキドナから実に多くの怪物が生まれました。$_{48}$Cd カドミウムの節に登場する怪物スフィンクス，$_{61}$Pm プロメチウムの節に登場するプロメーテウスの肝臓をついばむ鷲，地獄の番犬ケルベロス，九つの頭を持つ水蛇ヒュドラーなどです。

また，牛頭人身の怪物ミーノータウロスが誕生した神話にもポセイドーンの関与が見られます（$_{63}$Eu ユウロピウムを参照）。

ポセイドーンがこのように不遇な立場にいる要因は，以下のように想像されています。ポセイドーンはもともと大地の神であり，それが敗れて海へと追いやられたというものです。それを示唆する事柄として，ポセイドーンは馬の神でもあること，また，ポセイドーン（Ποσειδῶν（Poseidōn））の名は「夫」πόσις（posis，ポシス）と「大地」Γῆ（Gē，ゲー）のドーリア方言 Δᾶ（Dā，ダー）とから成り，「大地の夫」に由来

214

するとも考えられていることが挙げられます。

　ギリシャ語ではネプツニウムのことを「ポシゾニヨ」と呼びます（ポセイドーンという神名は，歴史を経て現代ギリシャ語ではポシゾナスに変化しています）。$_{58}$Ce セリウムのギリシャ語名と同様，ギリシャ神話の系譜に基づいた命名です。

## $_{94}$Pu プルトニウム

金属

| | |
|---|---|
| 英 plutonium（プルートウニアム） | 独 Plutonium（プルトーニウム） |
| 仏 plutonium（プリュトニヨム） | 瑞 plutonium（プルトゥーニウム） |
| 希 πλουτώνιο（プルトニヨ） | 露 плутоний（プルトーニイ） |

**語源を遡ると…インド・ヨーロッパ祖語の「流れる」**
**発見の順番　93番目**

### 名称の由来

　プルトニウムの作成は当初，アメリカの化学者エドウィン・マティソン・マクミラン（Edwin Mattison McMillan, 1907–1991）によって始められましたが，第二次世界大戦中の軍事研究のために彼が他の研究機関に転出したため，アメリカの化学者グレン・セオドア・シーボーグ（Glenn Theodore Seaborg, 1912–1999）らに引き継がれました。1941年アメリカのカリフォルニア大学バークリー校で，いずれもアメリカの化学者であるシーボーグ，アーサー・チャールズ・ワール（Arthur Charles Wahl, 1917–2006），ジョゼフ・ウィリアム・ケネディ（Joseph William Kennedy, 1916–1957）の三人が，$_{92}$U ウランに重水素を照射して得た人工元素です。第二次世界大戦の最中であり，戦略上の理由から，終戦までその発

見が公表されることはありませんでした。名前も「$_{29}$Cu 銅」というコードネームが用いられ，本来の $_{29}$Cu 銅は，「神に誓って $_{29}$Cu 銅」（honest-to-God copper）と呼ばれていたそうです。

プルトニウム以降，$_{102}$No ノーベリウムまで，シーボーグらが発見した元素が続きます。$_{106}$Sg シーボーギウムは，彼の功績を称えて命名された元素であり，存命中の人物の名が付けられた最初の例です。2016 年11 月 28 日，第 2 例として $_{118}$Og オガネソンが命名されました。

プルトニウムの名称は冥王星（英語で Pluto）に由来します。周期表上で二つ前の $_{92}$U ウランと一つ前の $_{93}$Np ネプツニウムが，それぞれ天王星（英語で Uranus）と海王星（英語で Neptune）の名を採って命名されたのに倣い，それらの外側を運行する冥王星の名が付けられました。冥王星は，プルトニウム発見の 10 年前（1930 年）に発見されたばかりでした。

元素記号は，普通に考えると最初の 2 文字を採って Pl となるはずですが，実際には Pu です。これは，発見者達が冗談で，「プー」といういささか品の悪い発音となるように選んだためです。

プルトニウムは発見直後に原子爆弾の原料に使用され，化学的にも猛毒であるなど，冥王の名にふさわしい，恐ろしい元素です。


### 冥王

冥王星の名は，ギリシャ神話の冥界の神ハーデースの別名プルートーン（Πλούτων（Plūtōn）），またはローマ神話に取り入れられたプルートー（Pluto）にちなみます。プルートーンの名は「富」πλοῦτος（plūtos，プルートス）に由来します。プルートーンが支配する冥界は地下にあると考えられていましたが，地中から植物が芽を出したり鉱物が産出したりするところから，富める神と見なされました。古代ギリシャの哲学者プラトン（前 427–前 347）の著作『クラテュロス —— 名前の正しさについて —— 』でも，プルートーンの名前の由来を同じように説明しています。また，ハーデース（Ἅιδης（Hādēs））の名は，「見えざる（者）」ἀϊδής

216

(aidēs, アイデース）に由来するという説が紹介されています。

πλοῦτος は，インド・ヨーロッパ祖語の「流れる」*pleu- に遡り，「（溢れるほど）豊かな」という意味です。英語の「金権政治」plutocracy や「拝金主義」plutolatry も同語源に由来します。

ハーデースがプルートーンの別名で呼ばれたのは，冥界の神として恐れられ，その本名を呼ぶことすらも忌避されたためです。ただし，ハーデース（プルートーン）は冥界の支配者であって，死神ではありません。支配する冥界は地獄ではなく，地獄タルタロスは，ハーデースの支配域よりもはるかに下にあって，ティーターン族（$_{22}$Ti チタンの名称の語源）やタンタロス（$_{73}$Ta タンタルの名称の語源）が閉じ込められています。ハーデースは，すべての人を受け入れ，正義に悖ることのない正しい神であるとされています。ミーノース，ラダマンテュス，アイアコスの三人（$_{63}$Eu ユウロピウムを参照）を審判者として，死者の裁きを遂行しています。

ただハーデースに関しては，これといった神話はほとんどなく，$_{58}$Ce セリウムの節で紹介しているペルセポネーを巡る話が伝わる程度です。特に浮いた話があるわけでもなく，兄弟の主神ゼウスや海神ポセイドーン（$_{93}$Np ネプツニウムの名称と関係）が浮気を繰り返していたのとは大違いです。神話学的には，ゼウスやポセイドーンにそのような話が多いのは，以下のように説明されます。ギリシャ世界の統一により，各地で崇拝されていた神（特に地母神）は，ゼウスを頂点とする神話体系に取り込まれ，彼らの愛人として位置づけられていきました。その際，冥界の神とはあまりお近づきになりたくなかったため，ハーデースに関連する話は創られなかったようです。

## ₉₅Am アメリシウム

金属

英 americium（アメリシアム）

独 Americium, Amerizium（アメリーツィウム）

仏 américium（アメリシヨム）　瑞 americium（アメリーシウム）

希 αμερίκιο（アメリキヨ）　露 америций（アミリーツィイ）

**語源を遡ると**…ゴート語での王族の家名とインド・ヨーロッパ祖語の「まっすぐ進む，導く」

**発見の順番**　95 番目（同年に ₉₆Cm キュリウムも発見）

### 名称の由来

第二次世界大戦中の 1944 年，アメリカのカリフォルニア大学バークリー校で，いずれもアメリカの化学者であるグレン・セオドア・シーボーグ（Glenn Theodore Seaborg, 1912–1999），ラルフ・アーサー・ジェイムズ（Ralph Arthur James, 1920–1973），レオン・オーウェン・モーガン（Leon Owen Morgan, 1919–2002）の三人が，₉₄Pu プルトニウムに中性子を照射して得た人工元素です。ただおそらく，それ以前の核実験で生成していたと考えられています。

₉₆Cm キュリウムと共に，その存在が公式発表よりも前に漏れてしまったという経緯を有します。1945 年 11 月，子供向けのラジオのクイズ番組で，リスナーの少年からの質問に答えて，シーボーグが口を滑らせてしまったのです。公式発表の 5 日前のことでした。

周期表上で一つ上の ₆₃Eu ユウロピウムの名称がヨーロッパ大陸に由来することから，アメリカ大陸にちなんで命名されました。

### アメリカ

　アメリカの名称は，イタリアの探検家アメリーゴ・ヴェスプッチ（Amerigo Vespucci, 1454-1512）の名前に由来します。彼の名前をラテン語で表記すると Americus Vespucius となり，ファーストネーム Americus の女性形 America が，「新大陸」の名前に用いられるようになりました。女性形である（綴りが -a で終わる）のは，アジア（Asia）やアフリカ（Africa）の表記に倣ったためです。

　アメリカ海域に初めて到達した西洋人は，イタリアの航海者クリストファー・コロンブス（1451 頃-1506）でした（コロンブスの名前が付き損なった元素として，$_{41}$Nb ニオブを参照）。アメリカ海域に到達した1492 年の覚え方に「東洋の国と思ったコロンブス」という語呂合わせがあるように，コロンブスは終生，自分が到達したのはアジアであると信じていました。一方アメリーゴ・ヴェスプッチは，1499 年から数回にわたって南アメリカ大陸を探検し，その地がアジアではなく，これまで西洋には知られていなかった大陸であることに気づきました。1507 年ドイツで発行された世界地図に「アメリカ」の名が用いられ，その名が定着していきました。

　アメリーゴという名前の由来にはいくつかの説がありますが，一説には，ゴート族の言葉に由来するといわれています。ゴート族はゲルマン系民族の一つで，「ゲルマン民族の大移動」（375 年）で最初に移動を開始した民族として知られています。「ゴートの」という形容詞が「ゴシック」（英語で Gothic）です（本書中の見出しや太字のフォントはゴシック体です）。東ゴート族の王族の家名「アマル」Amal とゴート語の「支配者」reiks（リークス）とから成る「アマルのような支配者」が，アメリーゴの名前の語源と考えられています。「支配者」reiks は，インド・ヨーロッパ祖語の「まっすぐ進む，導く」*reg- に遡り，英語の「正しい」right や「規則的な」regular，ラテン語の「王」rex（レークス）が姉妹語です（アメリーゴの名は，ハインリヒ（Heinrich）から来たという説もあります）。

## ₉₆Cm　キュリウム

金属

英 curium（キュアリアム）　　独 Curium（クーリウム）

仏 curium（キュリヨム）　　　瑞 curium（キューリウム）

希 κιούριο（キュリヨ）　　　　露 кюрий（キューリイ）

**語源を遡ると…** フランスの地名またはインド・ヨーロッパ祖語の
「切る」

**発見の順番**　94 番目（同年に ₉₅Am アメリシウムも発見）


**名称の由来**

　第二次世界大戦中の 1944 年，アメリカのカリフォルニア大学バークリー校で，いずれもアメリカの化学者であるグレン・セオドア・シーボーグ（Glenn Theodore Seaborg, 1912–1999），ラルフ・アーサー・ジェイムズ（Ralph Arthur James, 1920–1973），アルバート・ギオルソ（Albert Ghiorso, 1915–2010）の三人が，₉₄Pu プルトニウムにアルファ粒子（₂He ヘリウムの原子核）を照射して得た人工元素です。ただおそらく，それ以前の核実験で生成していたと考えられています。

　発見を公式発表するよりも前に，シーボーグが口を滑らせてしまったことの顛末は，₉₅Am アメリシウムの節を参照してください。

　放射能の研究で有名なキュリー夫妻の功績を称えて命名されました。ただしキュリー夫妻は，キュリウムの発見には直接は関係していません。キュリウムの命名は，周期表上で一つ上の ₆₄Gd ガドリニウムの名称が人名に由来することに倣いました。₆₄Gd ガドリニウムの名の由来となったフィンランドの化学者・鉱物学者ヨハン・ガドリン（Johan Gadolin, 1760–1852）は，₃₉Y イットリウムを発見し，「希土類元素」という新しい元素種の嚆矢となりました。「放射性元素」という新しい元素種

を開拓していったキュリー夫妻の名は，ガドリンの名の下に配置するのに適任だといえそうです。

### キュリー夫妻

　キュリー夫妻は，ポーランド出身のフランスの物理学者・化学者マリ・スクウォドフスカ＝キュリー（Marie Skłodowska-Curie, 1867–1934）と夫でフランスの物理学者ピエール・キュリー（Pierre Curie, 1859–1906）の二人です。彼らは共同で放射能の研究を行ない，1903 年ノーベル物理学賞を授与されました。マリは，女性初のノーベル賞受賞者となりました。不幸にして，夫ピエールは不慮の事故死を遂げましたが，マリは研究を続け，1911 年 $_{88}$Ra ラジウムと $_{84}$Po ポロニウムの研究でノーベル化学賞を受賞しました。2016 年までの受賞者のうち，ノーベル賞を二度受賞した人は四人しかいません。

　長女のイレーヌ・ジョリオ＝キュリー（Irène Joliot-Curie, 1897–1956）とその夫のジャン・フレデリック・ジョリオ＝キュリー（Jean Frédéric Joliot-Curie, 1900–1958）も，人工放射性元素の発見という功績で 1935 年ノーベル化学賞を受賞しています。さらには，次女エーヴ・キュリー（1904–2007）の夫ヘンリー・リチャードソン・ラブイス・ジュニア（1904–1987）がユニセフ（国際連合児童基金）の 2 代目事務局長に就任した年（1965 年）に，ユニセフがノーベル平和賞を受賞しており，一家で合計 6 個のノーベル賞を受賞したというのは他に例がありません。ただし，フレデリック・ジョリオ＝キュリーは，惜しくも元素名に名前を残し損ねました（元素名の変遷のコラムを参照）。

　キュリーという姓は，Curey というフランスの地名から来ているという説，あるいはフランス語の「馬小屋」écurie（エキュリ）から来ており，厩務員に関係しているという説があるようです。さらに後者の語の由来は，フランス語の「騎士の近習，騎士見習い」écuyer（エキュイエ）という語であり，この語自体は，盾を持つ兵であるところから，ラテン語の「盾」scutum（スクートゥム）に語源を有します（フランス語では

「盾」を écu（エキュ）といいます）。そして scutum は，インド・ヨーロッパ祖語の「切る」*skei- に遡ることができます。この語根からは，「科学」（英語で science；分類する学問であるところから）も派生しています。

## ポーランド語の元素名

$_{96}$Cm キュリウムがキュリー夫妻（ポーランド出身のフランスの物理学者・化学者マリ・スクウォドフスカ＝キュリー（Marie Skłodowska-Curie, 1867–1934）と夫でフランスの物理学者ピエール・キュリー（Pierre Curie, 1859–1906））の功績を称えて命名されてから，それ以降の元素は，①物理学や化学に傑出した足跡を残した人物を称えたものか，②発見に関係した地名，のいずれかから命名されています。ところで，マリ・キュリーの母語であるポーランド語の元素名には共通語尾（-ium など）がありません。そのため，元素名と語源となった事柄とがまったく同じ綴りになってしまう例が散見されます。下の表で，ポーランド語で綴った場合に，元素名と語源が同じになるものに下線を引いています（参考までに，$_{96}$Cm キュリウムの一つ前の $_{95}$Am アメリシウムも併せて掲載しました）。ポーランド人はどうやって区別しているのでしょうか。

| 原子番号 | 元素名 | 元素名の語源 | 由　　来 |
|---|---|---|---|
| 95 | ameryk | Ameryka | アメリカ（大陸名） |
| 96 | kiur | Curie | キュリー（人名） |
| 97 | berkel | Berkeley | バークリー（都市名） |
| 98 | kaliforn | Kalifornia | カリフォルニア（州名） |
| 99 | einstein | Einstein | アインシュタイン（人名） |
| 100 | ferm | Fermi | フェルミ（人名） |
| 101 | mendelew | Mendelejew | メンデレーエフ（人名） |
| 102 | nobel | Nobel | ノーベル（人名） |
| 103 | lorens | Lawrence | ローレンス（人名） |
| 104 | rutherford | Rutherford | ラザフォード（人名） |
| 105 | dubn | Dubna | ドゥブナー（都市名） |

| 106 | seaborg | Seaborg | シーボーグ（人名） |
| 107 | bohr | Bohr | ボーア（人名） |
| 108 | has | Hesja | ヘッセン（州名） |
| 109 | meitner | Meitner | マイトナー（人名） |
| 110 | darmsztadt | Darmstadt | ダルムシュタット（都市名） |
| 111 | roentgen | Röntgen | レントゲン（人名） |
| 112 | kopernik | Kopernik | コペルニクス（人名） |
| 113 | nihonium | Japonia | 日本（国名） |
| 114 | flerow | Florow | フリョーロフ（人名） |
| 115 | moscovium | Moskwa | モスクワ（州名） |
| 116 | liwermor | Livermore | リバモア（都市名） |
| 117 | tennessine | Tennessee | テネシー（州名） |
| 118 | oganesson | Oganiesian | オガネシアーン（人名） |

なお，2012 年に命名された元素（$_{114}$Fl フレロビウムと $_{116}$Lv リバモリウム）までは元素名の共通語尾が付けられていなかったのですが，2016 年に命名された元素（$_{113}$Nh ニホニウム，$_{115}$Mc モスコビウム，$_{117}$Ts テネシン，$_{118}$Og オガネソン）には語尾が付けられています。この間に，ポーランドの化学会で方針の変更があったのでしょうか。

# $_{97}$Bk バークリウム

金属

英 berkelium（バークリアム，バーキーリアム）

独 Berkelium（ベルケーリウム）

仏 berkélium（ベルケリヨム）　　瑞 berkelium（ベケーリウム）

希 μπερκέλιο（ベルキェリヨ）　　露 берклий（ビェールクリイ）

**語源を遡ると…**インド・ヨーロッパ祖語の「輝く，白い」と「光」

**発見の順番**　97 番目

### 名称の由来

1949 年アメリカのカリフォルニア大学バークリー校で，いずれもアメリカの化学者であるスタンリー・ジェラルド・トンプソン（Stanley Gerald Thompson, 1912–1976），アルバート・ギオルソ（Albert Ghiorso, 1915–2010），グレン・セオドア・シーボーグ（Glenn Theodore Seaborg, 1912–1999）の三人が，$_{95}$Am アメリシウムにアルファ粒子（$_2$He ヘリウムの原子核）を照射して得た人工元素です。

元素名は，研究所の所在地バークリー（バークレーとも）（Berkeley）にちなみます。周期表上で一つ上の $_{65}$Tb テルビウムの名称が地名に由来することに倣いました。$_{65}$Tb テルビウムの名の由来となったスウェーデンのイッテルビー村で採掘された鉱石からは，$_{39}$Y イットリウムの節に記す通り，合計 7 種類の元素が発見されました。バークリーが 16 種類の元素の発見に関与している[1]ことを考えると，$_{65}$Tb テルビウムとバークリウムとが周期表上で上下に並ぶのには適切だといえそうです。

長らく未発見だった $_{61}$Pm プロメチウムがバークリウム発見の 4 年前に見つかり，周期表の空欄が埋まったことで，バークリウム以降，原子番号と発見の順番が一致する傾向が続きます。

ギリシャ語の元素名の綴りは μπερκέλιο で，一見奇妙ですが，古典ギリシャ語で［b］の音を表した β の文字は，時代を経て［v］の音に変化しており，現代ギリシャ語で［b］の音を表すには "μπ (mp)" という綴りを用います。

英語名 berkelium の読み方は，ber にアクセントがある「バークリアム」と ke にアクセントがある「バーキーリアム」の二通りの発音があります。


### 「マニフェスト・デスティニー」

カリフォルニア州バークリー市は，サンフランシスコ市とサンフランシスコ湾を隔てた対岸にあります。バークリーという地名は，アイルランドの司教ジョージ・バークリー（George Berkeley, 1685–1753）に由来します。アメリカに関心を寄せていた彼は，"Verses on the Prospect of

Planting Arts and Learning in America"という詩を発表しました。この詩の最後の節

　　Westward the course of empire takes its way（帝国は進路を西へ）

は，その後のアメリカ西部開拓の標語となりました。これに敬意を表して，アメリカ西海岸の土地に，彼の名を付けたといわれています。ただし，バークリーの哲学上の立場は，「唯心論」の創始者で，「存在することは知覚されることである」，すなわち，物質が実在するかどうかを知ることはできないという考えを提唱していて，カリフォルニア大学バークリー校のチームの人々が聞くと，びっくりすることでしょう。

　バークリー市は，肥満や糖尿病を防ぐことを目的に炭酸飲料に課税する「ソーダ税」を，アメリカで初めて導入したことでも知られています。


### 白樺

　バークリーという姓は，「白樺」を表す語（現代の英語では birch）に，「森の間の土地」を意味する地名語尾 -ley が付いたもので，「白樺の森の土地」といった意味です。哲学史を基にしたヨースタイン・ゴルデル（1952–）の小説『ソフィーの世界』にも，ジョージ・バークリーを白樺（ゴルデルの母語ノルウェー語では「ビャルク」）と連想づける場面がたびたび出てきます。

　白樺は，インド・ヨーロッパ祖語を話していた人々の間で知られていたようで，*bherəg- という語根に遡ります。「輝く，白い」に関連する語根であり（英語の「明るい」bright が類語），日本語の「白樺」という命名と同じ発想であることが分かります。また，地名語尾 -ley は，インド・ヨーロッパ祖語の *leuk- に遡ります。こちらは，「光」に関連する語根であり（英語の「光」light が類語），森の間の土地に光が差し込むことに由来しています。

　1)　バークリーが関与した 16 元素は，以下の通りです：
　　$_{43}$Tc テクネチウム，$_{85}$At アスタチン，$_{93}$Np ネプツニウム，$_{94}$Pu プルトニウム，$_{95}$Am アメリシウム，$_{96}$Cm キュリウム，$_{97}$Bk バークリウム，$_{98}$Cf カリホルニウ

ム，$_{99}$Es アインスタイニウム，$_{100}$Fm フェルミウム，$_{101}$Md メンデレビウム，$_{102}$No ノーベリウム，$_{103}$Lr ローレンシウム，$_{104}$Rf ラザホージウム，$_{105}$Db ドブニウム，$_{106}$Sg シーボーギウム

このうち，$_{43}$Tc テクネチウムは，バークリーで偶然生成したものをイタリアで発見しました。

$_{95}$Am アメリシウムと$_{96}$Cm キュリウムは，バークリーで合成し，シカゴで化学処理を施してから存在を確認しました。

$_{99}$Es アインスタイニウムと$_{100}$Fm フェルミウムは，太平洋上のマーシャル諸島で行なわれた水素爆弾実験の際の放射性降下物を回収して発見しました。

# $_{98}$Cf カリホルニウム

金属

英 californium（キャリフォーニアム）

独 Californium, Kalifornium（カリフォルニウム）

仏 californium（カリフォルニヨム）瑞 californium（カリフォーニウム）

希 καλιφόρνιο（カリフォルニョ）　露 калифорний（カリフォールニイ）

語源を遡ると…アラビア語の「継承する」

発見の順番　98 番目

## 名称の由来

1950 年アメリカのカリフォルニア大学バークリー校で，いずれもアメリカの化学者であるスタンリー・ジェラルド・トンプソン（Stanley Gerald Thompson, 1912-1976），ケネス・ストリート・ジュニア（Kenneth Street, Jr., 1920-2006），アルバート・ギオルソ（Albert Ghiorso, 1915-2010），グレン・セオドア・シーボーグ（Glenn Theodore Seaborg, 1912-1999）の四人が，$_{96}$Cm キュリウムにアルファ粒子（$_{2}$He ヘリウムの原子核）を照射して得た人工元素です。

元素名は，大学名およびその所在地の州名カリフォルニア（California）にちなみます。

　日本語の元素名は，日本化学会の制定により，「カリ<u>フォ</u>ルニウム」ではなく「カリ<u>ホ</u>ルニウム」と表記することになっています。化学用語では，"form"を「ホルム」と表記する例があります（たとえば，シックハウス症候群の原因物質の一つであるホルムアルデヒドの英語表記はformaldehyde）。

### カリフォルニア

　当初カリフォルニアと呼ばれていた地域は，今日のカリフォルニア州に加え，南に延びるメキシコのバハ・カリフォルニア半島，さらには現在のネバダ州，ユタ州，アリゾナ州およびワイオミング州の一部から成る地域のことでした。探検家達は当初，バハ・カリフォルニア半島を島と誤認し，詩に詠われた夢の島の名前から，カリフォルニアと命名したといわれています。

　カリフォルニアの語源にはいくつかの説があります。しかし，いずれも創作された語で，特別な意味は持たないようです。中世フランスの騎士道物語『ローランの歌』（11世紀成立）に，アフリカと並び，「カリ

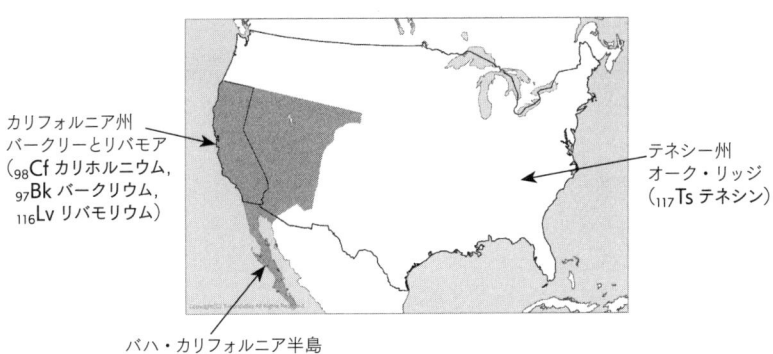

カリフォルニア州
バークリーとリバモア
（98Cf カリホルニウム，
97Bk バークリウム，
116Lv リバモリウム）

テネシー州
オーク・リッジ
（117Ts テネシン）

バハ・カリフォルニア半島

かつてカリフォルニアと呼ばれていた領域（灰色）と現在のカリフォルニア州（実線）

フェルヌ」(Califerne) という名の空想の国が登場します。この国の名は，イスラム世界の最高指導者カリフに由来すると考えられています。カリフ（アラビア語で「ハリーファ」）はもともと，アラビア語で「（預言者の）代理人」خَلِيفَةٌ (khalīfatun, ハリーファトゥン) を意味し，三語根「継承する」kh-l-f から派生しています。その後この地名は，16世紀のスペインの詩のなかで，アマゾンの女王カラフィアが支配する空想の島カリフォルニアとして取り入れられたようで，この詩を読んだスペインの探検家達が，この地名を現在のバハ・カリフォルニア半島に採用したようです。

# ₉₉Es アインスタイニウム

金属

英 einsteinium（アインスタイニアム）独 Einsteinium（アインシュタイニウム）
仏 einsteinium（アインシュタイニヨム，エンシュテニヨム）
瑞 einsteinium（アインスタイニウム）希 αϊνστάϊνιο（アインスタイニヨ）
露 эйнштейний（エインシュテーイニイ）
語源を遡ると…インド・ヨーロッパ祖語の「1」と「石」
発見の順番　99番目

### 名称の由来

1952年11月人類史上初の水素爆弾の実験が，太平洋上のマーシャル諸島で行なわれました。同年その放射性降下物（いわゆる「死の灰」）のなかから，アメリカの化学者グレン・セオドア・シーボーグ（Glenn Theodore Seaborg, 1912–1999）をはじめとした16人のグループが発見しました。翌年には同じ放射性降下物のなかから ₁₀₀Fm フェルミウムが発

見されました。

　もっとも著名な物理学者の一人であるアルベルト・アインシュタイン（Albert Einstein, 1879-1955）の功績を称えて命名されました。命名は1955 年のことであり，アインシュタインは 4 ヶ月前に亡くなったばかりでした。原子爆弾が，自身が発表した相対性理論からの理論的帰結として開発されたこともあり，晩年のアインシュタインは，核兵器廃絶を唱えていました。それにもかかわらず，水爆実験で生成した元素の名称に彼の名が採用されたのは，皮肉としか言いようがありません。

### もっとも著名な物理学者

　アインシュタインは，ドイツの生まれのユダヤ系の理論物理学者です。「奇跡の年」と呼ばれる 1905 年，彼は特殊相対性理論・光電効果（量子論の基礎となりました）・ブラウン運動論（当時は仮想的存在だった分子の実在を示しました）という三つの業績を上げ，その後の物理学を大きく発展させました。光電効果の研究に対し，1921 年ノーベル物理学賞が授与されました。アインシュタインという姓は，ドイツ語で「1」 einと「石」stein を意味します（古いドイツ語では，それぞれ「エイン」「ステイン」とローマ字通りに読みました）。これらはそれぞれ，インド・ヨーロッパ祖語の「1」*oi-no- と「石」*stāi- に遡ります。

　日本語の元素名は，かつてはドイツ語の呼び名で呼ばれるものがほとんどでした。特に，金属元素のうち，その名称が共通語尾「–(イ)ウム」で終わらないものは，ドイツ語名に従って呼ばれています。しかしながら，人工的に作られた元素の時代になってくると，英語の読み方が増えてきます。Einstein は，ドイツ語では「アインシュタイン」ですが，英語では「アインスタイン」と読みます。日本語の元素名は，英語風の発音から付けられています。

# $_{100}$Fm フェルミウム

(未測定)

| | |
|---|---|
| 英 fermium（ファーミアム） | 独 Fermium（フェルミウム） |
| 仏 fermium（フェルミヨム） | 瑞 fermium（フェルミウム） |
| 希 φέρμιο（フェルミヨ） | 露 фермий（フィエールミイ） |

語源を遡ると…インド・ヨーロッパ祖語の「しっかりと持つ」

発見の順番　100番目

### 名称の由来

1952年11月人類史上初の水素爆弾の実験が，太平洋上のマーシャル諸島で行なわれました。翌1953年その放射性降下物（いわゆる「死の灰」）のなかから，アメリカの化学者グレン・セオドア・シーボーグ（Glenn Theodore Seaborg, 1912-1999）をはじめとした16人のグループが発見しました。前年には同じ放射性降下物のなかから $_{99}$Es アインスタイニウムが発見されています。

イタリアの物理学者エンリーコ・フェルミ（Enrico Fermi, 1901-1954）の功績を称えて命名されました。命名は1955年のことであり，フェルミは前年亡くなったばかりでした。

### 実験と理論の双方で偉大な業績

フェルミは，実験と理論の双方で偉大な業績を残した物理学者です。実験の面では，多くの放射性同位元素を作り，さらに世界初の原子炉を完成させました。超ウラン元素（$_{92}$U ウランよりも原子番号が大きい元素）の合成を試みた最初の人でもあります。理論の面では，フェルミ・ディラック統計の提案やベータ崩壊の理論をはじめ，フェルミの名を冠した多くの用語を残しています。

フェルミはまた，大雑把な量を推論することを得意としていました。このような概算を「フェルミ推定」といいます。マイクロソフト社の入社試験で出題されたという「世界中にピアノの調律師は何人いるか」といった推定がその代表例です。

　フェルミは，人工放射性元素と原子核反応に関する功績により，1938年ノーベル物理学賞を受賞しました。イタリアからスウェーデン・ストックホルム（$_{67}$Ho ホルミウムの名称の語源）での授賞式に参加した後，ファシズム化が進む母国には戻らず，そのままアメリカに移住しました。

　物理学では実験と理論がそれぞれに発達して，双方に精通することが難しくなり，実験家と理論家とに分化してしまいました。フェルミは，実験と理論の双方で最高レベルの業績を上げた最後の人物であり，このような科学者が現れることはもはや二度とないでしょう。

### フェルミと達磨

　フェルミという姓は，イタリア語の「じっとしている，動かない」fermo（フェルモ）に由来すると考えられます（英語の「堅い」firm に相当）。これは，ラテン語の「強固な」firmus（フィルムス）を経由して，インド・ヨーロッパ祖語の「しっかりと持つ」*dher- に遡ります。サンスクリット語では，この語根から仏教用語の「法」धर्म（dharma, ダルマ）という語が派生しています（もともとは「確立した秩序」などの意味）。この語は漢訳仏典では「達磨」などと音写され，いわゆる「達磨」は，インド人の仏教徒の菩提達磨（5世紀前半から6世紀後半）から来ています。したがって，語源的にはフェルミと達磨は兄弟といえます。

# ₁₀₁Md メンデレビウム

(未測定)

英 mendelevium（メンデリーヴィアム）独 Mendelevium（メンデレーヴィウム）

仏 mendélévium（マンデレヴィヨム）瑞 mendelevium（メンデレーヴィウム）

希 μεντελέβιο（メンデレヴィヨ），μεντελεγέβιο（メンデレイェヴィヨ）

露 менделевий（ミンヂリェーヴィイ）

語源を遡ると…インド・ヨーロッパ祖語の「人」とロシア語の「～の息子」（父称接尾辞）

発見の順番　101 番目

### 名称の由来

1955 年アメリカのカリフォルニア大学バークリー校で，いずれもアメリカの化学者であるアルバート・ギオルソ（Albert Ghiorso, 1915–2010），バーナード・ジョージ・ハーヴィ（Bernard George Harvey, 1919–），グレゴリー・ロバート・ショパン（Gregory Robert Choppin, 1927–2015），スタンリー・ジェラルド・トンプソン（Stanley Gerald Thompson, 1912–1976），グレン・セオドア・シーボーグ（Glenn Theodore Seaborg, 1912–1999）の五人が，₉₉Es アインスタイニウムにアルファ粒子（₂He ヘリウムの原子核）を照射して得た人工元素です。

周期表を発表したロシアの化学者ドミートリイ・イヴァーナヴィチ・メンデレーエフ（Дмитрий Иванович Менделеев (Dmitrij Ivanovič Mendeleev), 1834–1907）[1]にちなんで命名されました。ただし，Mendeleev の最後の e が脱落しています。

元素記号は当初 Mv でしたが，後に Md に変更されました。

**周期表**

　周期表は，化学の基礎にしてかつ集大成であり，バイブルともいえるものです。1869 年メンデレーエフは，当時知られていた 63 個の元素を周期表にまとめました。日本では明治 2 年のことです。さらに，周期表で空欄になっていた元素の存在とその性質を予見しました。これを踏まえて，$_{31}$Ga ガリウム（1875 年），$_{21}$Sc スカンジウム（1879 年），$_{32}$Ge ゲルマニウム（1886 年）などの元素が次々と発見されていきました。

　メンデレーエフという姓は，「Mendel の息子」という意味です。すなわち，ドイツの作曲家フェーリクス・メンデルスゾーン（1809–1847）で知られるメンデルスゾーン（Mendelssohn）と同じ意味の名前ということになります（Sohn はドイツ語で「息子」）。前半の Mendel の語源には多くの謂れがありますが，「人」を意味する man（インド・ヨーロッパ祖語の語根でも *man-）から派生したようです。

---

1）　一般に「メンデレーエフ」として知られていますが，彼の出身地のロシア語では，「ミンヂリェーイェフ」という発音に近いようです。

---

$_{102}$No ノーベリウム
（未測定）

英 nobelium（ノウビーリアム）　　独 Nobelium（ノベーリウム）

仏 nobélium（ノベリヨム）　　　　瑞 nobelium（ノベーリウム）

希 νομπέλιο（ノベリヨ）　　　　露 нобелий（ナビェーリイ）

**語源を遡ると…**スウェーデンの地名

**発見の順番**　102 番目

## 名称の由来

1957 年スウェーデンのノーベル研究所のチームが発見したと報告し，スウェーデンの化学者・発明家で，ノーベル賞の創始者であるアルフレド・バーナド・ノーベル（Alfred Bernhard Nobel, 1833–1896）[1] にちなみ命名しました。しかしながら，この結果を追試したアメリカのカリフォルニア大学バークリー校のチームは，その存在を確認できませんでした。

翌 1958 年カリフォルニア大学のチームが改めて実験を行ない，$_{96}$Cm キュリウムに $_6$C 炭素を照射して，作成に成功しました。カリフォルニア大学のチームがノーベル研究所による命名を踏襲したため，ノーベリウムという名称に決まりました。

ただし，初期の研究はいずれも不充分であり，ソビエト連邦（当時）の合同原子核研究所のチームによる 1966 年の結果をもって存在が確認されたとする意見もあるようです。

## ノーベル賞

ノーベルは多くの発明をなし，特にダイナマイトの発明で巨万の富を築きました。遺産を基にノーベル賞を設け，ノーベルの死から 5 年後の 1901 年から授賞が始まりました。

ノーベルが遺言で指示した授賞対象分野は，物理学，化学，生理学・医学，文学，平和の五つです。このうち，化学と物理学は本人の専門分野に近く，生理学・医学は晩年に病を得たことで関心を持った分野，文学はノーベルが若い頃に傾倒していた分野であり，さらに，ダイナマイトの発明で「死の商人」と呼ばれたこともあることに鑑みて平和賞を設定したと考えられます。上記以外の分野，たとえば数学，がノーベル賞の授賞対象になっていないことについては，俗説もありますが，単にノーベルが関心をあまり持っていなかった，というのが妥当な理由ではないでしょうか。

ノーベル賞の授賞式は，ノーベルの命日である 12 月 10 日，スウェーデンの首都ストックホルム（$_{67}$Ho ホルミウムの名称の語源）で開催さ

れます。

　ノーベルという姓は，スウェーデンの地名Nöbbelövに由来するようです。

1) 一般に「ノーベル」として知られていますが，彼の出身地のスウェーデン語で
　は，「ノベッル」という発音に近いようです。

## ₁₀₃Lr ローレンシウム

（未測定）

英 lawrencium（ローレンシアム）独 Lawrencium（ローレンツィウム）
仏 lawrencium（ロランシヨム）　瑞 lawrencium（ロレンシウム）
希 λωρένσιο（ロレンシヨ）　　露 лоуренсий（ラウリェーンシイ）
語源を遡ると…ラテン語の「月桂樹，月桂冠」
発見の順番　103 番目

### 名称の由来

　1961 年アメリカのカリフォルニア大学バークリー校で，アメリカの化
学者アルバート・ギオルソ（Albert Ghiorso, 1915-2010），ノルウェーの化
学者トールビョルン・シッケランド（Torbjørn Sikkeland, 1923-2014），ア
メリカの電気技術者アルモン・エルスドム・ラーシュ（Almon Elsdom
Larsh, 1929-），アメリカの化学者ロバート・M. ラティマー（Robert M.
Latimer, 1934-1998）の四人が，₉₈Cf カリホルニウムに ₅B ホウ素を照射
して得た人工元素です。

　アメリカの物理学者アーネスト・オーランド・ローレンス（Ernest
Orlando Lawrence, 1901-1958）にちなんで命名されました。ローレンス
は，原子核物理学の重要な実験装置であるサイクロトロンを開発し，

1939年ノーベル物理学賞を受賞しました。カリフォルニア大学の教授だったローレンスは，バークリー校のキャンパス内に放射線研究所を設立し，所長を務めました。彼の門下はサイクロトロンを駆使して，超ウラン元素（$_{92}$U ウランよりも原子番号が大きい元素）を次々と合成していきました。カリフォルニア大学が超ウラン元素の研究で傑出した業績を上げているのは，ローレンス（と彼が発明したサイクロトロン）によるところがきわめて大きいです。

　カリフォルニア大学バークリー校の放射線研究所は，後にローレンス・バークリー国立研究所へと発展しました。第二次世界大戦中は核兵器開発をはじめとした国家機密に関わる研究も行なっていましたが，1952年に同じくローレンスの名を冠したローレンス・リバモア研究所が設立され，機密性の高い研究はこちらに移されました。

　ローレンスから始まる一連の業績を称えた元素名には，ローレンシウムに加えて，$_{97}$Bk バークリウム，$_{98}$Cf カリホルニウム，$_{106}$Sg シーボーギウム，$_{116}$Lv リバモリウムがあります。

　元素記号は当初 Lw でしたが，後に Lr に変更されました。


**聖人に由来する名**

　ローレンスは，キリスト教の聖人ラウレンティウス（Laurentius, 225–258）にあやかった名前であり，姓にも男子名にも用いられます（フランスには，そのままサン゠ローラン（Saint-Laurent）という姓があります）。スウェーデン語では Lars（ラーシュ）にまで擦り切れています。$_{21}$Sc スカンジウムの発見者であるスウェーデンの化学者ニルソン（Lars Fredrik Nilson, 1840–1899）の名前もラーシュです。

　ラウレンティウスはスペイン出身の僧侶であり，キリスト教が禁教だった時代のローマで，貧しい人々に施しを行なうなどの活動をしました。三大殉教聖人の一人に挙げられ，ローマの守護聖人です。伝説によると，ローマ皇帝の迫害で捕えられて焼網の上で火あぶりにされた際，「片面が焼けたので，どうぞもう片面も。」と言ったと伝えられ，かなり

のブラックジョークです。

　ラウレンティウスという名前は，ラテン語の「月桂樹をいただく人」lauream tenens（ラウレアム・テネーンス）という意味で，「月桂樹，月桂冠」laurea（ラウレア）にちなんだ「栄誉ある」（英語で laureate）名前といえます。

---

## ₁₀₄Rf　ラザホージウム

（未測定）

英 rutherfordium（ラザフォーディアム）独 Rutherfordium（ラザフォルディウム）
仏 rutherfordium（リュテルフォルディヨム）瑞 rutherfordium（ラザフォーディウム）
希 ραδερφόρντιο（ラゼルフォルディヨ）露 резерфордий（リジルフォールヂイ）
語源を遡ると…インド・ヨーロッパ祖語の「角」と「越す」
発見の順番　104 番目

---

### 元素名を巡る冷戦

　103 番元素までの名称は 1963 年には確定していましたが，104 番以降の元素の名称は，30 年近くもの間，未確定でした。これは，アメリカとソビエト連邦（当時）がそれぞれに発見したと主張し，当時の冷戦を背景に，互いに国家の威信を懸けて命名権を争ったためです。

　104 番元素は，1969 年アメリカのカリフォルニア大学バークリー校のチームが，$_{98}$Cf カリホルニウムに $_6$C 炭素を衝突させることで合成に成功しました。現在では，これをもって 104 番元素の発見と見なされています。

　これに先立つ 5 年前の 1964 年，ソビエト連邦の合同原子核研究所のチームも 104 番元素を発見したと主張し，ロシアの物理学者イーガリ・

ヴァシーリィェヴィチ・クルチャートフ（Игорь Васильевич Курчатов (Igor' Vasil'evič Kurčatov), 1903–1960）にちなみ, クルチャトビウム (kurchatovium；元素記号：Ku）という名称を提案しました。実際に筆者は, 104 番元素の欄に「クルチャトビウム」と書かれた日本語の周期表を見たことがあります。

冷戦が終わった 1990 年代に入って, ようやく状況が変わり, 元素名の検討作業が始まりました。そして, 元素名の変遷のコラムで見るような紆余曲折を経て, 元素名に決着が付きました。

### 名称の由来

元素名は, ニュージーランド出身のイギリスの物理学者アーネスト・ラザフォード（Ernest Rutherford, 1871–1937）にちなみます。ラザフォードは, 放射性元素の変換機構を提唱し, 原子の構造（原子は原子核と電子からできています）を解明するなど, 「原子物理学の父」と呼ぶにふさわしい科学者です。さらには $_{86}$Rn ラドンの発見にも貢献しています。これらの功績により, 1908 年ノーベル化学賞を受賞しました。「すべての科学は物理学か切手集めかのいずれかである。」と公言していたと伝わるラザフォードにとり, 物理学賞ではなく化学賞だったのは皮肉だったことでしょう。

ラザフォードは西側の科学者でしたが, ロシアの物理学者ピョートル・レアニーダヴィチ・カピッツァ（1894–1984）（1978 年ノーベル物理学賞受賞）を弟子に持つなどしており, 元素名として採用するのに, アメリカ側にもロシア側にも好都合な科学者と考えられたのかもしれません。

日本語名は「ラザホージウム」ですが, ドイツ語読みを基にした旧来の命名法だと, 「ルテルホルジウム」とでもなるところでした。 $_{44}$Ru ルテニウム ruthenium と $_{98}$Cf カリホルニウム californium の綴りと日本語名との関係と見比べてみてください。日本語の元素名にも, ドイツ語読みから英語読みへの移行が見られます。

ラザフォードとオックスフォード

　ラザフォードという姓は，古英語の「畜牛」hrīþer（フリーゼル）と「渡し場」ford（フォード）とから成ります。オックスフォード（Oxford；ox は「雄牛」）やボスポラス海峡（ギリシャ語の「牛」βοῦς（ブース）と「渡し場」πόρος（ポロス））と同じ意味の名前です。

　「畜牛」hrīþer は，現在の英語の単語には残っていませんが，インド・ヨーロッパ祖語の「角」*ker- に遡るようです。

　英語の「渡し場」ford は，ドイツ語では Furt（フルト）に当たります。ドイツの経済都市フランクフルト（Frankfurt）の名は，ゲルマン人のフランク族（₈₇Fr フランシウムを参照）の徒渉地であったことに由来します。そのため，「フランクフルト」という地名は複数あり，上述の経済都市を特に指し示すときは，マイン川沿いであることを付け加えて，「フランクフルト・アム・マイン」と呼びます。ノルウェーなどに見られる「フィヨルド」（fjord）も同じ語源に由来します。これらの語は，インド・ヨーロッパ祖語の「越す」*per- に遡ります。この語根は，₆₁Pm プロメチウムや ₆₆Dy ジスプロシウム，₉₁Pa プロトアクチニウムの節に登場する語根「前に」*per- に対応する動詞です。

---

**元素名の変遷**

　104 番以降の元素の名称は，冷戦の影響で長らく決まっていませんでしたが（₁₀₄Rf ラザホージウムを参照），冷戦終結後，ただちに元素名が決まったわけでもありません。

　これらの元素の名称には，様々な候補が挙げられてきました。元素命名の最終決定を行なうのは，はじめにで記した通り，国際純正・応用化学連合（ＩＵＰＡＣ<sup>アイユーパック</sup>）です。IUPAC は 1994 年にいったん，以下のような名称を提言しましたが，アメリカ化学会の強い反対に遭ったため，1997 年再度提言を行ない，名称は大きく変更されました。

| 原子番号 | 1994 年の提言 | 現在の元素名<br>(1997 年の提言) | 1994 年の元素名のその後 |
|---|---|---|---|
| 104 | ドブニウム | ラザホージウム | 105 番元素の元素名に変更 |
| 105 | ジョリオチウム[1] | ドブニウム | 使用されず |
| 106 | ラザホージウム | シーボーギウム | 104 番元素の元素名に変更 |
| 107 | ボーリウム | ボーリウム | (変更なし) |
| 108 | ハーニウム[2] | ハッシウム | 使用されず |
| 109 | マイトネリウム | マイトネリウム | (変更なし) |

1) ジョリオチウム（元素記号：Jl）は，フランスの物理学者ジャン・フレデ
リック・ジョリオ＝キュリー（Jean Frédéric Joliot-Curie, 1900–1958）にちなみま
す。彼は，$_{96}$Cm キュリウムの名称の語源となったキュリー夫妻の娘婿です。

2) ハーニウム（元素記号：Ha）は，ドイツの化学者オットー・エミール・
ハーン（Otto Emil Hahn, 1879–1968）にちなみます。共同研究者であるオー
ストリアの物理学者リーゼ・マイトナー（Lise Meitner, 1878–1968）は，$_{109}$Mt
マイトネリウムの名称の語源となっています。

結局，大きく割りを食ったのは，フレデリック・ジョリオ＝キュリー
とオットー・ハーンの二人ということになります。現在では，混乱
を避けるためにも，一度元素名として検討された人物名は，他の元
素名に用いてはならないという規則になっていますので，今後
「ジョリオチウム」と「ハーニウム」が誕生することはないでしょう。

# 105Db ドブニウム

（未測定）

英 dubnium（ドゥーブニアム）　独 Dubnium（ドゥブニウム）

仏 dubnium（デュブニヨム）　瑞 dubnium（ドゥブニウム）

希 ντούμπνιο（ドゥブニヨ）　露 дубний（ドゥーブニイ）

**語源を遡ると…**インド・ヨーロッパ祖語の「家」

**発見の順番**　105 番目

## 名称の由来

1970 年アメリカのカリフォルニア大学バークリー校のチームが，98Cf カリホルニウムに 7N 窒素を衝突させることで合成に成功しました。ソビエト連邦（当時）の合同原子核研究所のチームも，同時期に 95Am アメリシウムに 10Ne ネオンを衝突させることで合成に成功しました。

元素名の変遷のコラムで紹介しているような紆余曲折を経た結果，現在ではアメリカ側・ロシア側双方が発見者とされています。命名はロシア側の主張によるものですが，これには 106 番元素（106Sg シーボーギウム）の命名権に関しての取引があったともいわれています。

## ブナの森

ソビエト連邦（現在のロシア）の合同原子核研究所は，1954 年設立された西欧の欧州原子核研究機構（CERN）に対抗し，1956 年ソビエト連邦と東欧諸国の共同研究機関として設立されました。所在地のドゥブナー（Дубна（Dubna））は，ロシアのモスクワ州（115Mc モスコビウムの名称の語源）にある学術都市です。モスクワの北 120 km ほどに位置し，ヨーロッパ最長の川であるヴォルガ川に支流のドゥブナー川が合流する地点にある町です。

ドゥブナー市の市章

　ヨーロッパロシアでもっとも広く見られる樹木であるブナ科の総称をロシア語でドゥープ（дуб）といい，その森をдубняк（ドゥブニャーク）といいます。これは，英語のオークに相当します。ドゥブナーという地名は，そのような木々にちなんだ名前なのかもしれません。実際，ドゥブナー市の市章は，木と原子模型の絵を組み合わせたものです。「ドゥブナー」と「ブナ科」，日本語にもちょっと似ている気もします。

　ドゥープは，英語の「材木」timber と同根で，インド・ヨーロッパ祖語の「家」*dem- に遡るようです。家を造るための材料ということでしょう。この語根からは，「丸屋根，ドーム」dome や「家庭の」domestic,「領域」domain などの語が派生しています。

# ₁₀₆Sg　シーボーギウム

（未測定）

英 seaborgium（シーボーギアム）　独 Seaborgium（シーボルギウム）

仏 seaborgium（シボルジヨム）　瑞 seaborgium（シーボルギウム）

希 σιμπόργκιο（シボルギヨ）　露 сиборгий（シボールギイ）

**語源を遡ると…**ゲルマン語の「海」とインド・ヨーロッパ祖語の「高い」

**発見の順番**　106 番目

**名称の由来**

1974 年アメリカのカリフォルニア大学バークリー校のチームが，₉₈Cf

カリホルニウムに $_8$O 酸素を衝突させることで合成に成功しました。ソビエト連邦（当時）の合同原子核研究所のチームも，同時期に $_{82}$Pb 鉛に $_{24}$Cr クロムを衝突させることで合成に成功しました。現在では，アメリカ側が発見者とされています。

　元素名の変遷のコラムで紹介している通り，106 番元素の命名は二転三転しました。これは，存命中の人物にちなんで元素を命名することの是非を巡る争いでした。元素命名の最終決定を行なう機関である国際純正・応用化学連合（I U P A C <sub>アイユーパック</sub>）は，1994 年にいったん，委員会での投票により，元素名に存命者の名前は用いないことを 16 票対 4 票で決定していました。しかしながらアメリカ側の猛反発により，最終的にアメリカの化学者グレン・セオドア・シーボーグ（Glenn Theodore Seaborg, 1912–1999）にちなんだ命名となりました。


　生存中の人物の名が付けられた唯一の例…でした，ちょっと前までは
　シーボーグは，$_{94}$Pu プルトニウム，$_{95}$Am アメリシウム，$_{96}$Cm キュリウム，$_{97}$Bk バークリウム，$_{98}$Cf カリホルニウム，$_{99}$Es アインスタイニウム，$_{100}$Fm フェルミウム，$_{101}$Md メンデレビウム，$_{102}$No ノーベリウム，$_{106}$Sg シーボーギウムの，合計 10 元素の合成を主導あるいは発見に寄与し，1951 年「超ウラン元素の発見」（超ウラン元素は，$_{92}$U ウランよりも原子番号が大きい元素）という功績でノーベル化学賞を受賞しました。共同受賞者であるアメリカの化学者エドウィン・マティソン・マクミラン（Edwin Mattison McMillan, 1907–1991）は，初の超ウラン元素である $_{93}$Np ネプツニウムを発見しました。
　106 番元素がシーボーグにちなんで命名されたのは 1997 年のことであり（シーボーグはその 2 年後に死去），長らく，生存中の人物の名が付けられた唯一の元素でした ―― 2016 年に $_{118}$Og オガネソンが命名されるまでは。
　シーボーグという姓は，スウェーデン系の姓であるフェーベリ（Sjöberg）を英語風に改めたものです。sjö はスウェーデン語で「湖，海」，

berg は「山」を意味します。つまり，シーボーグは日本語では「海山」さんになり，漫画『美味しんぼ』に登場しそうな苗字です。

　海や湖を表すのに，英語では see（「海」），ドイツ語では See（ゼー；男性名詞としては「湖」，女性名詞としては「海」）という sjö に似た語を用います。これらはゲルマン語派に特有の語であり，インド・ヨーロッパ祖語には「海」を表す語根がないとされています。このことから，インド・ヨーロッパ祖語を話していた人々は内陸に居住しており，海を知らなかったといわれています。一方，「山」は，インド・ヨーロッパ祖語の「高い」*bhergh- に遡ります。

## ₁₀₇Bh ボーリウム

（未測定）

| | |
|---|---|
| 英 bohrium（ボーリアム） | 独 Bohrium（ボーリウム） |
| 仏 bohrium（ボリヨム） | 瑞 bohrium（ボーリウム） |
| 希 μπόριο（ボリヨ） | 露 борий（ボーリイ） |

語源を遡ると…インド・ヨーロッパ祖語の「増す」

発見の順番　107 番目

### 名称の由来

　1981 年，西ドイツ（当時）の重イオン研究所（GSI）のチームが，₈₃Bi ビスマスに ₂₄Cr クロムを衝突させることで合成に成功しました。これまでの元素発見は，アメリカのカリフォルニア大学バークリー校とソビエト連邦（当時）の合同原子核研究所との競争だったのですが，これ以降，GSI による元素発見の快進撃が ₁₁₂Cn コペルニシウムまで続きます。

　元素名は，デンマークの物理学者ニールス・ヘンリク・ダヴィド・

第5回ソルベー会議（1927年）の出席者。前列中央がアインシュタイン（$_{99}$Es アインスタイニウム），前列左から三人目がマリ・キュリー（$_{96}$Cm キュリウム），中央列右端がニールス・ボーア（$_{107}$Bh ボーリウム）。ソルベー会議は，ベルギーの化学者・実業家エルネスト・ソルベー（1838–1922）が開催した物理学に関する国際会議で，物理学の進歩に大きな影響を与えました。

ボーア（Niels Henrik David Bohr, 1885–1962）[1] に由来します。ボーアは前期量子論を主導し，量子力学の確立に貢献した理論物理学者であり，この功績で1922年ノーベル物理学賞を受賞しました。ボーアは，$_{72}$Hf ハフニウムの発見にも寄与しています。

### 親子でノーベル賞

元素の名称の候補として，ボーアのファミリーネームにファーストネーム「ニールス」を合わせた「ニールスボーリウム」が挙げられたこともありました（元素記号：Ns）。これは，$_{5}$B ホウ素（英語で boron, 近代ラテン語で borium）の名称との混同を避けるためだったといわれています。事実，ボーリウムのギリシャ語名 μπόριο（ボリヨ）は，$_{5}$B ホウ素 βόριο（ヴォリヨ）と読みがよく似ています（綴りはちょっと違いますが）。結局はこれまでの元素命名の慣習に倣い，ファミリーネームだけを元素名に用いることになりました。

なお，ニールス・ボーアというと，一般には上述の「量子力学の父」を指しますが，息子のオーゲ・ニールス・ボーア（1922–2009）も，核物理学に関する功績で1975年ノーベル物理学賞を受賞した物理学者です。

　ボーアの師は，ニュージーランド出身のイギリスの物理学者アーネスト・ラザフォード（Ernest Rutherford, 1871–1937）であり，彼は $_{104}$Rf ラザホージウムに名を残すと共に，1908年ノーベル化学賞を受賞しています。

### 最古の姉妹都市

　ボーアという姓の由来にはいくつかの説がありますが，一説にはキリスト教の聖人リボリウス（Liborius, 348頃–397）の名を短縮したものといわれています。聖リボリウスは，フランス西部の町ル・マンの司教でした。時を経て西暦836年，ドイツ西部の町パーダーボルンの司教がゲルマン人のサクソン族に布教するにあたり，聖リボリウスの聖骸をル・マンから貰いました。このため，聖リボリウスはパーダーボルンの守護聖人となっています。このような経緯から，パーダーボルンとル・マンは最古の姉妹都市といわれています（パーダーボルン市の公式ウェブサイトより）。

　パーダーボルンのすぐ東に広がるトイトブルクの森は，西暦9年にローマ帝国軍がゲルマン部族に壊滅的な打撃を被った「トイトブルクの森の戦い」の舞台として知られています。この敗戦の結果，ローマ帝国の国境はライン川（$_{75}$Re レニウムの名称の語源）の西まで後退することとなり，これが後にはフランスとドイツとを分ける境となりました。

　リボリウスという名は「自由民」を意味し，英語の「自由」liberty が類語です。これらは，インド・ヨーロッパ祖語の「増す」*leudh- に遡りますが，「増す」から「自由」へと意味が変化した過程は不明のようです。

---

1）　一般に「ニールス・ボーア」として知られていますが，彼の出身地のデンマーク語では，「ボアー」という発音に近いようです。

# 108Hs ハッシウム

（未測定）

| | |
|---|---|
| 英 hassium（ハシアム） | 独 Hassium（ハシウム） |
| 仏 hassium（アシヨム） | 瑞 hassium（ハッシウム） |
| 希 χάσιο（ハシヨ） | 露 хассий（ハーシイ） |

語源を遡ると…ラテン語でのゲルマン人の民族名

発見の順番　109番目

### 名称の由来

　1984年，西ドイツ（当時）の重イオン研究所（GSI）のチームが，82Pb鉛に26Fe鉄を衝突させることで合成に成功しました。GSIのチームによる3番目の元素発見です。

　GSIがあるドイツ中部のヘッセン州が元素の名称に用いられました。110Ds ダームスタチウムの語源となった都市ダルムシュタットやドイツの経済都市フランクフルトもヘッセン州にあります。

　ゲルマン人のフランク族（87Fr フランシウムを参照）の一支族に，カッティー（Chatti）族という部族がいました。ローマの歴史家タキトゥス（55頃-120頃）の著作『ゲルマーニア』（98年完成）によると，カッティー族はゲルマン人のなかでは知的な部族であり，敵の首を取るまで髪や髭を切ってはならないという風習を持っていたそうです。またローマ帝国軍がゲルマン部族に壊滅的な打撃を被った「トイトブルクの森の戦い」（107Bh ボーリウムを参照）で，カッティー族はゲルマン人の一部族として参戦しています。カッティー族が定住した領域が，後になまってドイツ語でヘッセン（Hessen），ラテン語でハッシア（Hassia）と呼ばれるようになりました。元素名はラテン語名から採られています。

### ヘッセン大公国

　ヘッセン州は，近世には「ヘッセン大公国」という国でした。ヘッセン大公国は，フランス皇帝・ナポレオン1世（1769–1821）によって神聖ローマ帝国が解体された1806年に成立しました。首都は，$_{110}$Ds ダームスタチウムの名称の語源となったダルムシュタットです。1871年プロイセン王国の主導でドイツ帝国が成立した際，バイエルン王国，バーデン大公国，ヴュルテンベルク王国と共に，最後に帝国に参加した南独四邦の一つでした。

　1815年の時点で，人口59万人，面積7700 km$^2$ だったそうですので，島根県の規模の国家といえます（2016年の時点での島根県の人口69万人，面積6700 km$^2$）。

　中国語では，ヘッセンを「黒森（ヘイセン）」と音写するそうです。ハッシウムは「金偏に黒（鑶）」と書きます。なお，ドイツ語で「黒い森」を意味するシュヴァルツヴァルト（Schwarzwald）は，ヘッセン州の南隣のバーデン＝ヴュルテンベルク州にあります。

---

## $_{109}$Mt　マイトネリウム

（未測定）

英 meitnerium（マイトニアリアム）　独 Meitnerium（マイトネーリウム）

仏 meitnérium（マイトネリヨム）　瑞 meitnerium（マイトネーリウム）

希 μαϊτνέριο（マイトネリヨ）　露 мейтнерий（ミトニェーリイ）

語源を遡ると…オーストリアの人名

発見の順番　108番目

## 名称の由来

1982 年，西ドイツ（当時）の重イオン研究所（GSI）のチームが，$_{83}$Bi ビスマスに $_{26}$Fe 鉄を衝突させることで合成に成功しました。GSI のチームによる 2 番目の元素発見です。

原子核分裂を発見したオーストリアの物理学者リーゼ・マイトナー（Lise Meitner, 1878–1968）の名前にちなんで命名されました。マイトナーは，$_{91}$Pa プロトアクチニウムの命名者でもあります。

マイトナーの共同研究者であったドイツの化学者オットー・エミール・ハーン（Otto Emil Hahn, 1879–1968）が，第二次世界大戦中の 1944 年ノーベル化学賞を受賞したのに対し，共同受賞者となるべきであったマイトナーは，ユダヤ系で大戦中に亡命していたこともあり，受賞を逃しました。その代わりといっては何ですが，マイトナーが 109 番元素に名を残したのに対し，ハーンの名は，いったんは 108 番元素（$_{108}$Hs ハッシウム）の名称の候補に挙がりましたが，結局は採用されませんでした（元素名の変遷のコラムを参照）。現在では，混乱を避けるためにも，一度元素名として検討された人物名は，他の元素名に用いてはならないという規則になっていますので，今後「ハーニウム」が誕生することはないでしょう。

マイトネリウムは，現時点で女性科学者の名前が付いた唯一の元素です（$_{96}$Cm キュリウムはキュリー夫妻に由来します）。

マイトナーという姓の由来は，いろいろと調べてみましたが，結局分かりませんでした。

# ₁₁₀Ds ダームスタチウム

(未測定)

英 darmstadtium（ダームスタティアム）

独 Darmstadtium（ダルムシュタティウム）

仏 darmstadtium（ダルムシュタティヨム）

瑞 darmstadtium（ダルムスターディウム）

希 νταρμστάντιο（ダルムスタディヨ）

露 дармштадтий（ダルムシュターチイ）

**語源を遡ると…**インド・ヨーロッパ祖語の「鋭い」と「手」と「立つ」

**発見の順番** 110 番目（同年に ₁₁₁Rg レントゲニウムも発見）

## 名称の由来

1994 年 11 月 9 日ドイツの重イオン研究所（GSI）のチームが，₈₂Pb 鉛に ₂₈Ni ニッケルを衝突させることで合成に成功しました。先に GSI が ₁₀₈Hs ハッシウムを合成してからダームスタチウムの合成に成功するまでの 10 年の間に，東西ドイツは再統一を遂げています（1990 年 10 月 3 日）。

GSI があるダルムシュタット（Darmstadt）市にちなんで命名されました（日本語の元素名は市名の英語読みに由来します）。なお，ダルムシュタットが所在するドイツ中部のヘッセン州は，₁₀₈Hs ハッシウムの名称に用いられています。

## 「腸の町」ではないらしい

ダルムシュタットはヘッセン州南部の都市であり，ドイツの経済都市フランクフルトの南 30 km ほどに位置します。世界有数の化学品・医薬品メーカーのメルク社は，ダルムシュタットに本社があります。ダルムシュタットという名前は，ドイツ語で「腸」Darm の「町」Stadt のよう

に見えますが，これは偶然であり，その名称の由来にはいくつかの説があります。その一つは，「ダルムンド」Darmund の「町」に由来するというものです。人名ダルムンドは「槍」dart（ダルト）と「手，守り手」munt（ムント）から付いた名前です。

「槍」dart は，特に短い投槍のことを指し，ゲームのダーツとしても知られています。インド・ヨーロッパ祖語の「鋭い」*dho- に遡ります。

「手」munt は，インド・ヨーロッパ祖語の「手」*man- に遡ります（英語の「マニュアル，手引き」manual や「マニキュア」manicure が派生語）。mund が入った人名としては，北欧神話最大の英雄ジークフリートの父であるシグムンド（Sigmund）がいます。「勝利」sige（シゲ）と munt とから成る名前です。

「町」stadt は，インド・ヨーロッパ祖語の「立つ」*stā- に遡ります。85At アスタチンの節にも登場する語根です。

### イギリス王家

中世から近世にかけてのドイツでは，小国や自由都市，教会領といった諸侯（領邦国家）が各地に分立していました。ダルムシュタットは，ドイツ西部における政治的拠点の一つであり，特に 1567 年から 1806 年にかけては，ヘッセン = ダルムシュタット方伯領の首都でした。108Hs ハッシウムとダームスタチウムの両方の由来となった地名を冠する領邦です。ヘッセン = ダルムシュタット方伯領は 1806 年フランス皇帝・ナポレオン 1 世（1769–1821）によってヘッセン大公国に格上げされ，ダルムシュタットは引き続き，大公国の首都となりました（それ以降の経緯は，108Hs ハッシウムを参照）。ダルムシュタットは，第二次世界大戦で壊滅的な被害を受け，戦後は学術都市として復興しました。

ヘッセン = ダルムシュタット家の分家であるバッテンベルク家は，イギリス女王エリザベス 2 世（1926–）の王配であるエディンバラ公フィリップ（1921–）の出身家系でもあります。イギリスでは，バッテンベルクを英語風に改めてマウントバッテンと名乗っています。ドイツ語の

「ベルク」（Berg）が「山」を意味するところから，英語の「マウント」にしたのです。

# $_{111}$Rg　レントゲニウム

（未測定）

英　roentgenium（レントゲニアム）
独　Roentgenium, Röntgenium（レントゲーニウム）
仏　roentgenium（ルントゲニヨム）　瑞　röntgenium（レントケーニウム）
希　ρεντγκένιο（レンドギェニヨ）　　露　рентгений（リンギェーニイ）
**語源を遡ると…**インド・ヨーロッパ祖語の「神秘，秘密」とドイツ
　　　　　語の縮小辞（「小さい」）
**発見の順番**　111番目（同年に $_{110}$Ds ダームスタチウムも発見）

### 名称の由来

1994年12月8日ドイツの重イオン研究所（GSI）のチームが，$_{83}$Bi ビスマスに $_{28}$Ni ニッケルを衝突させることで合成に成功しました。$_{110}$Ds ダームスタチウムの合成からわずか1ヶ月後のことでした。

$_{29}$Cu 銅・$_{47}$Ag 銀・$_{79}$Au 金という貨幣金属が並ぶ第11族で，$_{79}$Au 金の次に来る元素には，ドイツの物理学者ヴィルヘルム・コンラート・レントゲン（Wilhelm Conrad Röntgen, 1845-1923）の名前が付けられました。原子番号も111番であり，1位に因縁がありそうな元素にも思えてきます。

レントゲンのドイツ語の綴りは Röntgen ですが，ö（オー・ツムフウト；o と e の間の音）は oe と書かれることもあるため，英語やフランス語では，レントゲニウムを roentgenium と綴ります。

## X線

　レントゲンは，レントゲニウム発見の 100 年ほど前に，X 線を発見しました。$_{81}$Tl タリウムの発見者でもあるイギリスの化学者ウィリアム・クルックス（William Crookes, 1832–1919）は，低い圧力中で放電を起こさせるための装置「クルックス管」を開発しました。クルックスの発明から 20 年ほど後の 1895 年，レントゲンは，クルックス管から未知の光が放射されることを発見しました。これが X 線です。この功績によりレントゲンは，第 1 回（1901 年）のノーベル物理学賞を授与されました。

　X 線の「X」は，この電磁波の正体が当初不明だったことによります。今でも，英語で X-ray，フランス語で rayons X（レイヨン・イクス）と呼びます。ただ，ドイツ人の知合いが主張するところでは，もはや X 線の性質は充分によく分かっているので，発見者の名を採って「レントゲン線」と呼ぶべきである，とのことであり，事実ドイツ語では Röntgenstrahl（レントゲンシュトラール；Strahl は「光線」）といいます。

　ちなみに，ドイツ語の動詞は -en で終わるのが基本ですが，Röntgen も -en で終わるため，小文字で始めて röntgen にすると，ドイツ語で「レントゲン写真を撮る」という動詞になります。

　レントゲンという姓は，「ルーン文字」rune（原義は「秘密」）や古いドイツ語の「秘密」rûne（ルーネ）を意味する語（これらは，インド・ヨーロッパ祖語の「神秘，秘密」*rū-no- に遡ります）の愛称形に由来するようです。愛称形は，元の語に接尾辞を付けて親愛の情を表すものであり，現代ドイツ語の愛称の接尾辞には -chen があります。「少女」Mädchen（メートヒェン）や「メルヘン（＝小さな物語）」Märchen（メールヒェン）が代表例です。すなわち，「レントゲン」は「秘密ちゃん」という意味の名前になりそうです。

（未測定）

英 copernicium （コウパーニシアム）独 Copernicium（コペルニーツィウム）

仏 copernicium （コペルニシヨム）瑞 copernicium （コペニーシウム）

希 κοπερνίκιο（コペルニキヨ）　露 коперниций（カピルニーツィイ）

語源を遡ると…ポーランド語の「銅屋」

発見の順番　112 番目

### 名称の由来

1996 年ドイツの重イオン研究所（GSI）のチームが，$_{82}$Pb 鉛に $_{30}$Zn 亜鉛を衝突させることで合成に成功しました。これで GSI は，$_{107}$Bh ボーリウム以降 6 元素連続の新元素発見となります。

元素名は，地動説を唱えたポーランドの天文学者ニコラウス・コペルニクス（Nicolaus Copernicus, 1473–1543）にちなみます。「コペルニクス」はラテン語名であって，ポーランド語ではミコワイ・コペルニクといいます。コペルニク（Kopernik）という姓は，古いポーランド語で，$_{29}$Cu 銅（ラテン語で cuprum（クプルム））に関連した職業に従事していたことを示唆します（ただし，現在のポーランド語では $_{29}$Cu 銅を miedź（ミェチ）といいます）。

また，ファーストネームのニコラウス（ミコワイ）は，$_{28}$Ni ニッケルの名前の由来に関連しています。いってみれば，「ニコラウス・コペルニクス」という名は，「$_{28}$Ni ニッケル・$_{29}$Cu 銅」という合金のような名前です（ちなみに，$_{29}$Cu 銅と $_{28}$Ni ニッケルの合金は白銅といい，100 円硬貨や 50 円硬貨の素材です）。

コペルニクスが天動説を覆して地動説を唱えたように，物事の見方が180 度変わってしまうことを「コペルニクス的転回」といいます。GSI の

チームは，コペルニクスを称えた理由として，太陽の周りを惑星が回っているコペルニクスの地動説のモデルが，原子核の周りを電子が回っているボーアの原子模型に類似していることを挙げています（ボーアについては $_{107}$Bh ボーリウムを参照）。

## IUPAC による元素記号の変更

コペルニシウムを発見した GSI のチームは，元素記号として Cp を提案しました。ところがこの元素記号は，ドイツ語圏では 1949 年まで，$_{71}$Lu ルテチウムの別名であったカシオペイウムの元素記号として用いられていたのです。混乱を避けるため，元素命名の最終決定を行なう国際純正・応用化学連合（ＩＵＰＡＣ）は，元素記号を Cn に変更しました。

なお，元素記号の 1 文字目としてもっとも多く使われているアルファベットは C であり，$_{112}$Cn コペルニシウムに加えて，$_{6}$C 炭素，$_{20}$Ca カルシウム，$_{48}$Cd カドミウム，$_{58}$Ce セリウム，$_{98}$Cf カリホルニウム，$_{17}$Cl 塩素，$_{96}$Cm キュリウム，$_{27}$Co コバルト，$_{24}$Cr クロム，$_{55}$Cs セシウム，$_{29}$Cu 銅と，計 12 元素があります。

ちなみに，1 文字目と 2 文字目とを合わせてもっとも多く使われているアルファベットは R で，19 元素に用いられています（1 文字目として 8 元素に，2 文字目として 11 元素に）。

# $_{113}$Nh ニホニウム

（未測定）

英 nihonium（ニホウニアム；でもナイホウニアムと呼ばれることになりそう？）

独 Nihonium（ニホーニウム）　　仏 nihonium（ニオニヨム）

瑞 nihonium（ニホーニウム）　　希 νιχόνιο（ニホニヨ）

露 нихоний（ニホーニイ）

語源を遡ると…日本語の「日の出るところ」

発見の順番　117番目

## 名称の由来

2004年7月23日18時55分，理化学研究所（理研）の森田浩介博士（1957–）（現在：九州大学教授）らのチームが，$_{83}$Bi ビスマスに $_{30}$Zn 亜鉛を衝突させることで合成に成功しました。ロシアの合同原子核研究所とアメリカのローレンス・リバモア国立研究所の共同チームからも合成に成功したという発表がなされ，先取権が危ぶまれることもありましたが，2012年8月12日に理研のチームが成功した3個目の原子が，113番元素合成の決定的な証拠となりました。なお，この結果を報告した論文は，2011年3月11日に発生した東日本大震災のすべての被災者に捧げられています。

2015年の大晦日，理研のチームに113番元素の名称提案権が与えられたというニュースが日本中を駆け巡りました。同チームは，日本初の元素発見であることを記念して，日本の国号にちなんだニホニウムという名称案を提案し，2016年6月8日に発表されました。意見を募集した後，11月28日ニホニウムに正式に決定となりました。森田博上は，（ジャパンなどではなく）日本語で「日本」という名にしたと命名意図を説明しています。

はじめにで記した通り，元素名の由来となった言葉は，インド・ヨーロッパ語族かアフロ・アジア語族かのいずれかの言語に起源を持ち，少なくとも 1000 年前頃までにはヨーロッパの諸言語に取り入れられた単語ばかりです。そのようななか，ニホニウムは，$_{117}$Ts テネシンと並び，その名称がまったく系統の異なる言語に由来する稀有な例です。

　元素名の有力な候補であったはずの「ニッポニウム」は，1908 年，東北帝国大学の小川正孝（1865-1930）が発見した幻の元素（$_{43}$Tc テクネチウムと $_{75}$Re レニウムを参照）の名称として一度提案されており，国際純正・応用化学連合（ＩＵＰＡＣ）の元素命名の規約に従って，二度は提案できません。ニッポニウムの元素記号として提案された Np は，現在 $_{93}$Np ネプツニウムの元素記号に使われています。


### 日本の国号

　国号としての「日本」の読み方は，公式に定められたものはなく，「ニホン」でも「ニッポン」でもどちらでも構いません。

　古代の日本語では，「ハ行」は ［f］ と発音されていたと考えられています。そのため，「日本」の読み方は，かつては「ニフォン」であったと想像されます。

　中世に武士が台頭して戦記文学が作られるようになり，それにつれて，東国武士の言葉が文学に取り入れられるようになります。関東武士は半濁音（パ行音）や促音（小さい「っ」）を多く用いていたようであり，「あっぱれの」や「ひょうと射る」といった言い方と共に，「にっぽんいちの（日本一の）」という言い方が使われるようになり，引いては「ニッポン」という読みが広がったようです。

　「ニッポン」のように，促音と半濁音が連続するのは日本語の癖のようなものです。たとえば，「ヨーロッパ」（$_{63}$Eu ユウロピウムの名称の語源）という言葉は，ポルトガル語の Europa（エウロパ）から借用されたものですが，これを「ヨーロッパ」と呼ぶのはその一例です。他にも，「葉っぱ」や「やっぱり」など様々な例があります。

イエズス会が編纂した『日葡辞書』には，「日本」は Nifon（ニフォン）とも Nippon（ニッポン）とも Iippon（ジッポン）とも掲載されています（『日葡辞書』については $_{26}$Fe 鉄を参照）。


### 日本の国号の起こり

　「日本」という国号は，どのようにしてでき，いつから用いられるようになったのでしょうか。

　もともと，奈良県天理市・山辺郡辺りに「やまと」という地名がありました（「やまと」の語源には諸説ありますが，ここでは触れません）。その後，ヤマト王権が拡張すると，奈良盆地全体をも「大和」と呼ぶようになり，最終的には日本国の雅称となりました。一方，大和の枕詞として「日本の」が使われており，次第に「日本」と書いて「やまと」と読むようになっていったようです。実際，『日本書紀』（720 年完成）の文中では，「日本，此には耶麻騰と云ふ。下皆此に效へ。」という注を付け，「日本」と書いてあるところはすべて「やまと」と読むことを指示しています。[1]

　一方，中国との交流の過程で，国号が必要となってきます。中国の歴史書『旧唐書』（945 年完成）巻一九九上 東夷伝・倭国日本のなかで，以下のように記されています。

　　「日本国は倭国の別種なり。その国日辺にあるを以て，故に日本を以て名となす。あるいはいう，倭国自らその名の雅ならざるを悪み，改めて日本となすと。あるいはいう，日本は旧小国，倭国の地を併せたりと。」

　この記事自体の年代は書かれていませんが，前後の記事が 684 年と703 年の事項ですので，7 世紀末頃から中国で「日本」という国号が認識されるようになったと想像されます。そして国号の由来は，「日の出るところに近いので」倭から日本に改名した，と説明されています（小国だった日本が倭国を併合した，という異説の記述は気になりますが）。

　同様の記述は，朝鮮半島最古の歴史書『三国史記』（1145 年完成）の，

新羅本紀第六の670年の項にも見られ（ただし，年代は誤記と考えられています），やはり7世紀末頃から「日本」という国号が東アジアで使われるようになったというのが妥当なところでしょう。

1) ただし，『日本書紀』のタイトル自体は，中国の歴史書を意識したものであり，読みは（「ヤマト」ではなく，）「ニフォン」あるいは「ニッポン」であったと考えるべきであるようです。

## $_{114}$Fl フレロビウム

（未測定）

英 flerovium（フレロウヴィアム）　　独 Flerovium（フレローヴィウム）

仏 flérovium（フレロヴィヨム）　　瑞 flerovium（フレローヴィウム）

希 φλερόβιο（フレロヴィヨ）　　露 флеровий（フリローヴィイ）

語源を遡ると…インド・ヨーロッパ祖語の「引き裂く」とロシア語の「～の息子」（父称接尾辞）

発見の順番　113番目

### 名称の由来

1998年ロシアの合同原子核研究所とアメリカのローレンス・リバモア国立研究所の共同チームが，$_{94}$Pu プルトニウムに$_{20}$Ca カルシウムを衝突させることで合成に成功しました（実験はロシアで実施）。

合同原子核研究所内のフリョーロフ原子核反応研究所にちなんで命名されました。フリョーロフ原子核反応研究所は，ソビエト連邦（当時）の物理学者であるギオールギイ・ニカラーイェヴィチ・フリョーロフ（Георгий Николаевич Флёров（Georgij Nikolaevič Flërov），1913–1990）の名を冠した研究所であり，元素名は厳密には，人名ではなく，研究所名に

由来します。Флёров の ё の字は、「ィヨー」という音を表し、е とは異なる文字です。このように、ラテン文字などに付けて別の発音であることを示す記号をダイアクリティカルマークといいます。日本語の濁点（゛）や半濁点（゜）に似ています。元素名に採用する際、Флёров の ё のダイアクリティカルマークを外して е としたため、元になった人名は「フリョーロフ」ですが、元素名は「フレロビウム」となっています。

　元素名の発表は 116Lv リバモリウムと同時（2012 年）であり、それぞれロシアとアメリカの研究所名にちなんだ元素名に決まりました。

　フリョーロフという姓のうち、флёр（フリョール）は、「絹の薄布、紗」という意味です。また、-ов（–オフ）はロシア語の姓を形成する典型的な接尾辞です（ゴルバチョフやロマノフなど）。これは、101Md メンデレビウムの名称の語源となったメンデレーエフ（Менделеев）の -ев（–エフ）と同類であり、元来は下級官吏が名乗ることが許された父称接尾辞（「～の息子」）でした。姓が「絹の薄布、紗」に由来するところから想像するに、フリョーロフの祖先は機織りに従事していたのかもしれません。あえて日本語に訳せば、「服部」さん（「機織部」に由来）でしょうか。

　флёр は、インド・ヨーロッパ祖語の「引き裂く」*wel- に遡り、同根の語には「ベルベット、ビロード」velvet や「ベロア」velour があります。

　なお、「–(オ)フ」という接尾辞は、付けると何でもロシア語っぽく聞こえるようになる優れものです。切迫した状況にあっても、「ヤバい！」と叫ぶ代わりに、「ヤバチョフ！」と言うだけで、気も落ち着こうというものです。

# ₁₁₅Mc モスコビウム

（未測定）

英 moscovium（マスコウヴィアム）　独 Moscovium（モスコーヴィウム）

仏 moscovium（モスコヴィヨム）　瑞 moscovium（モスコーヴィウム）

希 μοσκόβιο（モスコヴィヨ）　　露 московий（マスコーヴィイ）

**語源を遡ると…**インド・ヨーロッパ祖語の「湿った」と「水」

**発見の順番**　116番目

### 名称の由来

　2003年ロシアの合同原子核研究所とアメリカのローレンス・リバモア国立研究所，オーク・リッジ国立研究所の共同チームが，₉₅Amアメリシウムに₂₀Caカルシウムを衝突させることで合成に成功しました（実験はロシアで実施）。

　合同原子核研究所があるモスクワ州の州名にちなみ，モスコビウムと命名されました（2016年）。なお，現在のモスクワ州は，ロシアの首都モスクワ市を含みません（モスクワ市は単独で連邦構成主体となっています）。

　モスクワはラテン語でMoscovia（モスコウィア）といい，元素名はラテン語名から採られているようです。ロシア語ではМоскваで，「マスクヴァー」と読みます。

　元素発見で三つ巴の争いを繰り広げるアメリカ，ドイツ，ロシア3チームのそれぞれで，研究所の所在地の市と州の名が共に元素名に採用されています。すなわち，アメリカは₉₇Bkバークリウムと₉₈Cfカリホルニウム，ドイツは₁₁₀Dsダームスタチウムと₁₀₈Hsハッシウム，ロシアは₁₀₅Dbドブニウムと₁₁₅Mcモスコビウム（それぞれ市・州の順）です。

### モスクワ

モスクワの名は，古スラブ語の「湿地」\*muzga と古ノルド語の「水」vatn（ヴァトン）の組合わせに由来するという説があります。その名が初めて記録に現れたのは 1147 年のことであり，比較的新しい地名です。前半の「湿地」は，インド・ヨーロッパ祖語の「湿った」\*meus- に関連しているのかもしれません。また，「水」を意味するヨーロッパ諸語の単語は，インド・ヨーロッパ祖語の「水」\*wed- に遡ります（$_1$H 水素を参照）。

現在の東ヨーロッパ地域で最初に建国された国家は，$_{44}$Ru ルテニウムの名称の語源ともなったルーシでした。現在のウクライナとベラルーシおよびその周辺を領有し，首都は現在のウクライナの首都でもあるキエフに置かれました。このため，キエフ・ルーシ大公国とも呼ばれます。モスクワの地は，キエフ・ルーシ大公国の北東の辺境に当たりました。

キエフ・ルーシ大公国は，相続を巡って弱体化していたところへモンゴル帝国が侵攻し（13 世紀前半），崩壊します。モスクワも大打撃を受けましたが，「氷上の戦い」（1242 年）で知られる英雄アレクサンドル・ネフスキー（1220–1263）の息子ダニール・アレクサンドロヴィチ（1261–1303）の下でモスクワ公国が成立して以降，徐々に力を蓄え，最終的にはロシア帝国へと発展していきます。

## $_{116}$Lv　リバモリウム

（未測定）

英 livermorium（リヴァモアリアム）　独 Livermorium（リヴァモーリウム）

仏 livermorium（リヴェルモリヨム）　瑞 livermorium（リヴェモーリウム）

希 λιβερμόριο（リヴェルモリヨ）　　露 ливерморий（リヴィルモーリイ）

語源を遡ると…インド・ヨーロッパ祖語の「固着する」と「湿った」

発見の順番　114 番目

## 名称の由来

2000 年ロシアの合同原子核研究所とアメリカのローレンス・リバモア国立研究所の共同チームが，$_{96}$Cm キュリウムに $_{20}$Ca カルシウムを衝突させることで合成に成功しました（実験はロシアで実施）。

アメリカ側の研究所名のリバモア（Livermore）にちなみ，リバモリウムと命名しました。元素名の発表は $_{114}$Fl フレロビウムと同時（2012 年）であり，それぞれアメリカとロシアの研究所名にちなんだ元素名に決まりました。

## 「肝臓の町」ではなさそう

リバモア市は，千葉県四街道市と姉妹都市です。

リバモアという名前は，さすがに「肝臓」liver を「もっと」more に由来するとは思えませんが，もともとは人名起源の地名です。当地の地主であったロバート・トマス・リバモア（Robert Thomas Livermore, 1799–1858）の名に由来します。

リバモアという名は，「濁った沼地」を意味する地名から来ました。古英語の「肝臓」lifer（リヴェル）から派生した lifrig（リヴリイ）は，「凝固した」という意味から「濁った」に関連した地名に使われます（たとえば，イギリスの町リバプール（Liverpool））。それに古英語の「沼地」mōr（モール）を付けて，livermore という名ができたようです。そうだとするとリバモアは，「黒い池」を意味するアイルランドの首都ダブリンと同じ意味の地名といえそうです。

「肝臓」lifer は，インド・ヨーロッパ祖語の「固着する」*leip- に遡ります。「沼地」mōr は，同じく「湿った」*meus- に遡るようで，周期表上で一つ前の $_{115}$Mc モスコビウムの節にも登場する語根であり，英語の「コケ」moss や「湿った」moist が類語です。

# $_{117}$Ts テネシン

英 tennessine （テネシーン）　　独 Tennessine （テネシーン）

仏 tennesse （テネス）　　　　　瑞 tennessine （テンネシーン）

希 τενέσιο （テネシヨ）　　　　露 теннессин （チニシーン）

**語源を遡ると…**アメリカ先住民チェロキー族の集落の名前

**発見の順番**　118 番目

### 名称の由来

2016 年の時点で，一番新しい元素です。2009 年ロシアの合同原子核研究所とアメリカのローレンス・リバモア国立研究所，オーク・リッジ国立研究所の共同チームが，$_{97}$Bk バークリウムに $_{20}$Ca カルシウムを衝突させることで合成に成功しました（実験はロシアで実施）。

オーク・リッジ国立研究所があるアメリカ南東部のテネシー（Tennessee）州の州名にちなみ，テネシンと命名されました（2016 年）。周期表上で第 17 族に属することから，これまでに見つかっていたハロゲン元素（いずれも英語で，$_9$F フッ素（fluorine），$_{17}$Cl 塩素（chlorine），$_{35}$Br 臭素（bromine），$_{53}$I ヨウ素（iodine），$_{85}$At アスタチン（astatine））の命名法に倣い，語尾に -ine が付けられました。

オーク・リッジ国立研究所では，かつて $_{61}$Pm プロメチウムが発見されています。オーク・リッジ市は，原子力の研究所がある繋がりで，茨城県那珂市と姉妹都市です。

### 新世界の言語に由来する唯一の元素名

テネシーは，北アメリカ大陸の先住民チェロキー族の集落名であるタナシ（Tanasi）に由来します。ただ，その語義はもはや彼らにも分から

なくなったようです。集落の名が近くの川の名に付けられ、さらには州名にまでなりました。テネシンは、新世界（南北アメリカおよびオーストラリア大陸）の言語に由来する唯一の元素名です。

はじめにで記した通り、元素名の由来となった言葉は、インド・ヨーロッパ語族かアフロ・アジア語族かのいずれかの言語に起源を持ち、少なくとも1000年前頃までにはヨーロッパの諸言語に取り入れられた単語ばかりです。そのようななか、テネシンは、$_{113}$Nh ニホニウムと並び、その名称がまったく系統の異なる言語に由来する稀有な例です。

チェロキー族はもともと、現在のテネシー州やノースカロライナ州に相当する地域に居住していた部族でしたが、19世紀半ば強制移住させられ、今では大部分の人が、遠く離れたオクラホマ州に住んでいます。

# $_{118}$Og オガネソン

（未測定）

英 oganesson（アガネサン）　　独 Oganesson（オガネソン）
仏 oganesson（オガネソン）　　瑞 oganesson（オガネッソーン）
希 ογκανέσσιο（オガネシヨ）　　露 оганесон（アガニソーン）
語源を遡ると…ヘブライ語の「存在する」と「恵み深い」
発見の順番　115番目

## 名称の由来

2002年ロシアの合同原子核研究所のチームが、さらに2006年ロシアの合同原子核研究所とアメリカのローレンス・リバモア国立研究所の共同チームが、$_{98}$Cf カリホルニウムに $_{20}$Ca カルシウムを衝突させることで合成に成功しました（実験はロシアで実施）。

ロシア側チームリーダーの物理学者ユーリイ・ツァラーカヴィチ・オガネシアーン（Юрий Цолакович Оганесян（Jurij Colakovič Oganesjan），1933–）の名前にちなみ，オガネソンと命名されました（2016年）。周期表上で第18族に属することから，これまでに見つかっていた希ガス元素（いずれも英語で，$_{10}$Ne ネオン（neon），$_{18}$Ar アルゴン（argon），$_{36}$Kr クリプトン（krypton），$_{54}$Xe キセノン（xenon），$_{86}$Rn ラドン（radon））の命名法に倣い，語尾に -on が付けられました。

　オガネシアーンは，$_{114}$Fl フレロビウム，$_{115}$Mc モスコビウム，$_{116}$Lv リバモリウム，$_{117}$Ts テネシン，$_{118}$Og オガネソンの5元素の合成を主導しました。さらに，$_{107}$Bh ボーリウム以降の元素の合成方法を提案したのもオガネシアーンです（この方法を採用して合成に成功したのはドイツのチーム）。$_{106}$Sg シーボーギウムに次いで，生存中の人物の名が付けられた2番目の元素であり，2016年の時点で当該人物が存命の唯一の事例です。

**オガネシアーン＝ジョンソン**

　オガネシアーンという姓はアルメニア起源であり，アルメニア語の「ホヴハネシアン」をロシア語風に読んだものです。語の前半の「ホヴハネス」は，ラテン語のヨハンネス（Johannes）や英語のジョン（John）に相当する名前のアルメニア語で，後半の「–イアン」は，「〜の息子」を意味するアルメニア語の父称接尾辞です。したがって，「オガネシアーン」は「ジョンソン」と同じ意味の姓ということになります。アルメニアは世界で初めてキリスト教を国教とした（301年）国だけあって，オガネシアーンはキリスト教風の名前です。

　ヨハンネスやジョンという名前は，元を辿ればユダヤ人の母語であるヘブライ語に由来します。ヘブライ語では יוֹחָנָן（Yōḥānān，ヨハナン）であり，第一要素 Yō- はユダヤ教の唯一神「ヤハウェ」（Yahweh）から，第二要素 -hānān は「恵み深い」hānan から来ていて，「神は恵み深きかな」を意味する名前です。なお，女性名ハンナやアンナ，アンなどは上述の

第二要素からできた名前であり，いってみれば「恵」さんに相当します。

　ヤハウェの名は，ヘブライ語の「存在する」を意味する三語根 h-y-h に由来するといわれています。これは，『旧約聖書』の『出エジプト記』第3章第14節で，古代イスラエルの指導者モーセに名を問われた際に，神が「わたしは，有って有る者」と答えたことによります。ヤハウェの名を含んでできた単語は，語頭では Yeho または Yo，語末では Ya の形を採ります。たとえば，「イエス」のヘブライ語「<u>イェ</u>シュア」（「神は救いなり」を意味する名前）や「ジョナサン」のヘブライ語「<u>イェホ</u>ナタン」（「神は与えた」を意味する名前），神を賛美する「ハレル<u>ヤ</u>」などが代表例です。

　オガネシアーンの名前に戻ります。「−イアン」は典型的なアルメニア語の父称接尾辞であり，たとえば，『剣の舞』で有名な作曲家アラム・ハチャトゥリアン（1903–1978）で知られるハチャトゥリアンの名は，「小さな十字架の孫息子」を意味します。父称接尾辞「−イアン」は，ペルシャ語における生物の複数形の語尾 -ān から借用したものであるようです。

## 参考文献

### 元素事典

- 岡田功編『化学元素百科 —— 化学元素の発見と由来 ——』オーム社, 1991 年
- 細矢治夫監修　山崎昶編著　社団法人日本化学会編集『元素の事典 —— どこにも出ていないその歴史と秘話 ——』みみずく舎, 2009 年
- 桜井弘編『元素 111 の新知識　第 2 版増補版　引いて重宝, 読んでおもしろい』講談社, 2013 年
- 山本喜一監修『最新図解　元素のすべてがわかる本』ナツメ社, 2011 年
- 山口潤一郎『図解入門　よくわかる最新元素の基本と仕組み』秀和システム, 2007 年
- 近角聰信, 木越邦彦, 田沼静一『最新元素知識』東京書籍, 1976 年
- セオドア・グレイ著　ニック・マン写真　若林文高監修　武井摩利訳『世界で一番美しい元素図鑑』創元社, 2010 年
- 馬淵久夫編『元素の事典』朝倉書店, 1994 年
- John Emsley 著　山崎昶訳『元素の百科事典』丸善, 2003 年

### 元素名に関連する論文など

- 島原健三「既存の元素発見年表にみられる不一致とその原因」『化学史研究』36 (2009), （上）61–76. （下）148–172.
- 岩瀬榮一『元素の發見と命名の由來』(千谷利三, 漆原義之編『現代の化學　第 1 集』) 共立出版, 1942 年
- Elke Grab-Kempf, "Zur Etymologie von dt. Wismut", *Beiträge zur Geschichte der deutschen Sprache und Literatur*, **125** (2003), 197–206. DOI: 10.1515/BGSL.2003.197.
- Geoff Rayner-Canham and Zheng Zheng, "Naming elements after scientists: an account of a controversy", *Foundations of Chemistry*, **10** (2008), 13–18. DOI: 10.1007/s10698-007-9042-1.
- Pekka Pyykkö, "Magically magnetic gadolinium", *Nature Chemistry*, **7** (2015), 680. DOI: 10.1038/nchem.2287.
- James L. Marshall and Virginia R. Marshall, "Rediscovery of the Elements: Ytterby Gruva (Ytterby Mine)", *Journal of Chemical Educucation*, **78** (2001), 1343–1344. DOI: 10.1021/ed078p1343.
- Brett F. Thornton and Shawn C. Burdette, "The ends of elements", *Nature Chemistry*, **5** (2013), 350–352. DOI: 10.1038/nchem.1610.
- 江頭和宏「分光法で最初に発見された元素セシウムとルビジウムの名称の由来」『化学史研究』43 (2016), 46–49.
- 松川利行「『舎密開宗』からたどる, 和名「塩酸」,「塩素」の名称の起源について」サイエンスネット（数研出版のウェブサイト）第 36 号, 2009 年

### 化学史・科学技術史

・メアリ・エルヴァイラ・ウィークス，ヘンリ・M. レスター著　大沼正則監訳『元素発見の歴史　1-3』朝倉書店，1988 年，1989 年，1990 年
・D. N. Trifonov, V. D. Trifonov 著　阪上正信，日吉芳朗訳『化学元素発見のみち』内田老鶴圃，1994 年
・坂本賢三編集　柴田和子訳『科学の名著　第 II 期　4 (14)　ラヴワジエ』朝日出版社，1988 年
・ヒュー・オールダシー゠ウィリアムズ著　安部恵子，鍛原多惠子，田淵健太，松井信彦訳『元素をめぐる美と驚き　周期表に秘められた物語』早川書房，2012 年
・日本化学会編『化学の原典　9　希ガスの発見と研究』東京大学出版会，1976 年
・原光雄『自然選書　化学を築いた人々』中央公論社，1973 年
・ヨハン・ベックマン著　特許庁内技術史研究会訳『西洋事物起原 (一)-(四)』岩波書店，1999 年，1999 年，2000 年，2000 年
・アグリコラ著　三枝博音訳著　山崎俊雄編『デ・レ・メタリカ —— 全訳とその研究近世技術の集大成』岩崎学術出版社，1968 年
・Marco Fontani, Mariagrazia Costa, and Mary Virginia Orna, *The Lost Elements: The Periodic Table's Shadow Side* (New York: Oxford University Press, 2015).

### 科学一般書・科学エッセイ

・渡邉泉『重金属のはなし』中央公論新社，2012 年
・村上隆『金・銀・銅の日本史』岩波書店，2007 年
・ジョエル・レヴィー著　左巻健男監修　今里崇之訳『大人のためのやり直し講座化学 —— 錬金術から周期律の発見まで』創元社，2014 年
・中村弘『磁石のナゾを解く　体内磁石からオーロラまで』講談社，1991 年
・プリーモ・レーヴィ著　竹山博英訳『周期律 —— 元素追想』工作舎，1992 年
・オリヴァー・サックス著　斉藤隆央訳『タングステンおじさん —— 化学と過ごした私の少年時代』早川書房，2003 年
・奥山康子『"シャーロック・ホームズ"で語られなかった未知の宝石の正体　青いガーネットの秘密』誠文堂新光社，2007 年
・アイザック・アシモフ著　小山慶太，輪湖博訳『アイザック・アシモフの科学と発見の年表』丸善，1996 年

### 科学事典

・東京天文台編纂『理科年表　大正 14 年〔復刻版〕』丸善，1988 年
・東京天文臺『理科年表　昭和二十二年』丸善出版，1947 年

### 外国語辞典

・古川春風編『ギリシャ語辞典』大学書林，1992 年
・Henry George Liddell and Robert Scott, revised by Henry Stuart Jones and Roderick McKenzie, *A Greek–English Lexicon* (Oxford: Clarendon Press, 1968).

- 川原拓雄『現代ギリシア語辞典』リーベル出版，1992 年
- 水谷智洋編『羅和辞典〈改訂版〉』研究社，2009 年
- 竹林滋編者代表『研究社　新英和大辞典　第 6 版』研究社，2002 年
- ロベルト・シンチンゲル，山本明，南原実編『独和広辞典』三修社，1986 年
- 小学館ロベール仏和大辞典編集委員会編『小学館ロベール仏和大辞典』小学館，1988 年
- 尾崎義，田中三千夫，下村誠二，武田龍夫『スウェーデン語辞典』大学書林，1990 年
- 井桁貞義編『コンサイス露和辞典　第 4 版』三省堂，1993 年
- 和久利誓一，飯田規和，新田実編『岩波ロシア語辞典』岩波書店，1992 年
- 池田廉編集代表『伊和中辞典〈第 2 版〉』小学館，1999 年
- 高垣敏博監修『小学館　西和中辞典〔第 2 版〕』小学館，2007 年
- 木村彰一，工藤幸雄，吉上昭三，小原雅俊，塚本桂子，石井哲士朗，関口時正編『白水社ポーランド語辞典』白水社，1981 年
- P. G. J. van Sterkenburg, W. J. Boot, 財団法人日蘭学会監修『講談社オランダ語辞典』講談社，1994 年
- 森田貞雄監修　福井信子，家村睦夫，下宮忠雄編『現代デンマーク語辞典』大学書林，2011 年
- *The Assyrian Dictionary of the Oriental Institute of the University of Chicago, Volume 1–21* (Chicago: The Oriental Institute, 1956–2010).
- 古賀允洋編『中高ドイツ語辞典』大学書林，2011 年
- 小島謙一編『古英語辞典』大学書林，2012 年
- 千種眞一編『ゴート語辞典』大学書林，1997 年
- Herausgegeben von Ulrich Goebel und Oskar Reichmann, Begründet von Robert R. Anderson, Ulrich Goebel, und Oskar Reichmann, *Frühneuhochdeutsches Wörterbuch, Band 2* (Berlin: Walter de Gruyter, 1994).
- Colin Mark, *The Gaelic–English Dictionary* (London: Routledge, 2004).
- 田村秀治編集主幹　財団法人中東調査会編集『詳解アラビア語－日本語辞典』財団法人中東調査会，1980 年
- 財団法人鈴木学術財団編『漢訳対照　梵和大辞典　新装版』講談社，1986 年
- 土井忠生，森田武，長南実編訳『邦訳　日葡辞書』岩波書店，1980 年
- 松村明，山口明穂，和田利政編『旺文社古語辞典〔第十版 増補版〕』旺文社，2015 年
- 宛字外来語辞典編集委員会編『宛字外来語辞典』柏書房，1979 年
- 有澤玲編『宛字書きかた辞典』柏書房，2000 年
- 尾崎雄二郎，都留春雄，西岡弘，山田勝美，山田俊雄編『角川大字源』角川書店，1992 年

**諸言語**

- 田中美知太郎，松平千秋『ギリシア語入門　新装版』岩波書店，2012 年
- 水谷智洋『古典ギリシア語初歩』岩波書店，1990 年

- 逸身喜一郎『ラテン語のはなし —— 通読できるラテン語文法』大修館書店，2000 年
- 中山恒夫『古典ラテン語文典』白水社，2007 年
- 樋口勝彦，藤井昇『詳解ラテン文法』研究社，1963 年
- ジュゼッペ・パトータ著　岩倉具忠監修　橋本勝雄訳『イタリア語の起源 —— 歴史文法入門』京都大学学術出版会，2007 年
- 清水誠『ゲルマン語入門』三省堂，2012 年
- 三谷惠子『スラヴ語入門』三省堂，2011 年
- 石川光庸『ドイツ語〈語史・語誌〉閑話』現代書館，2012 年
- 黒田享『MP3 付き　スウェーデン語の基本』三修社，2014 年
- 松浦真也『スウェーデン語の基本単語　文法＋基本単語 3000』三修社，2010 年
- 下宮忠雄，金子貞雄『古アイスランド語入門』大学書林，2006 年
- 森田貞雄，三川基好，小島謙一『古英語文法』大学書林，1989 年
- 千種眞一『ゴート語の聖書』大学書林，1989 年
- 秋山慎一『やさしいヒエログリフ講座　テキスト編』原書房，1998 年
- 秋山慎一『やさしいヒエログリフ講座　辞典編』原書房，1998 年
- 山田恵子『ニューエクスプレス　古典ヘブライ語』白水社，2012 年
- 上村勝彦，風間喜代三『サンスクリット語・その形と心』三省堂，2010 年
- 吉枝聡子『ペルシア語文法ハンドブック』白水社，2011 年
- 今野真二『戦国の日本語 —— 五百年前の読む・書く・話す』河出書房新社，2015 年
- 金田一京助『日本語の変遷』講談社，1976 年
- 風間喜代三『言語学の誕生』岩波書店，1978 年

**語源辞典**

- Calvert Watkins, *The American Heritage Dictionary of Indo-European Roots, Third Edition* (Boston: Houghton Mifflin Harcourt, 2011).
- Robert Beekes with the assistance of Lucien van Beek, *Etymological Dictionary of Greek, Volume 1–2*, Leiden Indo-European Etymological Dictionary Series, Volume 10 (Leiden: Brill, 2010).
- Michiel de Vaan, *Etymological Dictionary of Latin and the Other Italic Languages*, Leiden Indo-European Etymological Dictionary Series, Volume 7 (Leiden: Brill, 2008).
- Guus Kroonen, *Etymological Dictionary of Proto-Germanic*, Leiden Indo-European Etymological Dictionary Series, Volume 11 (Leiden: Brill, 2013).
- Ranko Matasović, *Etymological Dictionary of Proto-Celtic*, Leiden Indo-European Etymological Dictionary Series, Volume 9 (Leiden: Brill, 2009).
- Rick Derksen, *Etymological Dictionary of the Slavic Inherited Lexicon*, Leiden Indo-European Etymological Dictionary Series, Volume 4 (Leiden: Brill, 2008).
- ジョーゼフ・T. シップリー著　梅田修，眞方忠道，穴吹章子訳『シップリー英語語源辞典』大修館書店，2009 年
- 下宮忠雄編著『ドイツ語語源小辞典』同学社，1992 年
- 小松寿雄，鈴木英夫編『新明解語源辞典』三省堂，2011 年

・前田富祺監修『日本語源大辞典』小学館，2005 年

**地名・人名**
・牧英夫『歴史があり物語がある　世界地名ルーツ辞典』創拓社，1989 年
・梅田修『地名で読むヨーロッパ』講談社，2002 年
・飯島英一『ヨーロッパ各国・国名の起源』創造社，1986 年
・飯島英一『続・ヨーロッパ各国・国名の起源』創造社，1988 年
・飯島英一『続々・ヨーロッパ各国・国名の起源』創造社，1996 年
・苅部恒徳編『英語固有名詞語源小辞典』研究社，2011 年
・蟻川明男『三訂版　世界地名語源辞典』古今書院，2003 年
・A. D. ミルズ著　中林瑞松，冬木ひろみ，中林正身訳『イギリス歴史地名辞典〈歴史地名篇〉』東洋書林，1996 年
・木村正俊，中尾正史編『スコットランド文化事典』原書房，2006 年
・Patrick Hanks, Editor, *Dictionary of American Family Names, Volume 1-3* (New York: Oxford University Press, 2003).
・Elsdon C. Smith, *New Dictionary of American Family Names* (New York: Harper & Row, 1973).
・Kaspar Linnartz, *Unsere Familiennamen* (Bonn: Dümmlers, 1958).
・Rosa Kohlheim and Volker Kohlheim, *Familiennamen* (Mannheim: Dudenverlag, 2005).
・Hans Bahlow, translated by Edda Gentry, with an introduction by Henry Geitz, *Dictionary of German Names, Second Edition* (Madison, Wisconsin: University of Wisconsin-Madison, 2002).
・Elsdon C. Smith, 東浦義雄，曽根田憲三編著『西欧人名知識事典』荒竹出版，1984 年
・辻原康夫『人名の世界史　由来を知れば文化がわかる』平凡社，2005 年
・梅田修『ヨーロッパ人名語源事典』大修館書店，2000 年
・木村正史『英米人の姓名』弓書房，1980 年
・大塚高信，寿岳文章，菊野六夫編『固有名詞英語発音辞典』三省堂，1969 年
・チャールズ・ブリッカー著　矢守一彦訳『新装版　世界古地図』講談社，1985 年

**神話・説話**
・高津春繁訳『アポロドーロス　ギリシア神話』岩波書店，1953 年
・高津春繁『ギリシア・ローマ神話辞典』岩波書店，1960 年
・広川洋一訳『ヘシオドス　神統記』岩波書店，1984 年
・松平千秋訳『ヘーシオドス　仕事と日』岩波書店，1986 年
・呉茂一訳『アイスキュロス　縛られたプロメーテウス』岩波書店，1974 年
・V. G. ネッケル，H. クーン，A. ホルツマルク，J. ヘルガソン編　谷口幸男訳『エッダ―― 古代北欧歌謡集』新潮社，1973 年
・水野知昭『生と死の北欧神話』松柏社，2002 年
・長島晶裕& ORG『星空の神々　全天 88 星座の神話・伝承』新紀元社，1999 年
・諸川春樹監修　諸川春樹，利倉隆著『西洋絵画の主題物語　I　聖書編』美術出版社，

1997 年

・諸川春樹監修　諸川春樹, 利倉隆著『西洋絵画の主題物語　II　神話編』美術出版社, 1997 年
・日本聖書協会『聖書』日本聖書協会, 1967 年
・ヤコブス・デ・ウォラギネ著　前田敬作, 西井武訳『黄金伝説　第一巻–第四巻』人文書店, 1979 年, 1984 年, 1986 年, 1987 年
・井村君江『妖精学入門』講談社, 1998 年


## 歴史

・栗生沢猛夫『図説ロシアの歴史　増補新装版』河出書房新社, 2014 年
・伊東孝之, 井内敏夫, 中井和夫編『新版　世界各国史　20　ポーランド・ウクライナ・バルト史』山川出版社, 1998 年
・松谷健二『東ゴート興亡史』白水社, 1994 年
・国本伊代『メキシコの歴史』新評論, 2002 年
・成瀬治, 山田欣吾, 木村靖二編『世界歴史大系　ドイツ史 2 —— 1648 〜 1890 年』山川出版社, 1996 年


## 西洋の古典

・水地宗明訳『クラテュロス』（『プラトン全集 2』）岩波書店, 1980 年
・田之頭安彦訳『クリティアス』（『プラトン全集 12』）岩波書店, 1975 年
・向坂寛訳『ミノス』（『プラトン全集 13』）岩波書店, 1976 年
・松平千秋訳『ヘロドトス　歴史（上）–（下）』岩波書店, 1971 年, 1972 年, 1972 年
・ディオゲネス・ラエルティオス著　加来彰俊訳『ギリシア哲学者列伝（上）〔全 3 冊〕』岩波書店, 1984 年
・泉井久之助注『タキトゥス　ゲルマーニア』岩波書店, 1979 年
・有永弘人訳『ロランの歌』岩波書店, 1965 年
・ゲーテ著　池内紀訳『ファウスト　第一部』集英社, 1999 年


## 日本・中国の古典

・山口佳紀, 神野志隆光校注・訳『新編日本古典文学全集　1　古事記』小学館, 1997 年
・小島憲之, 直木孝次郎, 西宮一民, 蔵中進, 毛利正守校注・訳『新編日本古典文学全集　2-4　日本書紀①–③』小学館, 1994 年, 1996 年, 1998 年
・小島憲之, 木下正俊, 東野治之校注・訳『新編日本古典文学全集　6-9　萬葉集①–④』小学館, 1994 年, 1995 年, 1995 年, 1996 年
・青木和夫, 稲岡耕二, 笹山晴生, 白藤禮幸校注『新日本古典文学大系　12-16　続日本紀　一–五』岩波書店, 1989 年, 1990 年, 1992 年, 1995 年, 1998 年
・西宮一民校注『古語拾遺』岩波書店, 1985 年
・島田勇雄, 竹島淳夫, 樋口元巳訳注『東洋文庫　476　和漢三才図会　8〔全 18 巻〕』平凡社, 1987 年

・石原道博編訳『新訂 魏志倭人伝 他三篇 —— 中国正史日本伝（1）—— 』岩波書店，1985 年
・石原道博編訳『新訂 旧唐書倭国日本伝 他二篇 —— 中国正史日本伝（2）—— 』岩波書店，1986 年
・井上秀雄訳注『東洋文庫　372　三国史記　1〔全 4 巻〕』平凡社，1980 年

**小説・その他**
・森鷗外『ヰタ・セクスアリス』新潮社，1993 年（改版）
・コナン・ドイル著　常盤新平，中尾明訳『シャーロック＝ホームズ全集　5　シャーロック＝ホームズの冒険（上）』偕成社，1983 年
・コナン・ドイル著　平賀悦子，各務三郎訳『シャーロック＝ホームズ全集　6　シャーロック＝ホームズの冒険（下）』偕成社，1983 年
・樋口時弘『言語学者列伝 —— 近代言語学史を飾った天才・異才たちの実像 —— 』朝日出版社，2010 年
・カール・グスタフ・ユング著　野村美紀子訳　秋山さと子解説『変容の象徴　精神分裂病の前駆症状』筑摩書房，1985 年
・ヨースタイン・ゴルデル著　須田朗監修　池田香代子訳『ソフィーの世界〜哲学者からの不思議な手紙』日本放送出版協会，1995 年

# おわりに

　118番目の元素をもって，周期表の第7周期までがすべて埋まったことになります。そして第8周期の元素はいまだ発見されていません。すなわち，現在は，人類の歴史が始まって初めて，周期表がもっともきれいな形に収まっている状態なのです。

　ここに至るまでには元素の発見を巡って多くのドラマが繰り広げられてきました。新元素を発見した人は，その喜びと栄誉を元素の名前に留めようとしたことでしょう。本書では，元素名の由来を通して，発見者の感慨に思いを馳せました。読者の皆様にそれを多少なりともお伝えできたとすれば，望外の喜びです。

　本書の内容は，筆者が居住する東京都大田区の大田区立図書館の蔵書に多くを負っています。さらには現物貸借などで便宜を供していただきました。感謝いたします。

　一部の文献は，東京都立中央図書館の蔵書を参考にしました。

　東京工業大学附属図書館では，新元素発見を報告する原著論文をいくつか見つけることができました。100年以上前の論文の現物を目にすることができるのは，非常な喜びでした。

　大阪大学の橋本幸士教授には，出版事情について教えていただきました。

　慶應義塾大学の高橋外史さんには，学生の立場からコメントをいただきました。

　九州大学出版会の野本敦さんと尾石理恵さんには，出版に至るまでの全般にわたってお世話いただきました。また匿名の二名の査読者の方々のコメントで，原稿を改善することができました。

　父の江頭和彦には，本書の原稿に目を通してもらい，有益なコメントをもらいました。そもそも，筆者が子供の時分に周期表に興味を持った

のは，父の影響でした。

母の江頭勝子には，日本の古典について教えてもらいました。

弟の江頭智宏には，ドイツ語の文献を送ってもらうと共に，ドイツ語について教えてもらいました。

妻の晶子には，本書執筆の間，励ましを受けました。

最後に，本書を長女（名前の漢字の由来は，三島由紀夫『豊饒の海』四部作より），次女（名前の由来は，長女が付けた胎児ネームより），三女（名前は，先祖の名前の字から一字ずつ採ったもの）に捧げます。

2017 年 5 月 21 日
（もっとも偉大な化学者の一人カール・ヴィルヘルム・シェーレの忌日）


江頭和宏
（名前の由来：「和」は，曾祖父・祖父・父と続く通字，さらに祖父が「かずひさ」，父が「かずひこ」で，「かずひろ」になりました）

278

著者紹介

江頭和宏（えがしら　かずひろ）

1973年福岡市生まれ。九州大学理学部化学科卒業。
京都大学大学院理学研究科化学専攻博士後期課程修了。
京都大学博士（理学）。
現在，某企業研究所勤務。専門は物理化学。

元素の名前辞典

2017年8月15日　初版発行

著　者　江　頭　和　宏

発行者　五十川　直　行

発行所　一般財団法人　九州大学出版会

〒814-0001　福岡市早良区百道浜3-8-34
九州大学産学官連携イノベーションプラザ305
電話　092-833-9150
URL　http://kup.or.jp
印刷・製本／城島印刷㈱

ISBN 978-4-7985-0210-6